浙江警官职业学院学术专著出版项目资助

事故调查理论与方法应用

孙　斌　任建定　蒋卓强　著

中国人民公安大学出版社
·北　京·

图书在版编目（CIP）数据

事故调查理论与方法应用/孙斌，任建定，蒋卓强著．—北京：中国人民公安大学出版社，2013.3

ISBN 978-7-5653-1265-6

Ⅰ.①事… Ⅱ.①孙…②任…③蒋… Ⅲ.①事故—调查 Ⅳ.①X928

中国版本图书馆CIP数据核字（2013）第040430号

事故调查理论与方法应用

孙 斌 任建定 蒋卓强 著

出版发行：中国人民公安大学出版社
地　　址：北京市西城区木樨地南里
邮政编码：100038
经　　销：新华书店
印　　刷：北京泰锐印刷有限责任公司

版　　次：2013年3月第1版
印　　次：2015年6月第2次
印　　张：10.25
开　　本：880毫米×1230毫米 1/32
字　　数：250千字

书　　号：ISBN 978-7-5653-1265-6
定　　价：35.00元

网　　址：www.cppsup.com.cn www.porclub.com.cn
电子邮箱：zbs@cppsup.com zbs@cppsu.edu.cn

营销中心电话：010-83903254
读者服务部电话（门市）：010-83903257
警官读者俱乐部电话（网购、邮购）：010-83903253
公安综合分社电话：010-83901870

序

随着我国进入工业化中期阶段，各种事故总量居高不下，煤矿等传统高危行业重、特大事故时有发生，而且这种状况在短期内不会得到根本性改变，从种种迹象判断我国已进入生产安全事故多发阶段。生产安全事关人民群众的生命财产安全，事关改革发展和社会稳定大局。虽然政府、社会、企业以及民众对安全的重视程度和呼声越来越高，生产安全事故也出现了逐年下降的趋势，但事故总量依然偏大，重、特大事故屡见不鲜，生产安全事故多发已成为我国经济社会生活中的突出问题。

生产安全事故发生后，对事故调查处理的基本目的是为了查明事故发生的原因，明确事故责任，对事故责任人进行追究，并提出防止类似事故再次发生的对策。事故调查处理工作是一项极其严肃的事情，做好此项工作对于预防和减少事故发生具有重要意义。

目前，学术界对生产安全事故调查处理进行系统研究的较少，多是从安全生产管理体制的角度对我国事故多发的原因进行研究。

生产安全事故调查是安全生产工作重要的一环，通过生产安全事故的调查处理，落实生产安全事故责任追究制度，防止和减少生产安全事故。事故发生后，见诸报端的多是各级政府部门组成事故调查组，开展事故调查工作。但事故调查组是如何组织（法理、事理、伦理等方面）、如何运作、如何开展事故调查工作的却鲜有理论方面的论述。

虽然我国生产安全事故调查处理机制到目前已经有了长足的发展，但是仍存在一些问题。首先，安全监管、事故调查与责任人员处理工作由同一个政府部门负责，即使事故由政府成立事故调查组进行调查，但负有安全监管职责的部门都是调查组成员，这样的体制对事故客观原因的明确和事故调查人员的独立研判会产生阻碍和干扰，不利于事故的预防和减少。其次，事故调查行为的法律属性急需探索，如事故调查报告和事故调查批复的法律属性，事故调查行为的法律性质等。

在调查和资料查询的基础上，以生产安全事故概念的特征和分类作为出发点，本书对我国生产安全事故调查处理的法律基础进行了研究，重点对事故调查行为的本质和生产安全事故责任的构成进行了研究，以期找到改进和完善我国生产安全事故调查处理机制的途径。

孙斌博士具有煤矿现场实际的安全管理工作经历和经验，本科和硕士就读于西安科技大学，博士就读于中国矿业大学（北京）。他多年来一直从事安全管理和事故调查理论研究，发表研究论文多篇并应用于安全生产工作，是安全科学与工程领域颇为上进的年轻学者。近年来，他特别注重事故调查理论与方法应用研究，研究了大量的国内外事故管理理论，结合中国安全生产实际，撰写了《事故调查理论与方法应用》一书，这是一本难得的介绍事故调查理论与方法方面的著作，值得从事安全管理研究与实践的相关人员，尤其是事故调查人员及管理人员借鉴参考。

田水承

2013 年 3 月

目　录

第一章　绪　论

第一节　安全生产基础理论

一、基本理论

安全生产，是指在社会生产活动中，通过人、机、物、环境的和谐运作，使生产过程中潜在的各种事故风险和伤害因素始终处在有效控制状态，确实保护劳动者的生命安全和身体健康。

安全生产管理，是指针对人们在生产过程中的安全问题，运用有效的资源，发挥人们的智慧，通过人们的努力，进行有关决策、计划、组织和控制等活动，实现生产过程中人与机器设备、物料、环境的和谐，达到安全生产的目标。主要内容包括：安全生产管理机构和安全生产管理人员、安全生产责任制、安全生产管理规章制度、安全生产培训教育、安全生产档案等。

安全生产行政执法，是指安全生产监督管理机构及其安全生产行政执法人员，依照法定职责、权限和程序，执行适用法律、法规、规章对安全生产行政相对人履行权利和义务的情况进行检查，并直接影响其权利和义务的具体行政行为。

安全生产工作，则是为了达到安全生产目标，在党和政府的组织领导下所进行的系统性管理活动，由源头管理、过程控制、应急救援和事故查处四个部分构成。主要内容包括生产经营单位自身的安全防范，政府及其有关部门实施市场准入（行政许可）、监管监察、应急救援和事故查处、社会中介组织和其他组织的安全服务、科研教育和宣传培训等。从事安全生产工作的社会主体包括企业责任主体、中介服务主体、政府监管主体和从事安全生产的从业人员。

安全许可，是指国家对矿山企业、建筑施工企业和危险化学品、烟花爆竹、民用爆破器材生产企业实行安全许可制度。企业未取得安全生产许可证的，不得从事此类生产活动。

安全生产五要素，是指安全文化、安全法制、安全责任、安全科技和安全投入。

安全生产方针是“安全第一，预防为主，综合治理”。“安全第一”，就是在生产经营活动中，在处理保证安全与生产经营活动的关系上，要始终把安全放在首要位置，优先考虑从业人员和其他人员的人身安全，实行“安全优先”的原则。在确保安全的前提下，努力实现生产目标。“预防为主”，就是按照系统化、科学化的管理思想，按照事故发生的规律和特点，千方百计地预防事故的发生，做到防患于未然，将事故消灭在萌芽状态。“综合治理”，就是标本兼治，重在治本，在采取断然措施遏制重大事故，实现治标的同时，积极探索和实施治本之策，综合运用科技手段、法律手段、经济手段和必要的行政手段，从发展规划、行业管理、安全投入、科技进步、经济政策、教育培训、安全立法、激励约束、企业管理、监管体制、社会监督以及追究事故责任、查处违法违纪等方面着手，解决影响制约我国安全生产的历史性、深层次问题，做到思想认识上警钟长鸣，制度保证上严密有效，技术支撑上坚强有力，监督检查上严格细致，事故处理上严肃认真。

安全评价，是指以实现安全为目的，应用安全系统工程原理和方法，辨识和分析工程、系统、生产经营活动中的危险、有害因素，预测发生事故或造成职业危害的可能性及其严重程度，提出科学、合理、可行的安全对策、措施和建议，并作出评价结论的活动。安全评价可以针对一个特定的对象，也可以针对一定的区域范围。按照实施阶段不同分为三类：安全预评价、安全验收评价、安全现状评价。

本质安全，是指通过设计等手段使生产设备或生产系统本身具有安全性，即使在误操作或发生故障的情况下也不会造成事故。比如，设备、设施或技术工艺本身具有自动防止人的不安全行为的功能，或者设备、设施或生产工艺在发生故障或损坏时，还能暂时维持正常工作或者自动转变为安全状态。上述两种功能应该是设备、设施和技术工艺本身固有的，即在它们的规划设计阶段就被纳入其中，而不是事后补偿的。本质安全是生产中“预防为主”的根本体现，也是安全生产的最高境界。实际上，由于技术、资金和人们对事故的认识等原因，目前很难做到本质安全，只能作为追求的目标。

二、案例分析

案例一：工艺制品厂特大火灾事故

【案情】

某工艺制品厂发生特大火灾事故，烧死 84 人，烧伤 40 多人。该工艺制品厂厂房是一栋三层钢筋混凝土建筑物。一楼是裁床车间兼仓库，库房用木板和铁栅栏间隔而成，库内堆放有海绵等可燃物高达二米，并通过库房顶部伸出库房；搭在铁栅栏上的电线没有套管绝缘，总电闸的保险丝改用两根钢丝代替。二楼是手缝和包装车间及办公室，厕所被改作厨房，放有两瓶液化气。三楼是车衣车间。

该厂实行封闭式管理，两个楼梯中东边一个用铁栅栏隔开，与厂房不相通，西边的楼梯平台上堆放了杂物；楼下四个大门有两个被封死，一个被铁栅栏隔在车间之外，职工上下班只能从西南方向的大门出入，并要通过一条用铁栅栏围成的只有 0.8 米宽的狭窄通道打卡，全部窗户安装了铁栅栏加铁丝网。

起火原因是电线短路引燃仓库的可燃物所致。起火初期，火势不大，部分职工试图拧开消防栓和使用灭火器扑救，但因不懂操作未能见效。在一楼东南角敞开式的货物提升机的烟囱效应作用下，火势迅速蔓延至二楼、三楼。一楼的职工全部逃出，正在二楼办公的厂长不组织工人疏散，自己打开窗户爬绳逃命。二、三楼300名职工在无人指挥的情况下慌乱下楼，由于对着楼梯口的西北门被封住，职工下到楼梯口要拐弯通过打卡通道才能从西南门逃出，路窄人多，互相拥挤，浓烟烈火，视野不清，许多职工被毒气熏倒在楼梯口附近，因而造成重大伤亡。

【分析】这起事故能够反映出哪些安全问题?

从事故发生的经过可以看出，该工艺制品厂电工未经专门培训，并未经考核取得操作资格证即上岗作业，违章安装电气设备，电源开关没有使用符合规格的保险丝，电线没有绝缘套管，并在电源线下堆放大量可燃物，致使电线短路时产生的高温熔珠喷溅到下方的货堆上，引燃可燃物，导致事故。该厂雇用无证电工，电线、电气设备安装不符合要求，是引发事故的导火索。

由此可见，特种作业人员所从事的工作潜在的危险性很大，一旦发生事故不仅会给作业人员自身的生命安全造成危害，而且也容易给其他从业人员以至人民群众的生命和财产安全造成重大损失。因此，对特种作业人员的资格必须严格要求。《安全生产法》第23条明确规定，生产经营单位的特种作业人员必须按照国家有关规定经专门的安全作业培训，并取得特种作业操作资格证书，方可上岗作业。如果违反有关规定就要承担相应的法律责任。

案例二：化工厂火灾事故

【案情】

某化工厂的前身为拉绒厂，后经批准更名为化工厂，汪某是其法定代表人。化工厂主营甲硫酸钠，兼营织布、拉绒。为了减轻债务压力，该厂与某新技术发展公司签订了租赁经营合同，约定由新技术发展公司租赁经营化工厂，但汪某仍为化工厂的法定代表人。合同签订后，新技术发展公司派出总经理梁某全面管理化工厂，主

营项目仍然是具有相当危险性的甲硫酸钠。出于节约的考虑，租赁后的化工厂没有按照国家规定对有关安全设备进行及时改造和维修，对过时老化的设备继续使用。一天，生产副厂长王某组织几名未经培训的工人接班工作，突然氧化釜搅拌器传动轴密封填料处发生泄漏，导致操作平台发生爆燃，使整个生产车间起火。结果造成8人死亡、4人重伤。

【分析】从这起事故中，能够反映出这家企业的安全生产存在哪些问题呢？

这是一起由于生产经营单位未对安全设备进行经常性维护、检测，设备老化造成的事故。

根据《安全生产法》第29条的规定，安全设备的设计、制造、安装、使用、检测、维修、改造和报废，应当符合国家标准或者行业标准。生产经营单位必须对安全设备进行经常性维护、保养，并定期检测，保证正常运转。维护、保养、检测应当做好记录，并由有关人员签字。同时，根据《危险化学品安全管理条例》第16条的规定，生产、储存、使用危险化学品的，应当根据危险化学品的种类、特性，在车间、库房等作业场所设置相应的监测、通风、防晒、调温、防火、灭火、防爆、泄压、防毒、中和、防潮、防雷、防静电、防腐、防渗漏、防护围堤或者隔离操作等安全设施设备，并按照国家标准和国家有关规定进行维护、保养，保证符合安全运行要求。

本案中，经过调查取证、技术分析和专家论证，事故的直接原因是不合格的氧化釜搅拌器超期使用、缺乏必要维护而发生物料泄漏，在物料泄漏后有关人员又处理不当造成的。甲硫酸钠的生产具有一定危险性，但是化工厂自生产甲硫酸钠以来，却没有按照国家规定对有关安全设备进行改造，而是一直使用旧设备。同时，对安全设备也缺乏必要的经常性维护、保养。因此，化工厂应当承担相应的法律责任。

第二节　安全生产立法意义和执法原则

一、安全生产立法的意义

安全生产事关人民群众的生命财产安全，事关改革发展和社会稳定大局。随着社会经济活动日趋活跃和复杂，特别是经济成分、组织形式日益多样化，我国的安全生产问题越来越突出。安全生产状况与安全生产法制建设密切相关。加强安全生产立法，对强化安全生产监督管理，规范生产经营单位和从业人员的安全生产行为，遏制重、特大事故，维护人民群众的生命安全，保障生产经营活动顺利进行，促进经济发展和保持社会稳定，具有重大而深远的意义。安全生产立法的重要意义主要体现在以下几个方面：

（一）安全生产立法是在安全生产领域落实依法治国方略的需要

我国已经明确将“依法治国，建设社会主义法治国家”写入宪法，将依法治国作为治理国家的基本方略。党和政府历来高度重视安全生产工作。做好安全生产工作，促使我国的安全生产形势稳定好转，是全面建设小康社会、统筹社会经济发展的重要内容，制定和不断完善安全生产法律，使安全生产监督管理真正纳入法制轨道，建立安全生产工作健康发展的长效机制，是在安全生产领域落实依法治国方略的基础工作。

（二）安全生产立法是加强安全生产监督管理的需要

为了适应安全生产形势和管理的需要，国务院决定设立国家安全生产监督管理局，各省（自治区、直辖市）也相继建立了安全生产综合监督管理机构，逐步在全国形成了一个安全生产综合监管体系。各级政府也都赋予各级安全生产监督部门对各行业、各部门的安全生产工作进行综合监管的职能，各级安全生产综合监管部门必须有法可依。因此，要建立健全具有权威性的、高效率的安全生产管理体系，必须制定相应的安全生产法律、法规。

（三）安全生产立法是保护人民群众生命和财产安全的需要

社会主义制度的本质是代表人民群众的根本利益，我国在最近的中央经济工作会议上提出“坚持以人为本”，树立全面、协调、可持续的发展观。“以人为本就是指要从人的特点或实际出发，一切制度安排和政策措施要体现人性，要考虑人情，要尊重人权，不能超越人的发展阶段，不能忽视人的需要。”安全生产工作的着眼点和落脚点主要是保障人民群众的生命安全，即依法保护人的生命权，特别是从业人员的人身权利和与人身安全有关的经济权利。

但我国还是一个发展中国家，现阶段社会生产力水平和安全生产水平比较低，安全生产法制尚不健全，从业人员安全生产权利保护方面还存在着不容忽视的问题。从业人员人身安全缺乏法律保护会导致从业人员的生产劳动积极性受挫，相应的权利受到损害。这与社会主义国家的本质不相容，与尊重和保障人权的社会主义法制精神不相容。要真正保障从业人员的安全生产权利，必须通过相应立法加以确认。

（四）安全生产立法是预防和减少事故的需要

生产事故多发，是我国经济发展中的突出问题。造成这种状况的原因是多方面的：安全生产管理的责任不够明确，有关安全生产管理的法律、法规不够完善，一些地方和企业安全生产管理松弛等。要解决这些问题，切实贯彻“安全第一，预防为主”的方针，就必须依法对生产经营单位的安全生产条件、主要负责人和从业人员的安全责任、作业现场和安全设备的安全管理、事故防范和应急措施以及政府和安全生产监督管理部门的监督管理措施等加以规范，预防和减少事故的发生，保证生产经营活动的安全。

（五）安全生产立法是制裁安全生产违法犯罪的需要

社会主义法律的功能之一，是通过制裁违法犯罪来保护人民群众的根本利益。对各类严重的安全生产违法犯罪行为的纵容和姑息就是对人民群众的极大犯罪。对各种安全生产违法犯罪行为没有明确的法律界定和法律责任加以约束，是当前安全生产违法行为屡禁不止的症结所在。所以，必须制定明确、具体、严厉的安全生产法律制度，充分运用刑事、行政和民事责任的综合功能，实现文明生产、安全生产。

总之，为了加强安全生产监督管理，防止和减少生产安全事故的发生，保障人民群众的生命财产安全，促进经济发展和保障社会稳定，必须加强安全生产立法工作。

二、安全生产执法的基本原则

安全生产执法的原则，是指行政执法主体在执法活动中所应遵循的基本准则，可以概括为以下几个方面：

（一）有法必依、执法必严、违法必究的原则

我国是人民当家做主的社会主义国家。行政机关作为执行法律的机关其权力来源于人民，所以在安全生产执法过程中，执法人员应严格按照安全生产法律、法规的规定和要求办事，不徇私情，不为利益所动摇，全心全意做好本职工作，体现广大人民的根本意志。

（二）合法、公正、公开原则

合法，是指执法主体的设立和执法活动不仅要有法可依，行使行政职能必须有法律授权并依据法律规定，执法主体内容、程序必须合法。公正，是指执法主体在执法活动中，特别是行使自由裁量权进行行政管理时，必须做到适当、合理、公正，即符合法律的基本精神和目的，具有客观、充分的事实依据和法律依据，与社会生活常理相一致。公开，是指行政行为除依法应当保密者外，一律公开进行，包括：执法行为的标准、条件公开；执法行为的程序、手续公开；涉及行政管理相对人重大权益的行政执法行为应当公开。

（三）惩戒和教育相结合的原则

对安全违法行为人的处罚，要坚持惩戒和教育相结合的原则。处罚仅仅是一种管理手段，其最终目的是使当事人认识到其违法行为，并通过惩戒达到教育的目的，使其知法、懂法、守法，从而保

护自身和他人的合法权益。

（四）联合执法的原则

对安全生产进行监督管理既是国务院负责安全生产的监督管理部门的责任，又是各级人民政府的重要任务，在安全执法过程中，必须与当地政府有关部门联合起来，形成合力，更加有效地做好安全生产的监督管理工作。在重大问题上，要及时与当地政府进行协调，避免发生不必要的冲突，为更好地促进当地的经济发展，维护当地政府的声誉尽到应尽的责任。

（五）依据事实、尊重科学的原则

在安全生产执法过程中，执法人员要以事实为依据，尊重科学，处罚要准确、合理，并按照国家标准或者行业标准给出正确的整改意见，协助企业做好整改工作。

第三节 安全生产法律体系及范畴

一、目前的安全生产法律体系

按照法律地位和法律效力的层级划分，分为宪法、法律、行政法规、地方性法规和行政规章。

宪法是国家的根本法，具有最高的法律地位和法律效力。

在我国，只有全国人民代表大会及其常务委员会才有权制定和修改法律。法律的地位和效力次于宪法，高于行政法规、地方性法规和行政规章，如《安全生产法》、《消防法》等。

行政法规专指最高国家行政机关即国务院制定的规范性文件。行政法规的名称通常为条例、规定、办法、决定等。行政法规的法律地位和法律效力次于宪法和法律，但高于地方性法规、行政规章，如《生产安全事故报告和调查处理条例》、《危险化学品安全管理条例》、《煤矿安全监察条例》等。

地方性法规，是指地方国家权力机关依照法定职权和程序制定和颁布的、适用于本行政区域的规范性文件。地方性法规的法律地位和法律效力低于宪法、法律、行政法规，但高于地方政府规章，如《浙江省安全生产条例》、《杭州市安全生产监督管理条例》等。

行政规章分为部门规章和地方政府规章两种。部门规章，是指国务院的部、委员会和直属机构依照法律、行政法规或者国务院的授权制定的在全国范围内实施行政管理的规范性文件。地方政府规章，是指有地方性法规制定权的地方人民政府依照法律、行政法规、地方性法规或者本级人民代表大会或其常务委员会授权制定的在本行政区域实施行政管理的规范性文件。部门规章高于地方政府规章。

需要指出的是，我国安全生产国家标准和行业标准，虽然和安全生产立法不无区别，但从一定意义上说，也可以被视为我国安全生产法律体系的一个重要组成部分。

二、涉及安全生产的相关法律范畴

我国的安全生产法律体系比较复杂，它覆盖整个安全生产领域，包含多种法律形式，从涵盖内容不同分成八个类别，包括综合类安全生产法律、法规和规章；矿山类安全法律、法规；危险物品类安全法律、法规；建筑业安全法律、法规；交通运输安全法律、法规；公众聚集场所及消防安全法律、法规；其他安全生产法律、法规和国际劳工安全卫生标准。

（一）综合类安全生产法律、法规和规章

综合类安全生产法律、法规和规章，是指同时适用于矿山危险物品、建筑业和其他方面的安全生产法律、法规和规章，它对各行各业的安全生产行为都具有指导和规范作用，主导性的法律是《劳动法》、《安全生产法》，由安全生产监督检查类、伤亡事故报告和调查处理类、重大危险源监管类、安全中介管理类、安全检测类、安全培训考核类、劳动防护用品管理类、特种设备安全监督管理类和安全生产举报奖励类通用安全生产法规和规章组成。

（二）矿山类安全法律、法规

矿山类安全生产法律、法规规范适用的行业和部门主要包括煤矿、金属和非金属矿山、石油、天然气开采业。我国的矿山安全立法工作已取得很大成就，先后颁布实施了《矿山安全法》、《煤炭法》、《矿山安全法实施条例》和《煤矿安全监察条例》，相关部门还先后颁布了一批矿山安全监督管理规章；有26个省（自治区、直辖市）人大制定了《矿山安全法》实施办法，目前已初步形成了矿山安全法律子体系。

（三）危险物品类安全法律、法规

在危险物品安全管理方面已经颁布实施了《危险化学品安全管理条例》、《民用爆炸物品安全管理条例》、《使用有毒物品作业场所劳动保护条例》、《放射性同位素与射线装置放射防护条例》、《核材料管制条例》、《放射性药品管理办法》等法规。

（四）建筑业安全法律、法规

规范建筑业安全行为的法律有《安全生产法》、《建筑法》。行业规章一直沿用1956年颁布的《建筑安装工程技术规程》和其他有关技术标准。我国已批准加入国际劳工组织通过的《建筑业安全和卫生公约》，可是目前还没有一部统一的建筑业安全法规。

（五）交通运输安全法律、法规

交通运输安全法律、法规包括铁路、道路、水路、民用航空运输行业的法律、法规和规章，《安全生产法》原则上也适用于这些行业。目前，这些行业都有自己专门的法律、法规，如铁路运输业有《铁路法》、《铁路运输安全保护条例》等；民航运输业有《民用航空法》、《民用航空器适航条例》、《民用航空安全保卫条例》等，此外民用航空运输安全还执行国际公约和相关的规则；道路交通管理方面有《道路交通安全法》、《道路交通管理条例》及《道路交通事故处理办法》；海上交通运输业有《海上交通安全法》及《海上交通事故调查处理条例》和《渔港水域交通安全条例》；内河交通运输业有《内河交通安全管理条例》。另外，各交通运输业主管部门和公安部门还制定了不少交通运输安全方面的规章、标准等。

（六）公众聚集场所及消防安全法律、法规

公众聚集场所及消防安全法律所涉及的范围主要是公众聚集场所、娱乐场所、公共建筑设施、旅游设施、机关团体及其他场所的安全及消防工作。目前这方面的法律、法规和规章主要有《消防法》及与之相配套的《公共娱乐场所消防安全管理规定》、《消防监督检查规定》、《机关团体企业事业单位消防安全规定》、《集贸市场消防安全管理规定》、《仓库防火安全管理规则》、《火灾统计管理规定》等，这方面还需要制定和完善相关的法律、法规。

（七）其他安全生产法律、法规

其他类包括的内容是以上专业领域以外的行业安全管理规章，主要有石化、电力、机械、建材、造船、冶金、轻纺、军工、商贸等行业规章。这些行业和部门都有一些规章和规程，但均未制定专门的安全行政法规，因此，《安全生产法》是规范这些部门安全生产行为的主导性法律。

（八）国际劳工安全卫生标准

在国际劳工公约中，我国政府批准加入的有 23 个，其中 4 个是有关职业安全卫生方面的公约。当前，国际上将贸易与劳工标准挂钩是发展趋势，随着我国加入 WTO，参与世界贸易必须遵守国际通行的规则。我国的安全生产立法和监督管理工作也需要逐步与国际接轨。

三、案例分析

案例一：爆破作业死亡事故

【案情】

某县要修一条县级公路，郭某通过关系承包了一段 10 公里的工程。随后，郭某将其转包给张某，张某又将其分为三段，分别承包给于某、范某和林某。林某承包的路段由于开山架桥的地方较多，因此雇用了较多的施工人员。为了尽量减少开支，林某明知刘某之子刘甲、刘乙、刘丙无爆破员作业证书，仍以每天 11 元的报酬雇用，并要求刘甲既要完成其爆破任务，还要管理好其两个弟弟的爆破作业和负责爆破现场的安全管理。为此，林某每天多给刘甲 3 元钱。

由于刘甲等人均是当地农民，根本不了解爆破的安全操作规程，在爆破过程中仅仅根据常识进行判断。同时，林某也没有制定或要求刘甲制定安全措施。因此，爆破施工中，经常发生一些小事故。但林某对之不以为然，直至在一次爆破作业中，刘甲因操作失误，造成 2 人死亡，多人重伤。

【分析】分析这起事故与《安全生产法》相悖的地方有哪些?

这是一起由于作业人员缺乏安全作业资格以及违章作业等原因引起的生产安全事故。

根据《安全生产法》第 35 条的规定，生产经营单位进行爆破、吊装等危险作业，应当安排专门人员进行现场安全管理，确保操作规程的遵守和安全措施的落实。本案中，正是由于施工者没有加强作业现场的安全管理，作业人员不具备相关操作资格，违章作业，结果造成人员伤亡事故。实践表明，发生爆破事故的原因大多是因为没有遵守操作规程和落实安全措施。血的教训要求我们在进行危险作业时必须确保操作规程的遵守和安全措施的落实。此案中，林某应当派专人负责爆破现场的安全管理，但其为了减少开支，没有派专人负责安全管理，而是让刘甲兼任安全管理员。

《安全生产法》还要求爆破现场必须采取必要的安全措施，确保爆破人员遵守操作规程。但是林某既没有做到这一点，更无视多次事故的发生，没有及时采取相应的安全措施防范重大生产安全事故的发生。另外，林某还违反了《安全生产法》第 41 条关于工程承包的规定。根据该条规定，生产经营单位不得将生产经营项目、场所、设备发包或出租给不具备安全生产条件或者相应资质的单位或者个人。

同时，《安全生产法》第86条规定，生产经营单位将生产经营项目、场所、设备发包或者出租给不具备安全生产条件或者相应资质的单位或者个人，导致发生生产安全事故给他人造成损失的，与承包方、承租方承担连带赔偿责任。此案中，林某与刘氏兄弟应当承担连带责任。

案例二：化工厂爆炸事故

【案情】

某化工厂新录用了一批工人，但厂里暂时没有住宿用房。有人提出，可以先到外面去租用住房。厂长认为，到外面租房成本太大，厂里一座仓库的二层还闲着，可以先住到那里。副厂长说，仓库存放的三硝基苯是一种爆炸性物质，工人住那里不太安全。厂长说，没事，告诉大家注意点就行了。由于厂长发话，其他人不好坚持，这批新录用的工人就住进了仓库的二层。一天晚上，仓库突然发生爆炸并倒塌，造成30多名工人死亡，10多人重伤。

【分析】这家化工厂的行为，违反法律规定的方面有哪些？

生产经营单位在生产经营过程中，必须坚持“安全第一”的原则，始终把员工的生命安全放在第一位。把员工宿舍安排在储存危险物品的仓库内，是一种严重的违法行为，也是安全生产的一个极大隐患。《安全生产法》第34条第1款规定，生产、经营、使用、储存危险物品的车间、商店、仓库不得与员工宿舍在同一座建筑物内，并应当与员工宿舍保持安全距离。

《消防法》第7条也规定，在设有车间或者仓库的建筑物内，不得设置员工集体宿舍；已经设置的，应当限期加以解决；对于暂时确有困难的，应当采取必要的消防安全措施，经公安消防机构批准后，可以继续使用。本案中，化工厂厂长作为企业的主要负责人，对企业的安全生产管理工作负有全面责任，本应以对员工生命高度负责的精神妥善解决新录用工人的住宿问题，但该厂长却为了一点经济利益，置几十名员工的生命安全于不顾，将他们安排在存放危险化学品的仓库内居住，使这些员工被夺去宝贵的生命。该化工厂厂长的行为是一种严重的违法行为，应当为这起事故承担责任。

同时，作为员工也应当提高安全生产意识和法律意识，对自己的生命负责，遇到有生产经营单位将员工宿舍与危险物品仓库设在同一建筑物内时，应当理直气壮地提出异议，予以抵制。这也是从这次事故中得出的血的教训之一。

第四节　安全生产责任

一、安全生产主体责任

生产经营单位是生产经营活动的基本单位，同时也是安全生产的责任主体，必须坚持“安全第一、预防为主、综合治理”的方针，依法履行安全生产责任，具体如下：

（1）组织贯彻落实安全生产的法律、法规和规程、标准，建立和落实生产经营单位内部以法定代表人为核心的安全生产责任制。

（2）建立健全安全生产管理机构，明确分管领导，配备与工作需要相适应的专兼职安全生产管理人员。从业人员超过 300 人的，应当设置安全生产管理机构或者配备专职安全生产管理人员；从业人员在 300 人以下的，应当配备专职或者兼职的安全生产管理人员，或者委托具有国家规定的相关专业技术资格的工程技术人员提供安全生产管理服务。

（3）保证安全生产的资金投入。生产经营单位应当具备安全生产条件所必需的资金投入，由生产经营单位的决策机构、主要负责人或者个人经营的投资人予以保证，并对由于安全生产所必需的资金投入不足导致的后果承担责任。

（4）及时排查整改消除事故隐患，加强对重大危险源的监控与管理。

（5）保证建设工程项目安全设施“三同时”。生产经营单位新建、改建、扩建工程项目的安全设施，必须与主体工程同时设计、同时施工、同时投入生产和使用。安全设施投资应当纳入建设项目概算。

（6）保证本单位具备国家规定的基本安全生产条件，依法取得安全生产许可证。生产经营单位应当具备本法和有关法律、行政法规和国家标准或者行业标准规定的安全生产条件；不具备安全生产条件的，不得从事生产经营活动。

（7）组织制订和实施安全生产中长期规划和年度计划。

（8）组织开展从业人员安全生产教育培训，保证培训时间，保证从业人员具备必要的安全生产知识，熟悉有关安全生产规章制度和操作规程，掌握安全操作技能，未经安全生产教育和培训合格的从业人员，不得上岗作业。

（9）保证特种作业人员持证上岗。生产经营单位的特种作业人员必须按照国家有关规定经专门的安全作业培训，并取得特种作业操作资格证书，方可上岗作业。

（10）为职工提供并监督、教育职工使用符合国家或行业标准的劳动防护用品。

（11）为职工缴纳工伤社会保险。生产经营单位必须依法参加工伤社会保险，为从业人员缴纳保险费。

（12）积极采用先进适用的安全生产技术、工艺、设备，不断提高和改善劳动条件，保证安全设施稳定运行，保证特种设备经检测检验合格、取得安全使用证或安全标志。

（13）建立应急救援组织或指定专兼职的应急救援人员，配备必要的应急救援器材、设备并保证其正常运转。矿山和隧道施工单位要建立救护队或与附近的救护队签订救护协议。

（14）切实发挥工会在安全生产中的民主管理和民主监督作用。

二、安全生产责任制体系

安全生产法律、法规明确要求各生产经营单位要根据生产经营特点，建立健全以法定代表人为核心，包括内部各层次、各部门、各岗位的安全生产责任体系。

首先，法定代表人是安全生产的第一责任人，依法履行安全生产职责：

（1）建立健全本单位安全生产责任制；

（2）组织制定本单位安全生产规章制度和操作规程；

（3）保证本单位安全生产投入的有效实施；

（4）督促、检查本单位的安全生产工作，及时消除生产安全事故隐患；

（5）组织制定并实施本单位的生产安全事故应急救援预案；

（6）及时、如实报告生产安全事故。

其次，生产经营单位其他主要负责人和分管安全生产的负责人，对安全生产负直接和具体领导责任，协助生产经营单位法定代表人抓好安全生产工作。其他负责人，对其分管范围内的安全生产承担相应领导责任。

再次，生产经营单位的安全生产管理人员负责对安全生产状况进行经常性检查，对检查发现的问题，要立即处理；不能处理的，要及时报告本单位有关负责人，并提出处理意见。高危行业生产经营单位的安全生产管理人员，应当经安全生产知识和管理能力考核合格后方可任职。

最后，生产经营单位从业人员要自觉接受安全生产教育和培训，掌握必要的安全生产知识，提高安全生产自我防范意识和安全生产技能。未经安全生产教育和培训合格的，不得上岗作业。在作业过程中，要严格遵守安全生产规程。发现事故隐患或者其他不安全因素，要立即向现场安全生产管理人员报告。

三、案例分析

案例一：录像厅火灾事故

【案情】

某市一录像放映厅在开业前，公安消防机构对其防火设施、条件进行检查并通过。开业后不久，该录像厅负责人为了扩大营业面积，擅自对录像厅进行了改建，改建过程中将原有的紧急出口封闭。同时，由于该录像厅经常违法播放一些黄片，为了掩人耳目，在播放时经常从外面把门锁上。对该录像厅的行为，曾有群众向公安消防机构举报，但公安消防机构未予以足够重视，没有及时对其进行检查。某天晚上，40 多名观众正在厅里看录像，突然起火，由于门被反锁，又没有紧急出口，导致 40 多名观众全部葬身火海，并导致附近一家服装店起火，直接经济损失达 100 多万元。

【分析】事故责任人有哪些？

这是一起公安消防机构不对已经取得批准的生产经营单位依法进行监督检查，造成特大生产安全事故的案例。《安全生产法》第 9 条明确规定，对已经依法取得批准的单位，负责行政审批的单位发现其不再具备安全生产条件的，应当撤销原批准。也就是说，负有安全生产监督管理职责的行政部门不仅对生产经营单位有关安全生产的事项要严格依照有关法律、法规、国家标准或者行业标准规定的程序和条件进行审查，严把“入口关”，对已经依法取得批准从事相关生产经营活动的单位，还必须及时对其安全生产状况进行监督检查，而不能一批了事。

《消防法》第 24 条也规定，消防机构应当对机关、团体、企业、事业单位遵守消防法律、法规的情况依法进行监督检查。对消防重点单位应当定期监督检查。本案中，录像厅在开业前曾依法通过了公安消防机构的消防验收，可以说，此时其是具备安全生产条件的。但此后，录像厅擅自改建，封闭紧急消防出口，并经常反锁大门，实际上已经不再具备安全生产条件。公安消防机构多次接到群众的有关举报，因此对该录像厅的情况应当是了解的，但是却没有引起足够的重视，没有对该录像厅的安全生产条件进行及时的检查，并撤销其消防安全的批准。

因此，虽然事故的直接原因是录像厅负责人的行为造成的，但公安消防机构不依法履行监督检查职责，也对这起特大事故的发生负有不可推卸的责任，应当依法追究其直接负责的有关主管人员和其他直接责任人员的法律责任，包括行政责任和刑事责任。

案例二：农民工驾驶拖轮致残事故

【案情】

某港务局从外地招了一批农民工在拖轮船上工作。为了节省培训费，港务局只对他们简单地交代了安全注意事项，而对港口作业存在的危险、防范措施以及事故应急措施根本没有提及。一日，公司所属的115号驳船在码头装油完毕后，港务局安排一艘拖轮拖带驳船离开码头。当拖轮船首接近115号驳船左舷2号与3号系缆桩之间时，农民工拖轮驾驶员王某指挥115号驳船船员带缆作业，而同为农民工的115号驳船船员徐某及同船水手李某并未提出反对意见，二人共同接过拖轮船员递交的一根包头缆开始作业。

在此过程中，拖轮驾驶员王某没有明示缆绳该系哪个桩位，徐李二人也未主动询问，便将包头缆套在2号系统桩上。钢缆套好后，拖轮驾驶员王某指挥将钢缆由2号桩换至3号桩，徐某便将钢缆由桩底往上拉。由于拖轮正随水流后退，钢缆绷紧，徐某的双手被夹在钢缆与系缆桩之间，致使双手除拇指外其余八指前二节被轧断。经医院鉴定，属于三级伤残。

【分析】事故主要责任人有哪些？

这是一起由于从业人员未经过安全生产培训、违反安全操作规程造成伤残的生产安全事故。

《安全生产法》第21条规定，生产经营单位应当对从业人员进行安全生产教育和培训，未经安全生产教育和培训合格的，不得上岗作业。第 36 条规定，生产经营单位人应当教育和督促从业人员严格执行本单位的安全生产规章制度和安全操作规程，并向从业人员告知作业场所和工作岗位存在的危险因素、防范措施以及事故应急措施。本案中，由于港务局没有对招收的农民工进行安全生产教育和培训，导致作业人员安全生产知识缺乏。在此条件下，作业人员违反安全操作规程进行作业，从而造成此次生产安全事故。因此，本案中，港务局应对事故承担主要责任。同时，有关作业人员由于违章作业，对此次事故的发生负有直接责任。

第二章 事故理论

第一节 事故基本术语

事故（Accident）：针对事故后果的特征，事故定义为“造成死亡、职业病、伤害、财产损失或其他损失的意外事件”。从事故的本质出发，事故是能量的不正常转移。

险肇事故（Dangerous Occurrences）：生产经营单位发生的未造成人员伤亡和财产损失，或虽有轻微的人身伤害、财产损失小于1000元或造成工作中断，但只需进行现场应急处理，就可以在当日恢复工作的事件。

事故法则（Heinrich's Law）：即海因里希法则，是美国著名安全工程师海因里希提出的300∶29∶1法则。意思是当一个企业有300个隐患或违章，必然要发生29起轻伤事故或故障，在这29起轻伤事故或故障当中，会有一起重伤、死亡或重大事故。也可以说，在机械生产过程中，每发生330起意外事件，有300起未产生人员伤害，29起造成人员轻伤，1起导致人员重伤或死亡。对于不同的生产过程，不同类型的事故，上述比例关系不一定完全相同，但这个统计规律说明了在进行同一项活动中，无数次意外事件，必然导致重大伤亡事故的发生。而要防止重大事故的发生必须减少和消除无伤害事故，要重视事故的苗头和未遂事故，否则终会酿成大祸。重伤和死亡事故虽有偶然性，但是不安全因素或动作在事故发生之前已暴露过许多次，如果在事故发生之前，抓住时机，及时消除不安全因素，许多重大伤亡事故是可以避免的。

事故隐患（Hidden Danger）：泛指生产系统中可导致事故发生的人的不安全行为、物的不安全状态和管理上的缺陷。隐患简要的定义是指人机环境系统安全品质的缺陷。

危险（Danger）：指某一系统、产品、设备或操作的内部和外部的一种潜在状态，其发生可能导致意外事故或事件，造成人员伤害、疾病或死亡，或者设备财产的损失或环境危害。危险是人们对事物的具体认识，必须指明具体对象，如危险环境、危险条件、危险状态、危险物质、危险场所、危险人员、危险因素等。

危险源（Hazard）：指可能造成人员伤害和疾病、财产损失、作业环境破坏或其他损失的根源或状态。根据在事故发生发展中的作用，分为第一类和第二类危险源。第一类危险源，是指在生产过程中存在的，可能发生意外释放的能量，包括生产过程中的各种能量源、能量载体或危险物质，它决定了事故后果的严重程度，具有的能量越多，事故后果越严重。第二类危险源，是指导致能量或危险物质约束或限制措施破坏或失效的各种因素，包括物的故障、人的失误、环境不良以及管理缺陷等因素。它决定了事故发生的可能性，出现越频繁，事故发生的可能性越大。在企业安全管理工作中，第一类危险源客观上已经存在并且在设计、建造时已经采取了必要的控制措施，因此企业安全工作的重点是第二类危险源的控制问题。

重大危险源（Major Hazard）：广义上是指可能导致重大事故发生的危险源就是重大危险源，也可定义为长期或者临时的生产、搬运、使用或者储存危险物品，且危险物品的数量等于或者超过临界量的单元（包括场所和设施）。

风险（Risk）：根据国际标准化组织的定义（ISO13702－1999），风险是衡量危险性的指标，用来表示危险的程度，是某一有害事故发生的可能性与严重性的组合。风险 R＝f（可能性 p，严重性 l）。广义上，风险可分为自然风险、社会风险、经济风险、技术风险和健康风险五类。对于安全生产的日常管理来说，风险可分为人、机、环境、管理四类。

风险评价（Risk Assessment）：估计风险程度并确定风险是否可容许的全过程。

生产安全事故（Accidents Related to Work - Safety）：生产经营单位在生产经营过程中发生的，造成人员伤亡、财产损失的意外事故。

职业伤害（工伤）（Occupational Injure）：生产安全事故造成的人员身体伤害。

轻伤（Light Injure）：指损失工作日低于105日的失能伤害。

重伤（Heavy Injure）：指相当于损失工作日等于和超过105日的失能伤害。

直接经济损失（Direct Economic Loss）：指生产安全事故造成的人员伤亡及善后处理支出的费用和毁坏财产的价值。

损失工作日（Lost of Working Time）：指被伤害者失能的工作时间。

起因物（Agency）：指导致事故发生的物体、物质。

不安全状态（Unsafe Stage）：指能导致事故发生的物质条件。

不安全行为（Unsafe Action）：指能造成事故的人为错误。

伤亡事故：指企业职工在生产劳动过程中，发生的人身伤害、急性中毒等。

特种作业：国家安全生产监督管理总局令第30号《特种作业人员安全技术培训考核管理规定》附件特种作业目录中规定如下：电工作业、压力焊作业、高处作业、制冷与空调作业、煤矿安全作业、金属非金属矿山安全作业、石油天然气安全作业、冶金（有色）生产安全作业、危险化学品安全作业、烟花爆竹安全作业、安全监管总局认定的其他作业。

事故原因4M因素：包括人的不安全行为（Men）、机的不安全状态（Machine）、环境的不安全条件（Medium）、管理的混乱缺位（Management）。其中管理因素起主导制约作用，好的管理可以消除人机环境的事故隐患。

“四不放过”原则：事故原因不查清不放过，防范措施不落实不放过，职工群众未受到教育不放过，事故责任者未受到处理不放过。

安全设施：是指企业（单位）在生产经营活动中将危险因素、有害因素控制在安全范围内以及预防、减少、消除危害所配备的装置（设备）和采取的措施。安全设施分为预防事故设施、控制事故设施、减少与消除事故影响设施三类。

1. 预防事故设施

（1）检测、报警设施，包括压力、温度、液位、流量、组分等报警设施，可燃气体、有毒有害气体、氧气等检测和报警设施，用于安全检查和安全数据分析等检验检测设备、仪器。

（2）设备安全防护设施，包括防护罩、防护屏、负荷限制器、行程限制器，制动、限速、防雷、防潮、防晒、防冻、防腐、防渗漏等设施，传动设备安全锁闭设施，电气设备过载保护设施，静电接地设施。

（3）防爆设施，包括各种电气设备、仪表的防爆设施，抑制助燃物品混入（如氮封）、易燃易爆气体和粉尘形成等设施，阻隔防爆器材，防爆工具。

（4）作业场所防护设施，包括作业场所的防辐射、防静电、防噪声、通风（除尘、排毒）、防护栏（网）、防滑、防灼烫等设施。

（5）安全警示标志，包括各种指示、警示作业安全和逃生避难及风向的警示标志。

2. 控制事故设施

（1）泄压和止逆设施，包括用于泄压的阀门、爆破片、防空管等设施，用于止逆的阀门等设施，真空系统的密封设施等。

（2）紧急处理设施，包括紧急备用电源，紧急切断、分流、排放（火炬）、吸收、中和、冷却等设施，通入或者加入惰性气

体、反应抑制剂等设施，紧急停车、仪表连锁等设施。

3. 减少与消除事故影响设施

（1）防止火灾蔓延设施，包括阻火器、安全水封、回火防止器、防油（火）堤，防爆墙、防爆门等隔爆设施，防火墙、防火门、蒸气幕、水幕等设施，防火材料涂层。

（2）灭火设施，包括水喷淋、惰性气体、蒸气、泡沫释放等灭火设施，消火栓、高压水枪（炮）、消防车、消防水管网、消防站等。

（3）紧急个体处置设施，包括洗眼器、喷淋器、逃生器、逃生索、应急照明等设施。

（4）应急救援设施，包括堵漏、工程抢险装备和现场受伤人员医疗抢救装备等。

（5）逃生避难设施，包括逃生和避难的安全通道（梯）、安全避难所（带空气呼吸系统）、避难信号等。

（6）劳动防护用品和装备，包括头部，面部，视觉、呼吸、听觉器官，四肢，躯干防火、防毒、防灼烫、防腐蚀、防噪声、防光射、防高处坠落、防砸击、防刺伤等免受作业场所物理、化学因素伤害的劳动防护用品和装备。

第二节　事故致因理论

事故发生有其自身的发展规律和特点，只有掌握了事故发生的规律，才能保证安全生产系统处于有效状态。前人站在不同的角度，对事故进行研究，给出了很多事故致因理论，下面简单介绍几种。

一、事故频发倾向理论

1939 年法默（H. Farmer）和查姆勃（Chamber）等人提出了事故频发倾向（Accident Proneness）理论。事故频发倾向，是指个别容易发生事故的稳定的个人内在倾向。少数具有事故频发倾向的工人是事故频发倾向者，他们的存在是工业事故发生的原因。如果企业中减少了事故频发倾向者，就可以减少工业事故。

因此，人员选择就成了预防事故的重要措施，通过严格的生理、心理检验，从众多的求职人员中选择身体、智力、性格特征及动作特征等方面优秀的人才就业，而把企业中的所谓事故频发倾向者解雇。

事故频发倾向者往往有以下的性格特征：感情冲动，容易兴奋；脾气暴躁；厌倦工作，没有耐心；慌慌张张，不沉着；动作生硬，工作效率低；喜怒无常，感情多变；理解能力低，判断和思考能力差；极度喜悦和悲伤；缺乏自制力；处理问题轻率、冒失；动作神经迟钝，动作不灵活等。

事故频发倾向理论是早期的事故致因理论，显然不符合现代事故致因理论的理念。研究表明，把事故发生次数多的工人调离后，企业的事故发生率并没有下降，随后就出现了以物为主的事故归因思想，即事故遭遇倾向（Accident Liability）论。然而，工业生产中的许多操作对操作者的素质都有一定的要求，需经过专门的培训考核才能从事，所以该理论也有局限性。

二、海因里希事故因果连锁理论

海因里希把工业伤害事故的发生发展过程描述为具有一定因果关系事件的连锁，即人员伤亡的发生是事故的结果；事故的发生原因是人的不安全行为或物的不安全状态；人的不安全行为或物的不安全状态是由于人的缺点造成的；人的缺点是由于不良环境诱发或者是由先天的遗传因素造成的。

海因里希将事故因果连锁过程概括为以下五个因素：遗传及社会环境，人的缺点，人的不安全行为或物的不安全状态，事故，伤害。海因里希用“多米诺骨牌”来形象地描述这种事故的因果连锁关系。在多米诺骨牌系列中，一枚骨牌被碰倒了，则将发生连锁

反应，其余几枚骨牌相继被碰倒。如果移去中间的一枚骨牌，则连锁被破坏，事故过程被中止。他认为，企业安全工作的中心就是防止人的不安全行为，消除机械的或物质的不安全状态，中断事故连锁的进程，从而避免事故的发生（见图2－1）。

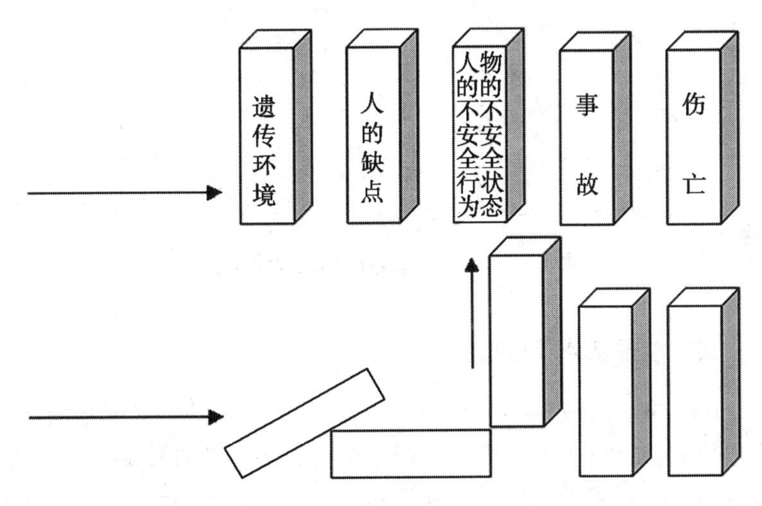

图2－1　海因里希事故因果连锁理论示意图

但是他认为，人和物是孤立的原因，没有一起事故是由于两者共同引起的，下结论说几乎所有的工业伤害事故都是由于人的不安全行为造成的，因此和事故频发倾向论一样，都属于单一因素归因理论，有其一定的局限性。

三、现代因果连锁理论

与早期的事故频发倾向、海因里希因果连锁等理论强调人的性格、遗传特征等不同，“二战”后，人们逐渐认识到管理因素作为背后原因在事故致因中的重要作用。人的不安全行为或物的不安全状态是工业事故的直接原因，必须加以追究。但是，它们只不过是其背后的深层原因的征兆和管理缺陷的反映。只有找出深层的、背后的原因，改进企业管理，才能有效地防止事故。博德（Frank Bird）在前者的基础上，提出了现代因果连锁理论，如图 2－2 所示。

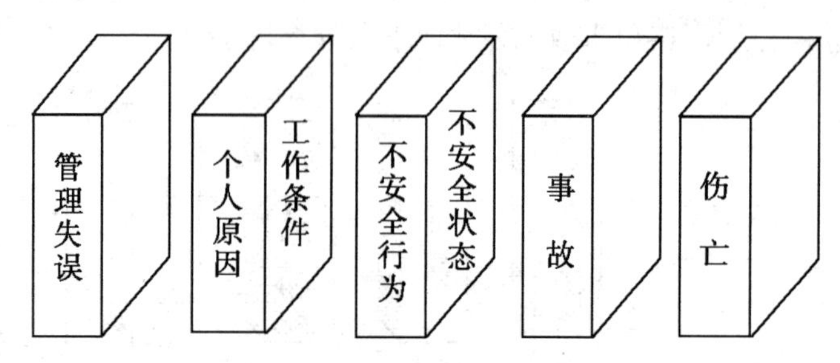

图 2－2　现代事故因果连锁理论示意图

四、能量意外释放理论

1961 年，吉布森（Gibson）提出了事故是一种不正常的或不希望的能量释放，各种形式的能量是构成伤害的直接原因。因此，应该通过控制能量或控制作为能量达到人体媒介的能量载体来预防伤害事故。

在吉布森的研究基础上，1966 年哈登（Haddon）完善了能量意外释放理论，提出“人受伤害的原因只能是某种能量的转移”，并提出了能量逆流于人体造成伤害的分类方法，将伤害分为两类：第一类伤害是由于施加了局部或全身性损伤阈值的能量引起的；第二类伤害是由于影响了局部或全身性能量交换引起的，主要是指中毒窒息和冻伤。

哈登认为，在一定条件下，某种形式的能量能否产生造成人员伤亡事故的伤害取决于能量的大小、接触能量时间的长短和频率以及力的集中程度。根据能量意外释放论，可以利用各种屏蔽来防止意外的能量转移，从而防止事故的发生，如图 2－3 所示。

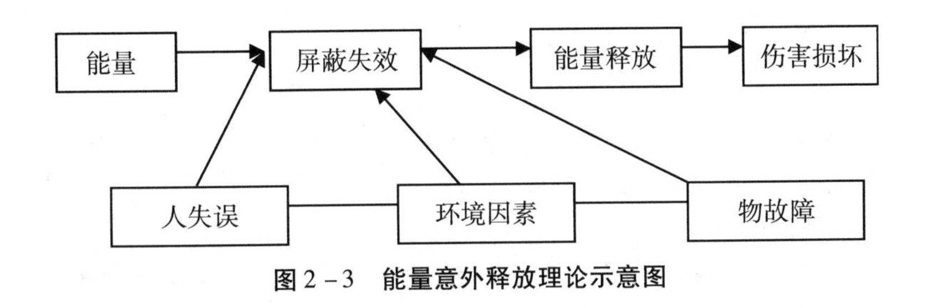

图2-3 能量意外释放理论示意图

五、交叉轨迹理论

约翰逊（W. G. Johnson）和斯奇巴（Skiba）等认为，在事故发展进程中，人的因素运动轨迹与物的因素运动轨迹的交点就是事故发生的时间和空间，即人的不安全行为和物的不安全状态发生于同一时空，或者说人的不安全行为与物的不安全状态相遇时，将在此时空点发生事故。按照该理论，可以通过避免人与物两种运动轨迹交叉，即避免人的不安全行为和物的不完全状态同时空出现，来预防事故的发生。

受实际的技术、经济条件等客观条件的限制，完全根绝生产过程中的危险因素几乎是不可能的。同时许多情况下人的因素与物的因素又互为因果。例如，有时物的不安全状态诱发了人的不安全行为，而人的不安全行为又促进了物的不安全状态的发展，或导致新的不安全状态出现。因而，实际的事故并非简单地按照上述的人、物两条轨迹进行，而是呈现非常复杂的因果关系。为了有效地防止事故发生，必须同时采取措施消除人的不安全行为和物的不安全状态。通过努力减少、控制不安全因素，使事故不容易发生。即使在采取了工程技术措施，减少、控制了不安全因素的情况下，仍然要通过教育、训练和规章制度来规范人的行为，避免不安全行为的发生。

六、系统安全理论

在20世纪美国研制洲际导弹的过程中，系统安全（System Safety）理论应运而生。系统安全理论包括很多区别于传统安全理论的创新概念：

（1）在事故致因理论方面，改变了人们只注重操作人员的不安全行为，而忽略硬件故障在事故致因中的作用的传统观念，开始考虑如何通过改善物的系统可靠性来提高复杂系统的安全性，从而避免事故。

（2）没有任何一种事物是绝对安全的，任何事物中都潜伏着危险因素，通常所说的安全或危险只不过是一种主观的判断。

（3）不可能根除一切危险源，可以减少来自现有危险源的危险性，宁可减少总的危险性而不是只彻底去消除几种选定的风险。

（4）由于人的认识能力有限，有时不能完全认识危险源及其风险，即使认识了现有的危险源，随着生产技术的发展，新技术、新工艺、新材料和新能源的出现，又会产生新的危险源。由于受技术、资金、劳动力等因素的限制，对于认识了的危险源也不可能完全根除。由于不能全部根除危险源，只能把危险降低到可接受的程度，即可接受的危险。安全工作的目标就是控制危险源，努力把事故发生概率降到最低，即使万一发生事故时，把伤害和损失控制在较轻的程度上。

七、混沌理论

随着科学技术的飞速发展，现代化生产的一个显著特征是设备、工艺和产品越来越复杂。战略武器的研制、宇宙开发和核电站建设等使得作为现代先进科学技术标志的复杂巨系统相继问世。这些复杂巨系统往往由数以万计的元件、部件组成，各元件、部件之间以非常复杂的关系相连接，是一个开放的非线性系统。各影响因素之间存在着相互交错、非线性的作用关系。人是生产系统中的一

个重要的构成要素，人的意识在系统运行过程中起着非常重要的作用。系统的非线性作用导致了系统整体状态行为的多样性与动态复杂性。如何预见系统的未来状态，如何进行合理的事故归因并采取有效的安全措施达到预期的安全目标，是安全管理研究面临的重大课题。

复杂巨系统的演化由各种因素共同决定，各影响因素之间有着非常复杂的非线性关系。学者们认为事故的发生过程是一个混沌过程，一个非线性的混沌系统，其未来行为具有对系统初始条件的敏感依赖性，初始条件的细微变化将会导致截然不同的未来行为，因而，系统本质上是不可长期精确预测的。正如蝴蝶效应所阐释的："一只南美洲亚马逊河流域热带雨林中的蝴蝶，偶尔扇动几下翅膀，可以在两周以后引起美国得克萨斯州的一场龙卷风。"其原因就是蝴蝶扇动翅膀的运动，导致其身边的空气系统发生变化，并产生微弱的气流，而微弱的气流的产生又会引起四周空气或其他系统产生相应的变化，由此引起一个拓扑学连锁反应，最终导致其他系统的极大变化。从安全管理角度，当处在系统演化的临界状态附近，系统条件的微小变化都可能引起大量的能量意外释放，导致灾难性的事故。"蝼蚁之穴"可毁千里长堤。一起事故的发生是许多人为失误和物的故障相互复杂关联、非线性相互作用的结果。因此，在预防事故时必须在弄清事故因素相互关系的基础上采取恰当的措施，而不是相互孤立地控制各个因素。

第三节 事故分类方法

一、按事故性质分类

按事故性质分，事故分为破坏事故和非破坏事故。非破坏事故又分为责任事故和非责任事故。非责任事故又分为意外事件、自然事故、科学实验失败等。

二、按事故发生的领域或行业分类

按事故发生的领域或行业分，事故分为工矿企业事故、火灾事故、道路交通事故、铁路运输事故、水上交通事故、航空飞行事故、农业机械事故、渔业船舶事故和其他事故，共九类。

三、按事故伤害严重程度分类

事故按伤害严重程度分为：

（1）轻伤事故：是指只有轻伤的事故。

（2）重伤事故：是指有重伤无死亡的事故。

（3）死亡事故：重大伤亡事故，指一次死亡1～2人的事故；特大伤亡事故，指一次死亡3人以上（含3人）的事故。

四、按事故等级分类

按事故等级分类，可分为以下几种：

（1）特别重大事故，是指造成30人以上死亡，或者100人以上重伤（包括急性工业中毒，下同），或者1亿元以上直接经济损失的事故；

（2）重大事故，是指造成10人以上30人以下死亡，或者50人以上100人以下重伤，或者5000万元以上1亿元以下直接经济损失的事故；

（3）较大事故，是指造成3人以上10人以下死亡，或者10人以上50人以下重伤，或者1000万元以上5000万元以下直接经济损失的事故；

（4）一般事故，是指造成3人以下死亡，或者10人以下重伤，或者1000万元以下直接经济损失的事故。

事故常见分类如图2－4所示。

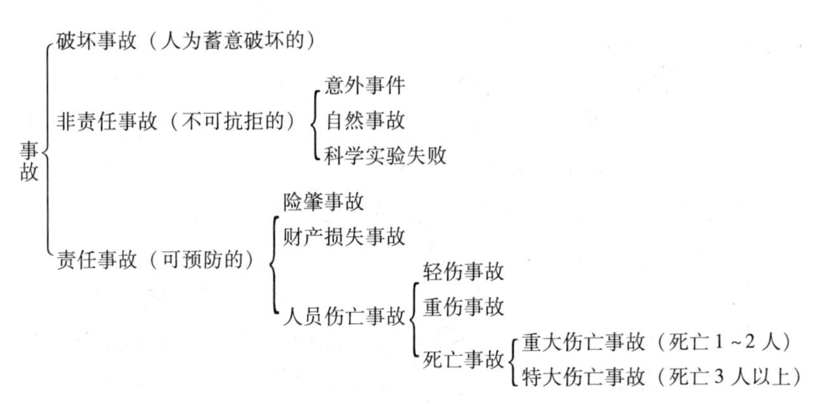

事故等级
- 特别重大事故［30人以上死亡，或100人以上重伤（包括急性工业中毒，下同），或1亿元以上直接经济损失］
- 重大事故（10人以上30人以下死亡，或50人以上100人以下重伤，或5000万元以上1亿元以下直接经济损失）
- 较大事故（3人以上10人以下死亡，或10人以上50人以下重伤，或1000万元以上5000万元以下直接经济损失）
- 一般事故（3人以下死亡，或10人以下重伤，或1000万元以下直接经济损失）

图2－4　事故常见分类

五、按事故伤亡原因分类（事故类别）

按事故原因分类，事故可分为以下几类：

（一）物体打击

物体打击，是指由失控物体的惯性力造成的人身伤亡事故。本类事故包括落下物、飞来物、滚石、崩块等造成的伤害，不包括因机械设备、车辆、起重机械、坍塌、爆炸等引起的物体打击。

（二）车辆伤害

车辆伤害，是指企业内由机动车辆引起的机械伤害事故。机动车辆包括：汽车类（载重汽车、货卸汽车、大客车、小汽车、客货两用汽车、内燃叉车等）；电瓶车类（平板电瓶车、电瓶叉车等）；拖拉机类（方向盘式拖拉机、手扶拖拉机、操纵杆式拖拉机等）；有轨车类（有轨电车、电瓶机车等）；施工设施（挖掘机、推土机、电铲等）。

凡在上述机动车辆的行驶中，发生挤、压、坠落、撞车或倾覆等事故，发生行驶中上、下车事故，发生因搭乘矿车或放飞车事故，发生车辆运输摘挂钩事故、跑车事故等均属本类别事故，不包括起重设备提升、牵引车辆和车辆停驶时发生的事故。

（三）机械伤害

机械伤害，是指机械设备与工具引起的绞、辗、碰、割、戳、切等伤害。适用于工件或刀具飞出伤人，切屑伤人，被设备的转动机构缠住等造成的伤害。已列入其他项事故类别的机械设备造成的机械伤害除外，如车辆、起重设备、锅炉和压力容器等设备。

（四）起重伤害

起重伤害，是指从事起重作业时引起的机械伤害事故，适用于统计各种起重作业引起的伤害。起重作业包括桥式起重机、龙门起重机、门座起重机、塔式起重机、悬臂起重机、桅杆起重机、铁路起重机、汽车吊、电动葫芦、千斤顶等作业。例如，起重作业时，脱钩砸人，钢丝绳断裂抽人，移动吊物撞人，钢丝绳刮人，滑车碰人等伤害，包括起重设备在使用和安装过程中的倾翻事故及提升设备过卷、蹲罐等事故。

不适用于下列伤害的统计：触电；检修时，制动失灵引起的伤害；上下驾驶室失误引发的坠落或跌倒。

（五）触电

触电，是指电流流经人体，造成生理伤害的事故，用于统计触电、雷击伤害。例如，人体接触设备带电导体裸露部分或临时线，接触绝缘破损外壳带电的手持电动工具；起重作业时，设备误触高压线或感应带电体；触电坠落；电烧伤等事故。

（六）淹溺

淹溺，是指大量的水经口、鼻进入人体肺部，造成呼吸道阻塞或发生急性缺氧而窒息死亡的事故，用于统计船舶、排筏、设施在航行、停泊作业时发生的落水事故。“设施”是指水上、水下各种

浮动或者固定的建筑、装置、电缆和固定平台。“作业”是指在水域及其岸线进行装卸、勘探、开采、测量、建筑、疏浚、爆破、打捞、捕捞、养殖、潜水、流放木材、排除故障以及科学实验和其他水上、水下施工。

包括高处坠落淹溺，不包括矿山、井下透水淹溺。

（七）灼烫

灼烫，是指火焰烧伤、高温物体烫伤、化学灼伤（酸、碱、盐、有机物引起的体内外灼伤）、物理灼伤（光、放射性物质引起的体内外灼伤），不包括电灼伤和火灾引起的烧伤。

（八）火灾

火灾，是指在时间和空间上失去控制的燃烧所造成的灾害。这里指的是造成人身伤亡的企业火灾事故。根据国家标准和国际标准，按物质燃烧特征把火灾分为A、B、C、D四类。A类火灾，是指固体物质（一般具有有机物性质）火灾，通常在燃烧时能产生灼热的余烬，如木材、棉、麻、毛、纸张等引起的火灾。B类火灾，是指液体火灾和可熔化的固体物质火灾，如汽油、煤油、柴油、原油、甲醇、乙醇、沥青、石蜡等引起的火灾。C类火灾，是指气体火灾，如煤气、天然气、甲烷、乙烷等引起的火灾。D类火灾，是指金属火灾，如钾、钠、镁、钛、锂、铝镁合金等引起的火灾。

不适用于非企业原因造成的火灾事故，如居民家中失火蔓延到企业的火灾，安全生产监督管理部门不统计这种火灾。

（九）高处坠落

高处坠落，是指因人体所具有的危险重力势能引起的伤害事故，适用于在脚手架、平台、陡壁等高于地面的施工作业场合；同时也适用因地面作业踏空失足坠入洞、坑、沟、升降口、漏斗等情况。但不包括以其他事故类别作为诱发条件的坠落事故，如触电坠落事故。

（十）坍塌

坍塌，是指建筑物、构筑物、堆置物倒塌以及土石塌方引起的事故。适用于因设计或施工不合理造成的倒塌，以及土方、沙石、煤等发生的塌陷事故，如建筑物倒塌、脚手架倒塌，挖掘沟坑、洞时土石的塌方等事故。不适用于矿山冒顶片帮事故，或因爆炸、爆破引起的坍塌事故。

（十一）冒顶片帮

片帮，是指矿井作业面、巷道侧壁在矿山压力作用下变形，破坏而脱落的现象。冒顶，是指顶板失控而自行冒落的现象。两者常同时发生人身伤亡事故，统称为冒顶片帮。适用于矿山、地下开采、掘井及其他坑道作业发生的坍塌事故。

（十二）透水

透水，是指矿山、地下开采或其他坑道作业时，意外水源带来的伤亡事故。适用于井巷与含水岩层、地下含水带、溶洞或与被淹巷道、地面水域相通时，涌水成灾。不适用于地面水害事故。

（十三）放炮

放炮，是指施工时，放炮作业造成的伤亡事故。适用于各种爆破作业，如采石、采矿、采煤、开山、修路、拆除建筑物等工程进行放炮作业引起的伤亡事故。

（十四）火药爆炸

火药爆炸，是指火药与炸药生产过程中发生的爆炸事故。适用于火药与炸药生产过程中，如配料、运输、贮藏、加工过程中，由手震动、明火、摩擦、静电作用，或因炸药的热分解作用，以及贮藏时间过长或存药过多，发生化学性爆炸事故；熔炼金属时，废料处理不净，因残存火药或炸药引起的伤亡事故等。

（十五）瓦斯爆炸

瓦斯爆炸，是指可燃气体瓦斯、煤尘与空气混合形成了浓度达到爆炸极限的混合物，接触明火时，引起化学爆炸事故。主要适用于煤矿，同时也适用于空气不流通，瓦斯、煤尘积聚的场合。

矿井瓦斯，是指在矿床或煤炭生成过程中所伴生的气体产物的总称，其主要成分是甲烷、二氧化碳和氮，有时出现小量的氢、二氧化硫及其他碳氢化合物。矿井生产中，瓦斯又是矿井内有害气体的统称。煤矿井下普遍存在危险性最大的甲烷。甲烷在井下空气中达到一定浓度遇火源可产生燃烧或爆炸，甲烷的爆炸下限为5%，其上限为16%。如其可燃气体有煤尘混入时，可使爆炸极限扩大，即可降低下限和升高上限。还因瓦斯浓度增大，可使井下空气中氧的含量相对减少，当氧减少到一定程度，会造成人员窒息。

（十六）锅炉爆炸

锅炉爆炸，是指锅炉发生的物理爆炸事故。适用于使用工作压力大于0.7标准大气压，以水为介质的蒸汽锅炉。但不适用于铁路机车、船舶上的蒸汽锅炉以及列车电站和船舶电站的蒸汽锅炉。

（十七）容器爆炸

容器爆炸，是指压力容器超压而发生的爆炸。压力容器爆炸包括压力容器破裂引起的气体爆炸。压力容器内盛装的可燃性液化气，因为化学反应失控，或环境温度过高等原因，压力容器的工作压力超过了设计容许的压力，导致压力容器发生物理性破裂，这种破裂对作业环境和作业人员都会产生很大的危害，尤其压力容器溢散出大量高压液化气体立即蒸发，然后与周围的空气混合形成爆炸性气体混合物，其浓度达到一定程度时，遇到火源就会产生化学爆炸，通常也称为容器二次爆炸，两种情况都统计为容器爆炸事故。

适用于盛装容器、换热容器、分离容器、气瓶、气桶、槽车等容器爆炸事故。

（十八）其他爆炸

其他爆炸，是指凡不属于火药爆炸、瓦斯爆炸、锅炉爆炸、容器爆炸的爆炸事故。

下列爆炸都属于此类事故：

（1）可燃性气体与空气混合形成的爆燃性气体混合物引起的爆炸。可燃性气体包括煤气、乙炔、氢气、液化石油气等。

（2）可燃性蒸气与空气混合形成爆燃性气体混合物引起的爆炸，如汽油、苯挥发蒸气等。

（3）可燃性粉尘与空气混合形成的爆燃性气体混合物引起的爆炸，如铝粉、镁粉、锌粉、有机玻璃粉、聚乙烯塑料粉、面料、谷物淀粉、煤尘、木粉；以及可燃生纤维，如麻纤维、棉纤维、醋酸纤维、腈纶纤维、涤纶纤维、维纶纤维等粉尘爆炸事故。

（4）间接形成的可燃性气体与空气相混合，或者可燃性蒸气与空气相混合，如可燃固体，自燃物品，当其受热、水、氧化剂的作用而迅速反应，分解出可燃性气体和蒸气与空气混合形成爆燃气体，遇火源爆炸的事故。

另外，炉膛爆炸、钢水包爆炸、亚麻尘爆炸等，均为“其他爆炸”。

（十九）中毒和窒息

中毒和窒息，是指在生产条件下，有毒物进入人体引起危及生命的急性中毒以及在缺氧条件下发生的窒息事故。适用于有毒物经呼吸道和皮肤、消化道进入人体引起的急性中毒和窒息事故，也包括在废弃的坑道、竖井、涵洞中、地下管道等不通风的地方工作，因为氧气缺乏，发生晕倒，甚至死亡的事故。

不适用于病理变化导致的中毒和窒息事故，也不适用于慢性中毒的职业病导致的死亡。

（二十）其他伤害

其他伤害，是指凡不属于前面各项的伤亡事故均列为其他伤害，如扭伤、跌伤、冻伤、动物咬伤、钉子扎伤等。

六、我国事故类别分类标准评价

我国现行标准中进行事故类别划分时，考虑到了事故往往是由多种因素导致的。在进行事故类别划分过程中，须参照标准中的起因物和致害物。当多种原因共存时，应以先发的、诱导性原因作为分类依据，并在分类时突出事故的专业特征，以保证事故类别划分

的统一性和正确性。

（一）以起因物作为事故类别划分的依据

例如，压力容器因化学反应失控发生了爆炸并溢散出大量有毒气体，造成多人中毒的伤亡事故。起因物是压力容器，致害物是有毒气体，按致害物划分应定为中毒事故，按起因物划分应定为容器爆炸事故。此事故如按中毒采取事故预防措施显然是不适宜的，若按容器爆炸采取相应措施就有利于事故的控制。又如，爆炸事故中，因碎片的撞击引起人身伤害，按致害物划分应定为物体打击，若按起因物应划定为爆炸事故。按本条原则划定就可以派生出因爆炸而发生的物体打击均定为爆炸事故。

（二）当几个主要原因同时存在时，以先发的诱导性原因（即这一原因撤掉，其他原因的作用就不复存在）作为分类的依据

例如，某化工厂失火，烧掉了部分厂房和设备，而且引燃了化学物品，产生了大量有毒气体，使多人中毒伤亡，造成伤亡的主要原因是中毒和火灾。对整个事故而言，火灾是诱发性原因，没有火灾就不会引燃化学物品。因此，按本条款应定为火灾事故。又如，某施工队砌筑高大工业烟囱，因附属设施坍塌，多人高处坠落，造成重大人身伤亡事故。造成事故的原因是高处坠落或坍塌。因为坍塌是诱发性原因，没有坍塌作业前提，就不会产生高处坠落事故，故此事故应定为坍塌事故。

（三）突出事故类别的专业特征

例如，操作机床时，未使用安全扳手，卡盘夹紧后，未取下扳手即开车，结果扳手飞出伤人。该事故如按致害物可定为物体打击，而按起因物机械设备划分，则更能突出事故的专业特征，故应定为机械伤害。如机械设备属于起重设备，按本条原则，应定为起重伤害。

现行的事故类别划分方法并不是完美无缺的，它存在着分类的定义和概念不甚统一等问题。例如，类别划分中的起重伤害、车辆伤害、机械伤害、锅炉爆炸等是按专业分类；淹溺、中毒和窒息、其他伤害等是按受伤性质分类；而火药爆炸、瓦斯爆炸、锅炉爆

炸、其他爆炸则是按爆炸原因（特性）分类。还有按致害物进行的分类，如机械伤害、火灾、透水等。这同时也反映出各类别间的界限不是十分清楚，存在着交叉问题。此外，还存在着部分分类不具普遍性，仅局限于某些行业或某种装置，以及有的分类定义太笼统等弊病。如“物体打击”中的物体既可指落下物又可指飞来物，既包括建筑上的，又包括林业及其他行业中的。

第四节　事故分析理论

一、事故链分析

（一）事故链概念

事故发生的原因往往是多方面的，将原因与结果连起来往往形成一个链条，我们称其为事故链。

（二）事故链类型

由于原因与结果、原因与原因之间逻辑关系不同，则形成的事故链也不同，归纳起来大致有下面几种形式：

1. 多因致果集中型

各自独立的几个原因共同导致事故发生，即多种原因在同一时序共同造成一个事故后果的，称为“集中型”（见图 2-5）。

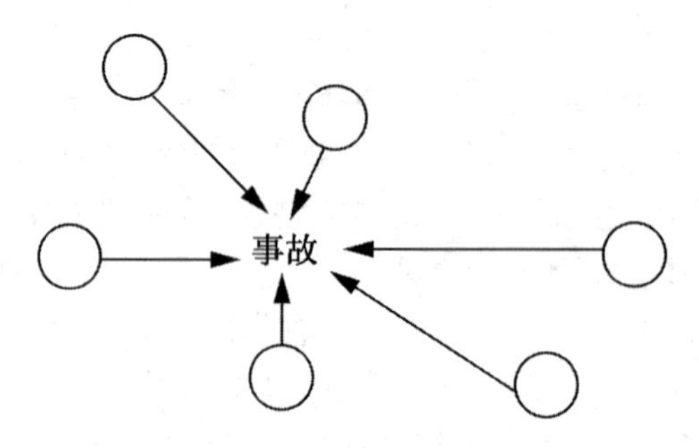

图 2-5　多因致果集中型事故链

2. 因果连锁型

由一原因要素促成下一要素产生，因果连锁发生的事故，称为“连锁型”（见图2－6）。

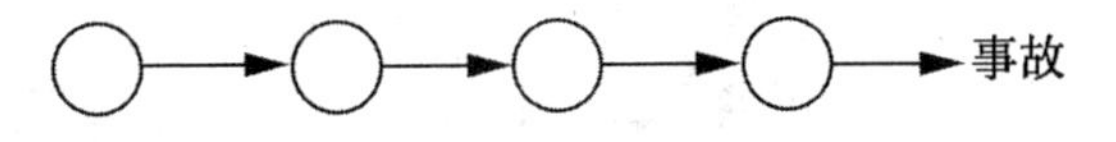

图2－6　因果连锁型事故链

3. 复合型

某些因果连锁，又由一系列原因复合组成导致事故结果，称为“复合型”。单纯的集中型或单纯的连锁型均较少，事故的发生多为复合型（见图2－7）。

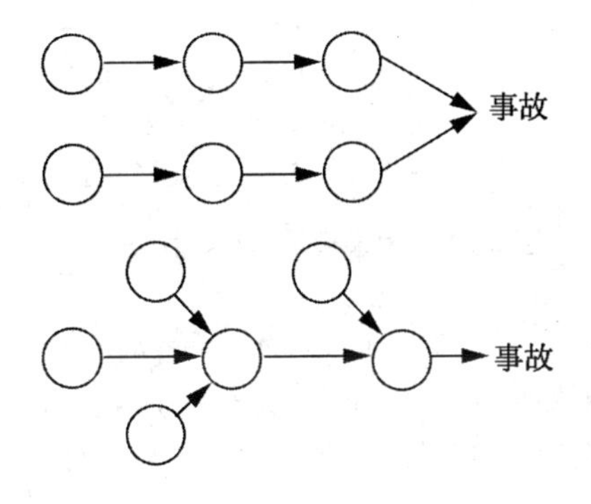

图2－7　复合型事故链

4. 因果继承多层次型

因果是继承性的，是多层次的。一次原因是二次原因的结果，二次原因又是三次原因的结果，依次类推（见图2－8）。

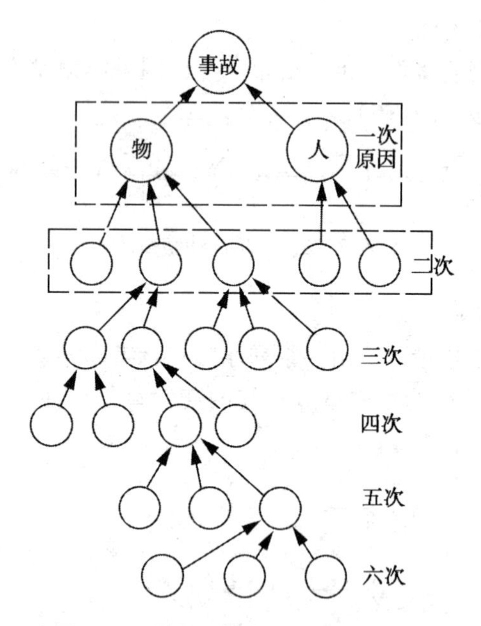

图 2－8　因果继承多层次型事故链

总之，事故的形成是由互为因果关系的事件所构成的，形成事故的整个过程构成了事故链。由于情况不同，则出现了集中或直线连锁，以及由它们所构成的各种复合型的事故链。

（三）起因物和致害物

致害物，是指直接引起伤害的物体或物质。在两种以上物体撞击时，当一物体是静止的，另一物体是运动的，那么，运动的物体为致害物。比如，开动的叉车将人撞在机床上，叉车为致害物。若两个物体都是静止的，最后接触的物体为致害物。如人从脚手架上坠落，摔下时碰到几次物体，最后落到地面，地面就是致害物。

致害物与人的不安全行为相遇导致事故，有时又派出生新的致害物而连续产生另一事故现象（见图 2－9）。

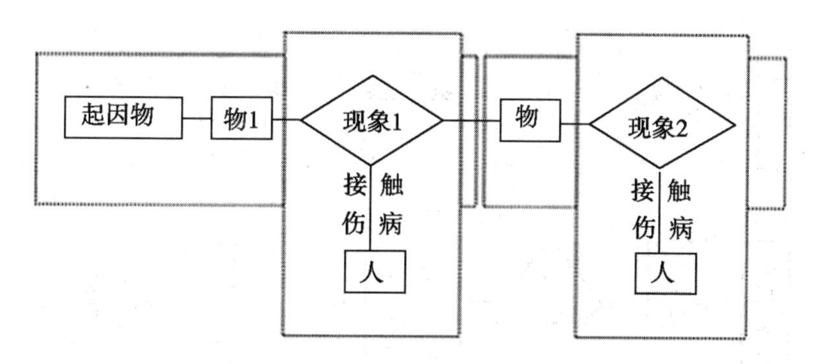

图 2－9 新致害物派生导致新的事故

起因物，是指导致事故发生的物体或物质。起因物与致害物的区别在于：致害物是与人体接触（直接接触或人体暴露于其中）使人受伤害的物体或物质，而起因物则强调的是物的不安全状态对事故形成的作用，至于是否造成伤害，则无须考虑。

起因物的判定原则是：

（1）依据造成伤害事故的主因，选择存在不安全状态的物。

（2）遇到两种以上起因物掺合在一起或不易判定的情况，应从预防事故重演的目的出发，选择最为重要的起因物。

（3）如致害物是机械装置正常运转时产生的物体（如焊接火焰）或是和机械装置成为一体运动的物体（如车床上的加工件），起因物一般选择机械装置（焊机或车床）。

（4）当导致伤害的原因仅仅是人时，则无起因物（此时无不安全状态）。

下面以电焊装置为起因物造成连续发生事故现象的四个例子分析致害物和起因物的作用原理。

例一：在焊装作业中，飞溅的火花引燃聚氨酯橡胶而起火，火灾燃烧中的高温物与人接触，烧伤了人员，其作用原理如图 2－10 所示。

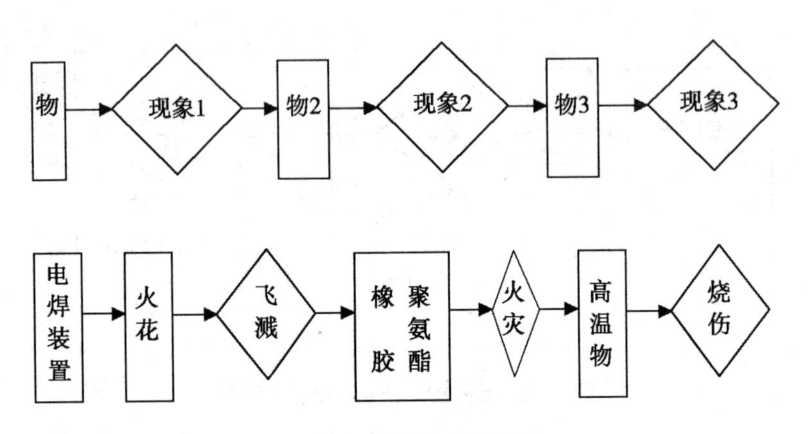

图 2－10　致害物与起因物例一

例二：在焊接作业中因火花飞溅，先引燃聚氨酯橡胶，生成的燃烧产物一氧化碳使人中毒。这一事故的起因物也是电焊装置，致害物是由火灾形成的一氧化碳，后果现象是中毒（见图 2－11）。

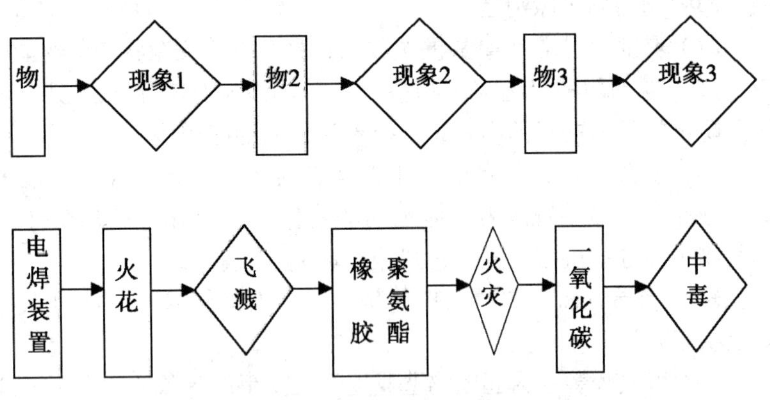

图 2－11　致害物与起因物例二

例三：在电焊熔接作业中，火花飞散到另一喷漆作业的场所，引起清漆、汽油着火，可燃物烧伤了工人（见图 2－12）。

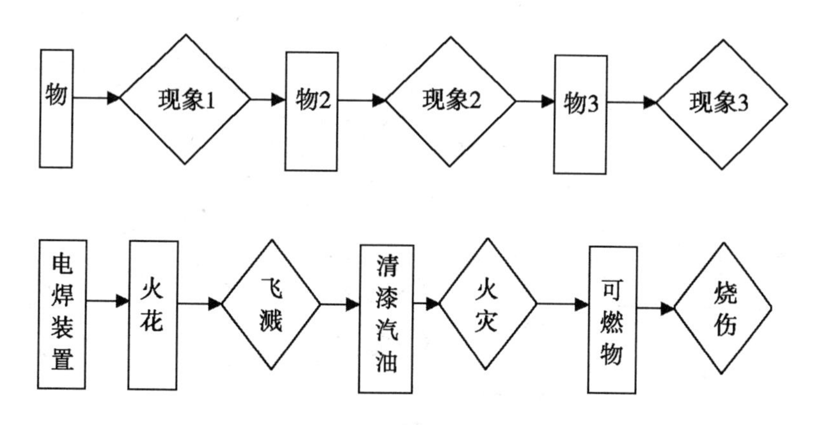

图 2－12 致害物与起因物例三

例四：焊接作业中火花飞散到汽油缸处，引燃汽油，容器爆炸，造成了铁片伤人（见图 2－13）。

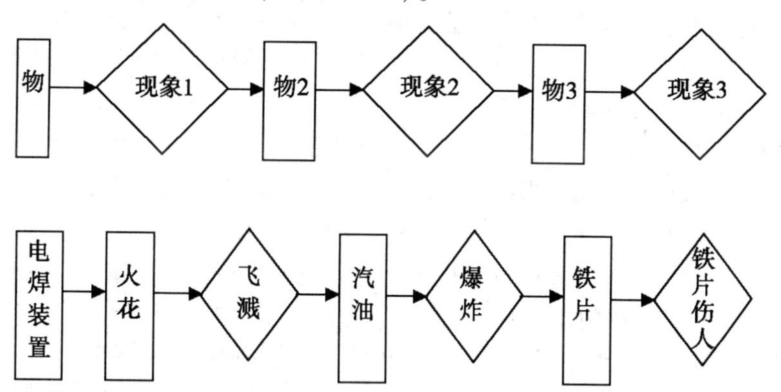

图 2－13 致害物与起因物例四

如果将上述四例绘成物系列综合事故模型，则如图 2－14 所示。

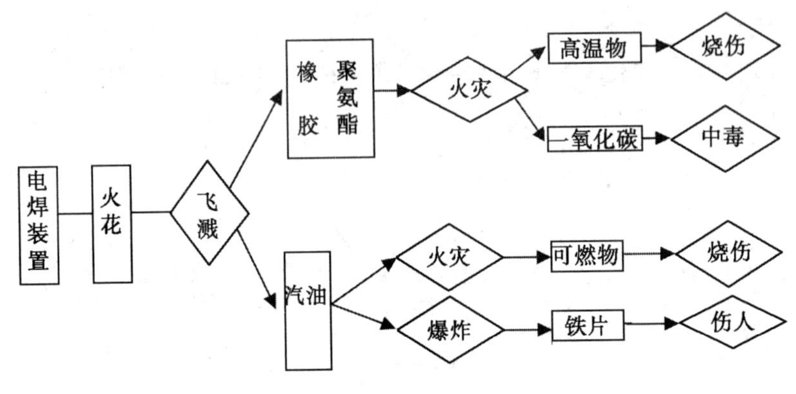

图2－14　致害物与起因物综合

（四）事故原点与事故源点

事故原点是事故发生的初始点。在事故发生过程中，事故原点具有承上启下导致突变的特征。如火灾事故的最初起火点、爆炸事故的第一起爆点、车辆伤害事故的撞击点等都是事故原点。事故原点在事故发生中具有关键作用，它是一系列事故原因最后汇集起来形成事故的爆发点，又是事故后果产生的起始点，在连锁发生事故中事故原点又是二次事故发生的起源点。事故原点能够反映出事故的直接原因，因此，在现场勘查中，首先是通过勘查现场找出事故原点，然后围绕事故原点对现场上各种现象进行分析，找出这些现象与事故原点的内在联系，进而把事故发生发展的顺序逐步揭示出来，最后绘成事故链图，进一步分析事故发生的直接原因和间接原因。

事故的发生除极个别是单一原因外，绝大多数是多种原因造成的。每一个事故原因都有其起源事件，这些起源事件称为事故源。事故源点就是事故源所处的时间和空间的总和。每一个事故原因必有事故源点。例如，泄漏气体爆炸事故的事故源至少有两个，一个是可燃爆气体的泄漏事件，另一个是火源，这两个事故源都有其事故源点。现场勘查中，分析事故原因，就必须找到事故源点。

事故原点和事故源点在个别情况下可能重合。例如，人手握电

线漏电部分的金属导体而发生触电死亡事故，该事故中事故原点是人手与金属导体接触部位，而事故源点亦在电线的漏电部位，事故原点和事故源点重合。

但是，在由多种原因造成的事故现场上，事故原点和事故源点是不可能全部重合的，只有个别的是重合的。例如，在瓦斯爆炸事故中，事故原点是最初爆炸点，但瓦斯来源这一事故源点并未在最初起爆点；火源如果来自其他处的燃料燃烧，该事故源点也未在最初起爆点。因此，该事故中事故原点与事故源点不重合。

因此，由查找事故原点可分析出事故的直接原因，而通过事故的直接原因又可找出事故源点，这是对事故现场进行勘查的主要方法之一。

二、事故树分析

（一）事故树理论概述

事故树分析（Fault Tree Analysis，FTA）是安全系统工程中常用的一种分析方法，最初用于系统可靠性分析与评价。美国贝尔电话研究所的维森（H. A. Watson）首创了FTA，并应用于研究导弹发射控制系统的安全性评价中，用它来预测导弹发射的随机故障概率。接着，美国波音飞机公司的哈斯尔（Hassle）等人对这个方法又作了重大改进，并采用计算机进行辅助分析和计算。美国原子能委员会应用FTA对商用核电站进行了风险评价，发表了拉斯姆逊报告（Rasmussen Report），引起世界各国的关注。目前事故树分析法已从宇航、核工业进入一般电子、电力、化工、机械、交通等领域，它可以进行故障诊断，分析系统的薄弱环节，指导系统的安全运行和维修，实现系统的优化设计。事故树分析至今仍处在发展和完善中。目前，事故树分析在自动编制、多状态系统FTA、相依事件的FTA、FTA的组合爆炸、数据库的建立及FTA技术的实际应用等方面尚待进一步分析研究，以求新的发展和突破。近年来，已经开发了多种功能的软件包（如美国的SETS和德国的RISA）进行 FTA 的定性与定量分析，有些 FTA 软件已经通用和商品化。事故树分析越来越成为预测、控制、分析事故的重要方法。

事故树分析（FTA）是一种图形演绎推理法，即从结果分析原因。这种方法是从一个可能的事故开始，一层一层的逐步寻找引起事故的触发事件、直接原因与间接原因，并分析这些事故原因之间的逻辑关系，用一种称为事故树的树形图表示这些原因以及它们的逻辑关系。最后通过对事故树的定性与定量分析，找出事故发生的主要原因，为确定安全对策提供可靠依据，以达到预测与预防事故发生的目的。

事故树分析是事故事件在一定条件下的逻辑推理方法。它可以围绕某特定的事故作层层深入的分析，因而在清晰的事故树图形下，表达系统内各事件间的内在联系，并指出单元故障与系统事故之间的逻辑关系，便于找出系统的薄弱环节。FTA 具有很大的灵活性，不仅可以分析某些单元故障对系统的影响，还可以对导致系统事故的特殊原因如人为因素、环境影响等进行分析。进行 FTA 的过程，是一个对系统更深入认识的过程。它要求分析人员把握系统内各要素间的内在联系，弄清各种潜在因素对事故发生影响的途径和程度，因而许多问题在分析的过程中就被发现和解决了，从而提高了系统的安全性。利用事故树模型可以定量计算复杂系统发生事故的概率，为改善和评价系统安全性提供了定量依据。

事故树分析还存在许多不足之处，主要是：FTA 需要花费大量的人力、物力和时间；FTA 的难度较大，建树过程复杂，需要经验丰富的技术人员参加，即使这样也难免发生遗漏和错误；FTA 只考虑（0，1）状态的事件，而大部分系统存在局部正常、局部故障的状态，因而建立数学模型时，会产生较大误差；FTA 虽然可以考虑人的因素，但人的失误很难量化。

（二）事故树分析步骤

1. 准备阶段

（1）确定所要分析的系统。在分析过程中，合理地处理好所

要分析系统与外界环境及其边界条件，确定所要分析系统的范围，明确影响系统安全的主要因素。

（2）熟悉系统。这是事故树分析的基础和依据。对于已经确定的系统进行深入的调查研究，收集系统的有关资料与数据，包括系统的结构、性能、工艺流程、运行条件、事故类型、维修情况、环境因素等。

（3）调查系统发生的事故。收集、调查所分析系统曾经发生过的事故和将来有可能发生的事故，同时还要收集、调查本单位与外单位、国内与国外同类系统曾发生的所有事故。

2. 事故树的编制

（1）确定事故树的顶事件。确定顶事件是指确定所要分析的对象事件。根据事故调查报告分析其损失大小和事故频率，选择易于发生且后果严重的事故作为事故的顶事件。

（2）调查与顶事件有关的所有原因事件。从人、机、环境和管理等方面调查与事故树顶事件有关的所有事故原因，确定事故原因并进行影响分析。

（3）编制事故树。采用一些规定的符号，按照一定的逻辑关系，把事故树顶事件与引起顶事件的原因事件绘制成反映因果关系的树形图。

3. 事故树定性分析

事故树定性分析主要是按事故树结构，求取事故树的最小割集或最小径集，以及基本事件的结构重要度，根据定性分析的结果，确定预防事故的安全保障措施。

4. 事故树定量分析

事故树定量分析主要是根据引起事故发生的各基本事件的发生概率，计算事故树顶事件发生的概率；计算各基本事件的概率重要度和关键重要度。根据定量分析的结果以及事故发生以后可能造成的危害，对系统进行风险分析，以确定安全投资方向。

5. 事故树分析的结果总结与应用

必须及时对事故树分析的结果进行评价、总结，提出改进建议，整理、储存事故树定性和定量分析的全部资料与数据，并注重综合利用各种安全分析资料，为系统安全性评价与安全性设计提供依据。其步骤如图 2－15 所示。

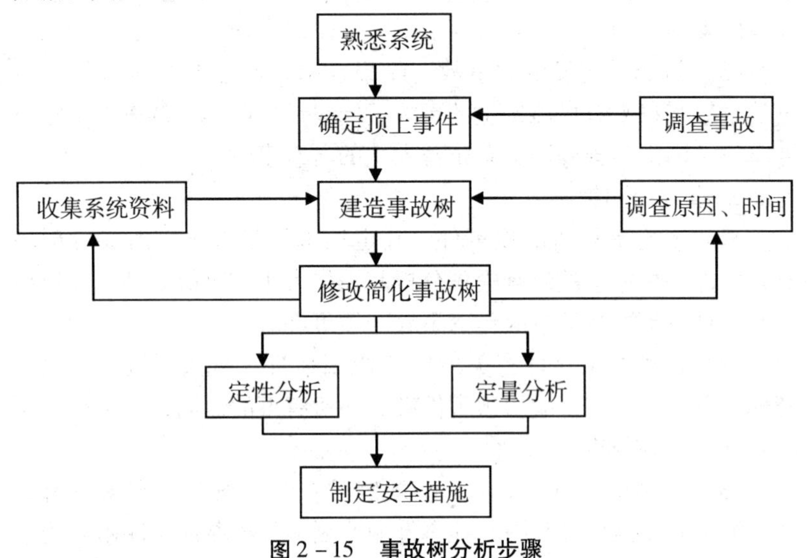

图 2－15　事故树分析步骤

第五节　事故调查处理基础

一、事故发生过程的描述

在描述事故发生过程时，要注意以下几点：

（1）一定要说清事故发生之前、之时乃至之后的事件序列，层次清楚，导致事故发生的因素被自然地纳入到事件序列中。

（2）属于分析、推断的内容不要按事实来写。着重写谁听到什么、看到什么、做了什么。

（3）描述完事故发生过程后，写出与事故原因有关的必要的背景情况。

具体而言，事故发生的经过需查明：

（1）事故发生前，事故发生单位生产作业状况；

（2）事故发生的具体时间、地点；

（3）事故现场状况及事故现场保护情况；

（4）事故发生后采取的应急处置措施情况；

（5）事故报告经过；

（6）事故抢救及事故救援情况；

（7）事故的善后处理情况；

（8）其他与事故发生经过有关的情况。

二、事故的直接原因

事故的直接原因包括物的不安全状态、人的不安全行为和环境的缺陷。有时，把环境的缺陷归入物的不安全状态。

三、事故的间接原因

事故的间接原因即管理原因，是造成直接原因的原因。应当从已确定的直接原因，去追踪导致这些原因的管理缺陷或疏忽，来确定间接原因。

在间接原因中，还包括政府及其管理部门的管理原因，具体如下：

1. 审查、批准、验收方面的原因

（1）对涉及安全生产而需要审查批准或验收的事项，未予以审查；

（2）对不符合法规、标准的事项，予以批准或验收；

（3）对未被批准或验收而擅自从事有关活动的单位，未予以取缔并处理；

（4）对虽获批准但已不具备安全生产条件的单位，未撤销原批准；

（5）审查、验收收取费用，或要求被审查、验收的单位购买其指定的设备、产品。

2. 监督检查方面的原因

（1）未对本行政区域内容易发生重大事故的单位进行定期严格检查；

（2）监督检查中发现违法行为未予纠正或限期改正；

（3）监督检查中发现事故隐患未责令排除，包括必要时撤除人员、停产停业；

（4）监督检查中有根据认为有关设施、器材不符合标准而未予以处理；

（5）经监督检查开出整改通知，但其后不追踪落实情况；

（6）对监督检查中发现的问题和处理情况无书面记录。

3. 应急救援方面的原因

（1）未制订本行政区域内特大事故应急救援预案，未建立应急救援体系；

（2）未要求、检查本行政区域内高危行业单位（矿山、建筑、危险物品）建立应急救援组织或配备应急救援人员及应急救援设备、器材；

（3）未评审本行政区域内高危行业单位的应急救援预案，未检查预案的演练情况。

4. 事故调查处理方面的原因

（1）接到事故报告后未按规定立即上报，而是隐瞒不报、谎报或拖延不报；

（2）接到事故报告后未立即赶到现场组织抢救；

（3）事故调查处理不实事求是，未能准确查明原因、性质、责任，提出有效的纠正和预防措施；

（4）对责任事故，未查明本级及下级政府部门的责任并追究法律责任；

（5）阻挠或干涉事故调查处理工作。

5. 政府部门的原因

（1）在有关的工作中，政府部门之间不相互配合，不及时沟通信息。

（2）在有关的工作中，政府部门不能秉公执法，有腐败行为。

四、事故责任

直接责任者，是指造成事故直接原因的人员。

管理责任者，是指造成事故间接原因（管理原因）的管理人员。

领导责任者，是指对事故的发生负有领导责任的人员，即管理责任者中的领导层成员。

主要责任者，是指对事故的发生起主要作用的人员。通过比较事故的各种直接原因和间接原因，选择在本次事故中起了最主要作用的原因；在直接责任和领导责任者中，根据其在事故发生过程中的作用，确定主要责任者。

通过事故调查分析，在认定事故的性质和事故责任的基础上，对事故责任者的处理建议主要包括下列内容：

（1）对责任者的行政处分、党纪纪律处分建议；

（2）对责任者的行政处罚建议；

（3）对责任者追究刑事责任的建议；

（4）对责任者追究民事责任的建议。

应当强调指出的是：事故调查分析的主要目的并不是追究责任；现实中需要遏制的是，对本该是主要责任者的领导或管理人员减轻责任，而把主要责任加在工人头上的情况。

五、纠正和预防措施

纠正和预防措施，是指避免同种事故重演的措施和预防类似事故发生的措施，也称防范和整改措施。纠正和预防措施是为了消除造成事故的原因。由于直接原因是间接原因引起的，所以，纠正和预防措施特别要针对间接原因。纠正和预防措施要覆盖所有已确定的事故原因，不要有遗漏。

通过事故调查分析，在认定事故的性质和事故责任者的基础上，要认真总结事故的教训，主要是在安全生产管理、安全生产投入、安全生产条件等方面存在哪些薄弱环节、漏洞和隐患，要认真对照问题查找根源。总结事故教训主要包括以下几个方面：

（1）事故发生单位应该吸取的教训；

（2）事故发生单位主要负责人应该吸取的教训；

（3）事故发生单位有关主管人员和有关职能部门应该吸取的教训；

（4）从业人员应该吸取的教训；

（5）政府及其有关部门应该吸取的教训；

（6）相关生产经营单位应该吸取的教训；

（7）社会公众应该吸取的教训等。

防范和整改措施要具备以下性质：针对性，可操作性，普遍适用性，时效性。

六、事故调查处理程序

事故调查处理程序为事故报告、现场救援保护、事故调查、事故分析、事故处理。其中事故调查阶段包括现场勘查、资料收集、物证提取、证人证言、损失计算、技术鉴定等内容。事故分析阶段包括原因分析、事故定性、责任分析、整改措施、通报情况等。

七、案例分析

案例一：塔吊倒塌事故

【案情】

某城建公司承包修建一单位住宅楼工程，该城建公司又将工程发包给本公司职工柳某。在工程建设中，柳某私下找公司负责人联系借用吊车吊运塔吊。某日，公司会计兼小车驾驶员李某把吊车开到工地。吊车驾驶员陈某用汽车将塔吊运至工地。

公司安装人员开始组装塔身。当日下午3时，吊车驾驶员陈某提出下班，理由是吊车油料用完，且天黑无照明灯。但现场施工负责人柳某不同意，派人找来汽油，让大家继续组装塔吊至晚8时，发现塔吊的塔身被首尾倒装，无法与塔基对接。在安装人员的建议下，柳某和吊车驾驶员陈某叫来几个民工，运用钢丝悬挂重物、人拉钢丝使塔身移动的简易方法扭转塔身。由于无法掌握平衡，塔身突然倒塌，造成3人死亡，4人重伤。

【分析】根据《安全生产法》的相关规定，事故的主要原因有哪些?

这是一起管理人员违章指挥、从业人员违章操作导致发生的生产安全事故。

根据《安全生产法》第16条的规定，生产经营单位应当具备本法和有关法律、行政法规和国家标准或者行业标准规定的安全生产条件。不具备安全生产条件的，不得从事生产经营活动。本案中，工程施工工地没有制定基本的安全措施，所用的吊车也不具备承担吊装任务的功能。由此可见，某城建公司没有执行安全生产法律、法规，也没有加强劳动安全管理，完全是违法施工作业。同时，根据《安全生产法》第35条的规定，生产经营单位进行爆破、吊装等危险作业时，应当安排专门人员进行现场安全管理，确保操作规程的遵守和安全措施的落实。本案中，现场管理人员违章指挥，吊车驾驶员及其他作业人员也都存在违章作业问题。此外，该案中的施工作业还违反了国家有关特种作业安全管理的规定。起重机械作业属于特种作业，其驾驶人员属于特种作业人员。根据《安全生产法》第23条的规定，生产经营单位的特种作业人员必须按照国家有关规定经专门的安全作业培训，取得特种作业操作资格证书，方可上岗作业。本案中，吊车驾驶员陈某未经特种作业专业培训，没有取得相关资格证书，无证驾驶吊车。这是造成事故发生的主要原因之一。

案例二：临时工违章作业坠落事故

【案情】

2001年6月18日，云南某化工厂临时工X某在普钙厂化成皮带周围做清理卫生工作，当X某打扫完化成皮带周围卫生后，看到提升机周围石棉瓦上还有物料。由于在防护栏杆（栏杆高度为0.9米，栏杆距提升机的距离为0.26米，提升机的宽度为0.8米）内扫不到石棉瓦上的物料，就翻越栏杆到石棉瓦（石棉瓦上未搭跳板）上铲料，在铲料的过程中，石棉瓦被踩断，发生坠落，造成重伤（坠落高度为5.4米），直接经济损失4万余元。

【事故原因分析】

事故直接原因：化工厂临时工X某未经专门的安全生产教育和培训，从事日常工作时，违反有关规定。同时，化工厂未在此类场所设置明显的安全警示标志，也无巡检人员负责日常的安全检查工作，导致这名工人的违章行为持续进行到发生事故为止。

《安全生产法》第28条规定，“生产经营单位应当在有较大危险因素的生产经营场所和有关设施、设备上，设置明显的安全警示标志”；第35条规定，“生产经营单位进行爆破、吊装等危险作业，应当安排专门人员进行现场安全管理，确保操作规程的遵守和安全措施的落实”；第38条规定，“生产经营单位的安全生产管理人员应当根据本单位的生产经营特点，对安全生产状况进行经常性检查，对检查中发现的安全问题，应当立即处理；不能处理的，应当及时报告本单位有关负责人，检查及处理情况应当记录在案”。

【预防措施】

（1）对现雇的正式、临时工进行一次系统的安全生产教育和培训，使其对工作岗位存在的风险充分了解；

（2）在所有存在较大风险因素的场所、设备和设施上，检查安全警示标志和安全设施的完整性，对于未设立警示标记的地方，应重新设置。

案例三：建筑工人高空坠落事故

【案情】

为方便进行外墙维修保护工程，一名工人在大厦外墙架设以金属支架作支撑之竹棚。在工程完成后，一名具有三年工作经验的搭棚工人开始拆卸棚架。工人在拆除竹棚后，坐于其中一个金属支架上，以便拆除附近之支架。由于该金属支架突然倒塌，令该名工人从三十层楼高之位置跌下平台。调查及视察结果显示已拆除之金属支架仅装有一只螺栓，不足以支撑该名棚架工人之体重。

【事故原因分析及预防措施】

事故的直接原因：工人在未佩带安全带等防护措施时进行高空危险作业，且无专门人员负责现场安全检查和管理工作，从而导致事故的发生。从管理方来讲，事先并未制定拆卸工作的标准化操作规程和安全防护措施，导致这名工人仅依靠自己的工作经验，进行拆卸工作，也是导致事故发生的原因之一。

为在今后的施工中预防此类事故的发生，建议措施包括：

（1）施工方应在每次施工前，对工人进行岗位教育和操作培训。

（2）在施工现场配备安全检查员，负责施工安全和违章行为的查处。

（3）保证安全防护设备（如安全带等）的使用效果，从硬件上杜绝工人违章施工。

案例四：机组人员违章操作导致飞机坠毁事故

【案情】

某航空公司 B2755 号飞机执行航班任务时，飞机在跑道起点加到起飞马力后开始滑跑，但飞机一直到滑出跑道也未能起飞，最终以 210 公里/小时的速度撞在一条 2 米高的防洪堤上，并越过防洪堤于空中解体，坠地起火。造成107人死亡，19人受伤。根据地面记录和对地面值班机务人员进行调查，证实导致这次事故的直接原因是，机组人员未把飞机全动式平尾调整到与飞机重心相适应的角度起飞，致使飞机始终未能离开地面。

【分析】造成这起事故发生的根本原因是什么？

这是一起从业人员不遵守操作规程、违章操作引发的特大安全事故。

《安全生产法》第49条规定："从业人员在作业过程中，应当严格遵守本单位的安全生产规章制度和操作规程，服从管理，正确佩戴和使用劳动防护用品。"安全生产规章制度和操作规程是生产经营单位根据本单位的实际情况，依照国家法律、法规和规章的要求所制定的具体制度和安全操作的具体程序。从业人员严格遵守有关安全生产的法律、法规以及生产经营单位的安全生产规章制度和操作规程，是生产经营单位安全生产的重要保证。只有严格遵章守纪，按章操作，生产经营单位的安全生产才有可靠保证。

现实中的许多事故都是由于从业人员违反安全操作规程造成的。具体到本案，机组人员在起飞过程中未按飞行手册规定程序操作，是造成事故的直接原因。该机驾驶舱有一平尾警告提示系统，不管调不调平尾，黄色警告灯都是亮的，而且起飞时还有警告喇叭响。按照正常操作程序，滑行前，机组应先将平尾调到适当位置，并与驾驶舱里的指示表校对平尾度数；之后，还要与地面机务人员核准无误后方可按下警告消除按钮。但这一次，机组既未调平尾，也未与地面机务人员核对，盲目将消除警告按钮按下，结果，警告指示系统失去作用，一时疏忽，酿成大祸。

第三章　事故预防

第一节　事故预防概述

随着经济的发展，安全生产事故频发。一是经济发展需要大量的人力资源从事生产作业，大量的生产活动使作为生产力的人和生产资料之间的相互作用频率增加，人的不安全行为造成安全生产事故的机会增多。同时由于思想认识、教育培训和经费等问题，企业管理者和劳动力的整体素质，尤其是安全素质不高，易造成安全生产事故。二是随着生产资料和产品种类、数量的增加，危险物品的种类和数量也相应地增加，引发事故的危险源增多。三是由于经济发展水平以及人们对生产的高风险性和事故防范的认识所限，事故社会防范机制还不够健全，安全生产与经济的良好互动发展还不够协调，也是导致事故发生的重要原因。

事故调查处理工作是除患于已然，事故预防工作是防患于未然，两者如同剑与盾的关系，是做好安全生产工作的两个重要方面。其中事故调查处理工作如同一把“利剑”，通过加大对重大责任事故犯罪的打击力度，加强刑罚的惩戒作用，可以更好地从反面促进安全生产工作，收到事半功倍的功效。而事故预防工作如同一面坚盾，是加强安全生产、减少安全事故发生的关键。

一、事故预防理论

海因里希在20世纪总结了当时工业安全的实际经验，在《工业事故预防》（*Industrial Accident Prevention*）一书中提出了所谓的

“工业安全公理”（Axioms of Industrial Safety）该公理包括10项内容，又称为“海因里希10条”。

（1）工业生产过程中人员伤亡的发生，往往是处于一系列因果连锁末端事故的结果；而事故常常起因于人的不安全行为和（或）机械、物质（统称为物）的不安全状态。

（2）人的不安全行为是大多数工业事故的原因。

（3）由于不安全行为而受到了伤害的人，几乎重复了300次以上没有造成伤害的同样事故。即人在受到伤害之前，已经经历了数百次来自物方面的危险。

（4）在工业事故中，人员受到伤害的严重程度具有随机性。在大多数情况下，人员在事故发生时可以免遭伤害。

（5）人员产生不安全行为的主要原因有：不正确的态度；缺乏知识或操作不熟练；身体状况不佳；物的不安全状态或不良的环境。这些原因是采取措施预防不安全行为的依据。

（6）防止工业事故的四种有效的方法是：①工业技术方面的改进；②对人员进行说服、教育；③人员调整；④惩戒。

（7）防止事故的方法与企业生产管理、成本管理及质量管理的方法类似。

（8）企业领导者有进行事故预防工作的能力，并且能把握进行事故预防工作的时机，因而应该承担预防事故工作的责任。

（9）专业安全人员及车间干部、班组长是预防事故的关键人员，他们工作的好坏对能否做好事故预防工作有很大影响。

（10）除了人道主义动机之外，下面两种强有力的经济因素也是促进企业事故预防工作的动力：

其一，安全的企业生产效率越高，不安全的企业生产效率越低；

其二，事故后用于赔偿及医疗费用的直接经济损失，只不过占事故总经济损失的1/5。

海因里希在这里阐述了事故发生的因果连锁论，作为事故发生

原因的人的因素与物的因素之间的关系问题，事故发生频率与伤害严重度之间的关系问题，不安全行为的产生原因及预防措施，事故预防工作与企业其他管理机能之间的关系，进行事故预防工作的基本责任，以及安全与生产之间的关系等工业安全中最重要、最基本的问题。数十年来，该理论得到世界上许多国家广大事故预防工作者的赞同，作为他们从事事故预防工作的理论基础。

尽管随着时代的前进和人们认识的深化，该“公理”中的一些观点已经不再是“自明之理”了，许多新观点、新理论相继问世，但是该理论中的许多内容仍然具有强大的生命力，在现今的事故预防工作中仍有重大影响。

二、事故预防工作五阶段模型

海因里希定义事故预防是：为了控制人的不安全行为、物的不安全状态而开展以某些知识、态度和能力为基础的综合性工作及一系列相互协调的活动。

很早以来，人们就通过图 3－1 所示的一系列努力来防止工业事故的发生。

掌握事故发生及预防的基本原理，拥有对人类、国家、劳动者负责的基本态度，以及从事事故预防工作的知识和能力，是开展事故预防工作的基础。在此基础上，事故预防工作包括以下五个阶段的努力：

第一阶段，建立健全事故预防工作组织，形成由企业领导牵头的，包括安全管理人员和安全技术人员在内的事故预防工作体系，并切实发挥其效能。

第二阶段，通过实地调查、检查、观察及对有关人员的询问，加以认真的判断、研究，以及对事故原始记录的反复研究，收集第一手资料，找出事故预防工作中存在的问题。

第三阶段，分析事故及不安全问题产生的原因。包括弄清伤亡事故发生的频率、严重程度、场所、工种、生产工序，有关的工具、设备及事故类型等，找出其直接原因和间接原因，主要原因和次要原因。

第四阶段，针对分析事故和不安全问题得到的原因，选择恰当的改进措施。改进措施包括工程技术方面的改进、对人员进行说服教育、人员调整、制定及执行规章制度等。

第五阶段，实施改进措施。通过工程技术措施实现机械设备、生产作业条件的安全，消除物的不安全状态；通过人员调整、教育、训练，消除人的不安全行为。在实施过程中要进行监督。

事故发生及预防的基本观念 （态度　能力　知识　国家　人类　为工业服务的热情）		
1	组织	安全管理人员　领导支持　安全技术人员　系统的规程创造及关心
2	发现事实	调查　检查　观察　记录的研究、再研究　询问　判断
3	分析事故及原因	频率　严重程度　场所　工种　事故类型　作业　工具及设备　障碍物 直接原因　间接原因　主要原因　次要原因
4	选择改进措施	人员的调整、配置　指导　说服教育　技术上改进作为最后手段的训练
5	改善措施的实施	监督　教育　技术

图 3－1　事故预防五阶段模型

以上对事故预防工作的认识被称作事故预防工作五阶段模型。该模型包含了企业事故预防工作的基本内容。但是，它以实施改进措施作为事故预防的最后阶段，不符合“认识—实践—再认识—再实践”的认识规律以及事故预防工作永无止境的客观规律。因此，对事故预防五阶段模型进行改进，得到图 3－2 所示的模型。

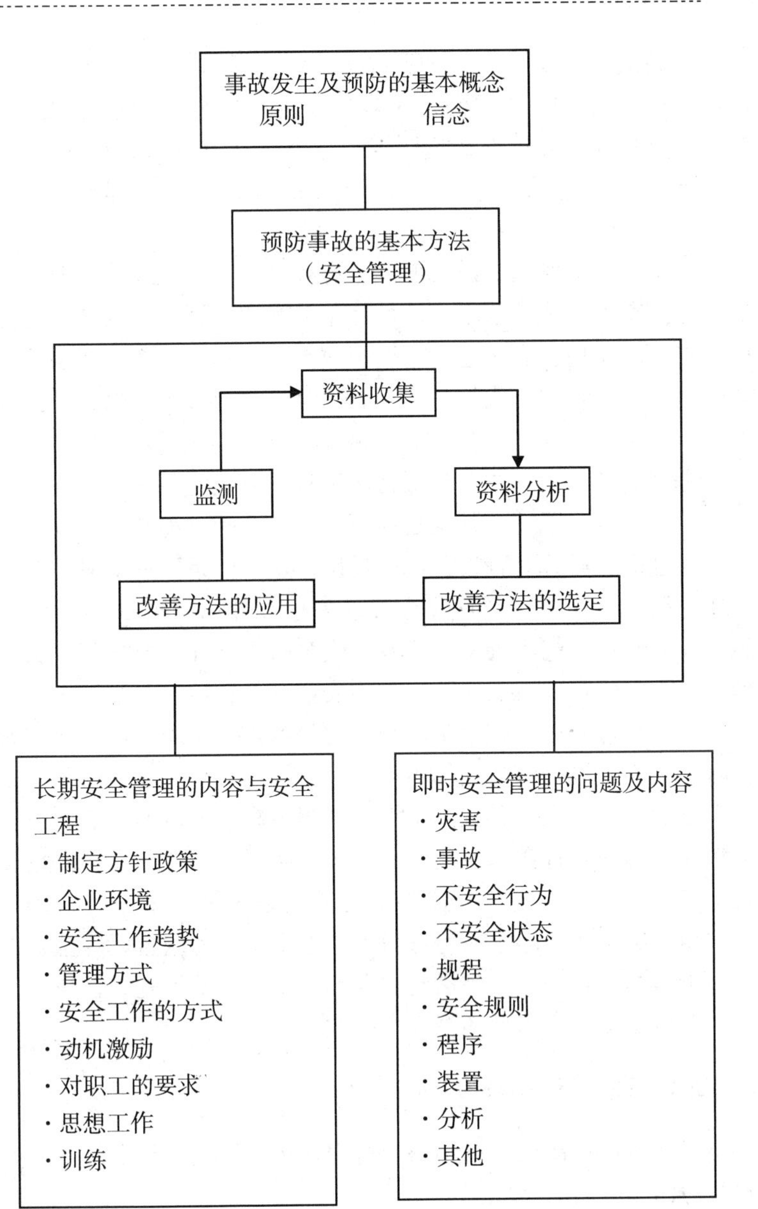

图 3－2　改进的事故预防模型

事故预防工作是一个不断循环、不断提高的过程，不可能一劳永逸。在这里，预防事故的基本方法是安全管理，它包括资料收集，对资料进行分析来查找原因，选择改进措施，实施改进措施，对实施过程及结果进行监测和评价。在监测和评价的基础上再收集资料，发现问题……

事故预防工作的成败，取决于有计划、有组织地采取改进措施的情况。特别是执行者工作的好坏至关重要。因此，为了获得预防事故工作的成功，必须建立健全事故预防工作组织，采用系统的安全管理方法，唤起和维持广大干部、职工对事故预防工作的关心，做好日常安全管理工作。

海因里希认为，建立与维持职工对事故预防工作的兴趣是事故预防工作的第一原则，其次是要不断地分析问题和解决问题。

改进措施可分为直接控制人员操作及生产条件的即时措施，以及通过指导、训练和教育逐渐养成安全操作习惯的长期的改进措施。前者对现存的不安全状态及不安全行为立即采取措施解决；后者用于克服隐藏在不安全状态及不安全行为背后的深层原因。

如果有可能运用技术手段消除危险状态，实现本质安全或耐失误时，则不管是否存在人的不安全行为，都应该首先考虑采取工程技术上的对策。当某种人的不安全行为引起了或可能引起事故，而又没有恰当的工程技术手段防止事故发生时，则应立即采取措施防止不安全行为重复发生。这些即时的改进对策是十分有效的。然而，我们绝不能忽略了所有造成工人不安全行为的背后原因，这些原因更重要。否则，改进措施仅仅解决了表面的问题，而事故的根源没有被铲除掉，以后还会发生事故。

三、事故预防的 3E 原则

海因里希把造成人的不安全行为和物的不安全状态的主要原因归结为四个方面的问题：

（1）不正确的态度。个别职工忽视安全，甚至故意采取不安

全行为。

（2）技术、知识不足。一些员工缺乏安全生产知识，缺乏经验，或技术不熟练。

（3）身体不适。一些员工生理状态或健康状况不佳，如听力、视力不良，反应迟钝、疾病、醉酒或其他生理机能障碍。

（4）不良的工作环境。照明、温度、湿度不适宜，通风不良，强烈的噪声、震动，物料堆放杂乱，作业空间狭小，设备、工具缺陷等不良的物理环境，以及操作规程不合适，没有安全规程，其他妨碍贯彻安全规程的事物。

对这四个方面的原因。海因里希提出了防止工业事故的三种有效的方法，即后来被归纳为众所周知的3E原则，内容如下：

（1）Engineering—工程技术。运用工程技术手段消除不安全因素，实现生产工艺、机械设备等生产条件的安全。

（2）Education—教育。利用各种形式的教育和训练，使职工树立“安全第一”的思想，掌握安全生产所必需的知识和技能。

（3）Enforcement—强制/法制。借助于规章制度、法规等必要的行政乃至法律的手段约束人们的行为。

一般地讲，在选择安全对策时应该首先考虑工程技术措施，然后是教育、训练。实际工作中，应该针对不安全行为和不安全状态的产生原因，灵活地采取对策。例如，针对职工的不正确态度问题，应该考虑工作安排上的心理学和医学方面的要求，对关键岗位上的人员要认真挑选，并且加强教育和训练，如能从工程技术上采取措施，则应该优先考虑；对于技术、知识不足的问题，应该加强教育和训练，提高其知识水平和操作技能；尽可能地根据人机学的原理进行工程技术方面的改进，降低操作的复杂程度。为了解决身体不适的问题，在分配工作任务时要考虑心理学和医学方面的要求，并尽可能从工程技术上改进，降低对人员素质的要求。对于不良的物理环境，则应采取恰当的工程技术措施来改进。

即使在采取了工程技术措施，减少、控制了不安全因素的情况下，仍然要通过教育、训练和强制手段来规范人的行为，避免不安全行为的发生。

第二节　事故预防技术

事故预防技术即安全技术。人类在与生产过程中的危险因素作斗争时，创造和发展了许多安全技术，从而推动了安全工程的发展。早在石器时代，人们从渔猎和农事实践中认识到了威胁其自身的危险因素，曾发明了一些简单的防护办法。由青铜器到铁器时代，防护器械随着生产工具的进步发生了质的飞跃，那时我们的祖先对矿山防瓦斯、防冒顶，对冶炼防热等积累了许多安全防护经验，历史上屡有记载。

18 世纪中叶，蒸汽动力的应用带来了工业革命。同时，也出现了大量压力容器爆炸事故。为解决锅炉爆炸问题，人们研究、开发了安全阀、压力表、水位计和水压检验等安全装置和措施。为了克服液体炸药不安全的弱点，1866 年诺贝尔完成了安全炸药的研制，有效地减少了爆破事故。自工业革命以来，差不多每 10 年就有一项重大的技术或产品问世。最近几十年来，新科学、新技术比历史上任何时期都发展迅速，新的科学技术或产品，在改善了人们的物质、精神生活的同时，也带来了越来越多的危险。这就要求人们采取有效的安全技术措施，保证安全生产。

安全寓于生产之中，安全技术与生产技术密不可分。安全技术主要是通过改善生产工艺和改进生产设备、生产条件来实现安全生产的。由于生产工艺和设备种类繁多，相应的，安全技术的种类也相当多。近年来，已经形成了较完整的安全技术体系。在安全检测技术方面，先进的科学技术手段逐渐取代了人的感官和经验，可以灵敏、可靠地发现不安全因素，从而使人们可以及早采取控制措施，把事故消灭在萌芽状态。

事故预防技术可以划分为预防事故发生的安全技术及防止或减

少事故损失的安全技术。前者是发现、识别各种危险因素及其危险性的技术；后者是消除、控制危险因素，防止事故发生和避免人员受到伤害的技术。显然我们应该着眼于前者，做到防患于未然。同时，一旦发生了事故，我们应努力防止事故扩大或引起其他事故，把事故造成的损失限制在尽可能小的范围之内。

一、防止事故发生的安全技术

采用防止事故发生的安全技术的基本目的是采取措施，约束、限制能量或危险物质的意外释放。可按以下优先次序选择安全技术：

1. 根除危险因素

只要生产条件允许，应尽可能完全消除系统中的危险因素，从根本上防止事故的发生。

2. 限制或减少危险因素

一般情况下，完全消除危险因素是不可能的。人们只能根据具体的技术条件、经济条件，限制或减少系统中的危险因素。

3. 隔离、屏蔽和连锁

隔离是从时间和空间上与危险源分离，防止两种或两种以上危险物质相遇，减少能量积聚或发生反应事故的可能。屏蔽是将可能发生事故的区域控制起来保护人或重要设备，减少事故损失。连锁是将可能引起事故后果的操作与系统故障和异常出现事故征兆的确认进行连锁设计，确保系统故障和异常不导致事故。

4. 故障—安全措施

系统一旦出现故障，自动启动各种安全保护措施，部分或全部中断生产或使其进入低能的安全状态。故障—安全措施有三种方案：

（1）故障—消极方案。故障发生后，使设备、系统处于最低能量的状态，直到采取措施前不能运转。

（2）故障—积极方案。故障发生后，在没有采取措施前，使设备、系统处于安全能量状态之下。

(3) 故障—正常方案。故障发生后，系统能够实现正常部件在线更换故障部分，设备、系统能够正常发挥效能。

5. 减少故障及失误

通过减少故障、隐患、偏差、失误等各种事故征兆，使事故在萌芽阶段得到抑制。

6. 安全规程

制定或落实各种安全法律、法规和规章制度。

7. 矫正行动

人失误即人的行为结果偏离了规定的目标或超出了可接受的界限，并产生了不良的后果。操作者的不安全行为在生产过程中直接导致事故的人失误。矫正行动即通过矫正人的不安全行为来防止人失误。

在以上几种安全技术中，前两项应优先考虑。因为根除和限制危险因素可以实现“本质安全”。但是，在实际工作中，针对生产工艺或设备的具体情况，还要考虑生产效率、成本及可行性等问题，应该综合地考虑，不能一概而论。例如，为防止手电钻机壳带电造成触电事故，对手电钻可以采取许多种技术措施，但各有优缺点（见表3－1），设计人员和安全管理人员应根据实际情况采取具体措施。

表3－1　防止使用手电钻触电事故的技术措施

措施序号	类　型	措施内容	优　点	缺　点
1	手摇钻	不用电，根除了触电的可能性	成本低	效率低，费力气，齿轮必须防护

续表

措施序号	类 型	措施内容	优 点	缺 点
2	电池式电钻	使用低电压，可以避免触电	灵活方便，便于携带	功率有限，被加工物受限制；要更换电池或充电
3	三芯线电钻	带接地线；故障—安全	在两芯电钻外壳接上地线即可，不必重新设计	必须保证接地良好，否则仍会触电
4	二芯线电钻	增加可靠性，减少事故发生	不必重新设计	提高可靠性增加成本，可减少但不能避免事故，维护不当可能漏电
5	塑料壳二芯线电钻	采用塑料外壳可以避免触电	塑料壳较金属壳便宜	塑料壳不如金属壳结实
6	压气钻	利用压气作动力，根除触电可能性	功率和可靠性都高于电钻	需要压气供应，较贵，不方便，压气系统有危险

二、减少事故损失的安全技术

采用减少事故损失的安全技术的目的，是在事故由于种种原因没能控制而发生之后，减少事故严重后果。选取的优先次序为：

1. 隔离

避免或减少事故损失的隔离措施，其作用在于把被保护的人或物与意外释放的能量或危险物质隔开，具体措施包括远离、封闭、缓冲。远离是位置上处于意外释放的能量或危险物质不能到达的地方；封闭是空间上与意外释放的能量或危险物质割断联系；缓冲是采取措施使能量吸收或减轻能量的伤害作用。

2. 薄弱环节（接受小的损失）

利用事先设计好的薄弱环节使能量或危险物质按照人们的意图释放，防止能量或危险物质作用于被保护的人或物。一般情况下，即使设备的薄弱环节被破坏了，也可以较小的代价避免了大的损失。因此，这项技术又被称为“接受小的损失”。

3. 个体防护

佩戴对个人人身起到保护作用的装备从本质上说也是一种隔离措施。它把人体与危险能量或危险物质隔开。个体防护是保护人体免遭伤害的最后屏障。

4. 避难和救生设备

当判明事态已经发展到不可控制的地步时，应迅速避难，利用救生装备，撤离危险区域。

5. 救援

救援分为灾区内部人员的自我救援和来自外部的公共救援两种。尽管自我救援通常只是简单的、暂时的，但是由于自我救援发生在事故发生的第一时刻和第一现场，因而是最有效的。

三、以安全文化为基础的事故预防

国际核安全咨询小组（International Nuclear Safety Advisory Group）提出了以安全文化为基础的事故预防原则。

1. 安全评价和确认（Safety Assessment and Verification）

在工厂建设和运行之前必须进行安全评价，要有安全评价的书面报告并单独审查；根据新的安全资料不断更新安全评价报告。安全评价的目的在于通过审查系统的结构、系统或元素，发现设计中的欠缺。

2. 安全文化（Safety Culture）

根据安全咨询小组的定义，安全文化，是指从事涉及工厂安全活动的所有人员的奉献精神和责任心。首先是上层管理人员必须重视安全问题，制定和贯彻安全方针，这不仅仅取决于正确的实践，而且取决于他们营造的安全意识氛围；明确责任和建立联络；制定合理的规程并要求严格遵守这些规程；进行内部安全检查；特别是，按照安全操作要求和人员的素质情况训练和教育职工。

这些问题对于基层生产单位和直接从事操作的人员尤其重要。重点放在教育人员要掌握他们使用的装置和设备的基本知识，了解安全限制和违反的结果。这些职工的态度应该直率，以保证关于安全的信息可以自由地沟通，特别是当出现失误时要鼓励他们承认。通过这些措施可以使安全意识渗透到所有的人员，使人员保持清醒的头脑，防止自满，力争最好，以及增进人员的责任感和自我安全意识。

英文单词 Culture 译成汉语为：有文化、教养、修养之意。按照这里的定义，所谓的安全文化，是指人员的安全教养、安全素质，对人员的安全教育。

3. 经过考验的工程实践（Proven Engineering Practices）

运用已经经过试验或工程实践验证的技术，由经过选拔和训练的合格的人员设计、制造、安装装置、设备，使之符合有关规范、标准。

4. 规程（Procedures）

制定并执行各种操作程序、作业标准和技术规范、标准。

5. 活动（Action）

有组织地开展各种以安全为目的的活动，促进规程的自觉执行，安全技术的有效落实以及安全文化氛围的营造。

该事故预防模型突出了人员的安全教育在事故预防中的重要性，反映了现代事故预防的新观念。

四、防止人失误和不安全行为

在各类事故的致因因素中，人的因素占有特别重要的位置，几乎所有的事故都与人的不安全行为有关。按系统安全的观点，人是构成系统的一种元素，当人作为系统元素发挥功能时，会发生失误。人失误，是指人的行为结果偏离了规定的目标或超出了可接受的界限，并产生了不良的后果。人的不安全行为可以看作是一种人失误。一般来讲，不安全行为是操作者在生产过程中直接导致事故的人失误，是人失误的特例。

（一）人失误致因分析

菲雷尔（R. Ferrell）认为，作为事故原因的人失误的发生，可以归结为下面三个原因：

（1）超过人的能力的过负荷；

（2）与外界刺激要求不一致的反应；

（3）由于不知道正确方法或故意采取不恰当的行为。

皮特森在菲雷尔观点的基础上进一步指出，事故原因包括人失误和管理缺陷两方面，而过负荷、人机学方面的问题和决策错误是造成人失误的原因（见图3－3）。

（二）防止人失误的技术措施

从预防事故的角度，可以从三个阶段采取技术措施防止人失误：

（1）控制、减少可能引起人失误的各种因素，防止出现人失误；

（2）在一旦发生人失误的场合，使人失误无害化，不至于引起事故；

（3）在人失误引起事故的情况下，限制事故的发展，减少事故的损失。

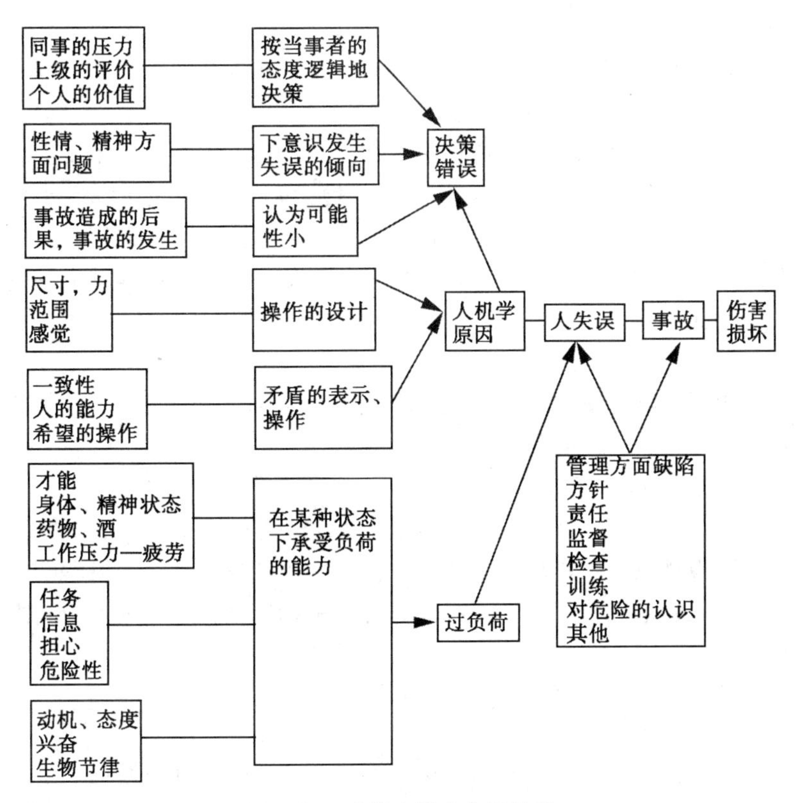

图3－3　皮特森的人失误模型

具体技术措施包括：

1. 用机器代替人

机器的故障率一般在10－4～10－6之间，而人的故障率在10－2～10－3之间。可见，机器的故障率远远小于人的故障率。因此，在人容易失误的地方用机器代替人操作，可以有效地防止人失误。

2. 冗余系统

冗余系统是把若干元素附加于系统基本元素上来提高系统可靠

性的方法，附加上去的元素称为冗余元素，含有冗余元素的系统称为冗余系统。其方法主要有：两人操作；人机并行；审查。

3. 耐失误设计

耐失误设计是通过精心的设计使人员不能发生失误或者发生了失误也不会带来事故等严重后果的设计。即利用不同的形状或尺寸防止安装、连接操作失误；利用连锁装置防止人失误；采用紧急停车装置；采取强制措施使人员不能发生操作失误；采取连锁装置使人失误无害化。

4. 警告

包括：视觉警告（亮度、颜色、信号灯、标志等）；听觉警告；气味警告；触觉警告。

5. 人、机、环境匹配

人、机、环境匹配问题主要包括人机动能的合理匹配、机器的人机学设计以及生产作业环境的人机学要求等。机器的人机学设计包括显示器的人机学设计，操纵器的人机学设计，生产环境的人机学要求。

（三）防止人失误的管理措施

1. 职业适合性

职业适合性，是指人员从事某种职业应具备的基本条件，它着重于职业对人员的能力要求。它包括：

（1）职业适合分析，即分析确定职业的特性，如工作条件、工作空间、物理环境、使用工具、操作特点、训练时间、判断难度、安全状况、作业姿势、体力消耗等。人员职业适合分析在职业特性分析的基础上确定从事该职业人员应该具备的条件，人员应具备的基本条件包括所负责任、知识水平、技术水平、创造性、灵活性、体力消耗、训练和经验等。

（2）职业适合性测试。职业适合性测试即在确定了适合职业之后，测试人员的能力是否符合该种职业的要求。

（3）职业适合性人员的选择。选择能力过高或过低的人员都

不利于事故的预防。一个人的能力低于操作要求，可能由于其没有能力正确处理操作中出现的各种信息而不能胜任工作，从而发生人失误；反之，当一个人的能力高于操作要求的水平时，不仅浪费人力资源，而且工作中会由于心理紧张度过低，产生厌倦情绪而发生人失误。

2. 安全教育与技能训练

安全教育与技能训练是为了防止职工不安全行为，防止人失误的重要途径。安全教育、技能训练的重要性，首先在于它能提高企业领导和广大职工搞好事故预防工作的责任感和自觉性。其次，安全技术知识的普及和安全技能的提高，能使广大职工掌握工伤事故发生发展的客观规律，提高安全操作水平，掌握安全检测技术水平和控制技术，搞好事故预防，保护自身和他人的安全健康。

安全教育包括三个阶段：

（1）安全知识教育。使人员掌握有关事故预防的基本知识。

（2）安全技能教育。通过培训及反复的实际操作训练，使受教育者逐渐掌握安全技能。

（3）安全态度教育。目的是使操作者尽可能自觉地运用安全技能，搞好安全生产。

3. 其他管理措施

合理安排工作任务，防止发生疲劳，使员工的心理处于最优状态；树立良好的企业风气，建立和谐的人际关系，调动职工的安全生产积极性；持证上岗、作业审批等措施都可以有效地防止人失误的发生。

第三节　安全生产风险预控管理

一、风险预控管理概述

在一定的条件下，对生产系统中的危险源进行预先辨识、风险评估，继而采取有效措施，消除、减少、控制风险，使风险降到人们可接受的程度的一系列活动，称为风险预控管理。

风险预控管理体系是一套以危险源辨识为基础，以风险预控为核心，以管理员工不安全行为为重点，以切断事故发生的因果链为手段的全面、系统、可持续改进的现代安全管理体系。

风险预控管理体系的基本内涵是在设计、建设、生产、改扩建等安全生命周期中，对生产系统中的危险源进行预先辨识、风险评估，继而采取有效措施，消除、减少、控制风险。并在一定经济技术条件下，通过人机环管（即人、机械、环境、管理）的最佳匹配，实现本质安全化。

风险预控管理体系的主要内容有以下几个方面：

（一）采用工作任务法

该法是针对每项工作任务和工序，将危险源辨识、评价分析、管理标准和措施的制定等各项内容综合在统一的表格中形成的一种应用简单而有效的风险评估方法。

方法要求：首先，从人、机械、环境、管理四个方面，辨识出每项任务、每道工序可能存在的危险源。其次，采用半定量方法，进行风险分析（风险分为：特别重大、重大、中等、一般、低风险5个等级），评估危害的严重程度和发生事故的可能性。最后，为预防风险转化为事故，要针对辨识出的危险源和评估的风险等级，从技术和管理上制定有针对性的管理措施和标准，有效消除或控制危险源。

通过危险源辨识，明确安全管理的目标；通过风险评估，明确安全管理的重点；通过风险预控的标准和措施，明确生产管理的要求和实现安全生产的途径。

（二）借助信息系统

监测是现场风险管理的重要内容，生产是动态的，生产条件和状况在不断地变化，因此，在生产过程中必须借助信息管理系统，对现场危险源和有关人机环境的不安全因素进行监测，采集动态信

息，并及时传递到相应的管理部门。通过监测，一方面监督标准和措施是否得到正确落实并有效发挥作用；另一方面准确掌握生产条件和状况的变化，以便及时进行调整和改进，当出现异常时，能及时发出预警信号。

预警是风险管理的另一项重要内容，按照系统预先设定的风险等级，风险管理部门要按照流程进行动态评价，当出现异常或险情时，应及时发出危害预警。相关部门按照相应的管理标准和措施，对危险源进行处理，根据反馈信息再进行评价，判断是否需要解除警情或降低、升级风险等级。

（三）风险预控管理体系的审核评价

现场风险预控管理要借助信息管理系统定期审核，包括企业内部审核和上级管理部门外部审核。一方面，通过审核，发现存在的隐患、漏洞，明确当前安全管理的重点；另一方面，根据生产条件的变化，查找体系本身存在的不足，进一步完善，持续改进。

二、危险源辨识与控制

（一）危险源辨识

危险源是可能造成人员伤害、职业相关病症、财产损失、作业环境破坏或其组合的根源或状态。上述定义也可解释为，危险源是可能导致人员伤亡或物质损失事故的潜在不安全因素。

识别危险源的存在并确定其性质的过程称为危险源辨识，即找出可能引发事故导致不良后果的材料、系统、生产过程或工厂的特征。危险源辨识是控制事故发生的第一步，只有识别出危险源的存在，找出导致事故的根源，才能有效地控制事故的发生，并采取控制措施使其危险性最小，从而使系统在规定的性能、时间和成本范围内达到最佳的安全程度。

系统安全认为，系统中存在的危险源是事故发生的根本原因。防止事故就是消除、控制事故中的危险源。根据危险源在事故发生、发展过程中的作用，把危险源划分为两大类，即第一类危险源和第二类危险源。

1. 第一类危险源

根据能量意外释放论，事故是能量或危险物质的意外释放，作用于人体的过量的能量或干扰人体与外界能量交换的危险物质是造成人员伤害的直接原因。因此，系统中存在的、可能发生意外释放的能量或危险物质被称为第一类危险源。

一般地，能量被解释为物体做功的本领。做功的本领是无形的，只有在做功时才显现出来。因此，实际工作中往往把产生能量的能量源或拥有能量的能量载体作为第一类危险源来处理。例如，带电的导体、奔驰的车辆等。

常见的第一类危险源列举如下：

a. 产生、供给能量的装置、设备；

b. 使人体或物体具有较高势能的装置、设备、场所；

c. 能量载体；

d. 一旦失控可能产生巨大能量的装置、设备、场所，如强烈放热反应的化工装置等；

e. 一旦失控可能发生能量蓄积或突然释放的装置、设备、场所，如各种压力容器等；

f. 危险物质，如各种有毒、有害、可燃烧爆炸的物质等；

g. 生产、加工、储存危险物质的装置、设备、场所；

h. 人体一旦与之接触将导致人体能量意外释放的物体。

第一类危险源具有的能量越多，一旦发生事故其后果越严重。相反，第一类危险源处于低能量状态时比较安全。同样，第一类危险源包含的危险物质的量越多，干扰人的新陈代谢越严重，其危险性越大。

2. 第二类危险源

在生产、生活中，为了利用能量，让能量按照人们的意图在系统中流动、转换和做功，必须采取措施约束、限制能量，即必须控制危险源。约束、限制能量的屏蔽应该可靠地控制能量，防止能量

意外释放。实际上，绝对可靠的控制措施并不存在，在许多因素的复杂作用下约束、限制能量的控制措施可能失效，能量屏蔽可能被破坏而发生事故。导致约束、限制能量措施失效或破坏的各种不安全因素称作第二类危险源。第二类危险源包括人、物、环境三个方面的问题。

在系统安全中涉及人的因素问题时，采用术语“人失误”。人失误，是指人的行为结果偏离了预定的标准，人的不安全行为也属于人失误。人失误可能直接破坏对第一类危险源的控制，造成能量或危险物质的意外释放。例如，合错了开关使检修中的线路带电；误开阀门使有害气体泄漏等。人失误也可能造成物的故障，物的故障进而导致事故。例如，超载起吊重物造成钢丝绳断裂，发生重物坠落事故。

物的因素问题可以概括为物的故障。故障，是指由于性能低下不能实现预定功能的现象，物的不安全状态也可以看作是一种故障状态。物的故障可能直接使约束、限制能量或危险物质的措施失效而发生事故。例如，电线绝缘层损坏发生漏电；管路破裂使其中的有毒、有害介质泄漏等。有时一种物的故障可能导致另一种物的故障，最终造成能量或危险物质的意外释放。例如，压力容器的泄压装置故障，使容器内部介质压力上升，最终导致容器破裂。物的故障有时会诱发人失误；人失误会造成物的故障，实际情况比较复杂。

环境因素主要指系统运行的环境，包括温度、湿度、照明、粉尘、通风换气、噪声和震动等物理环境，以及企业和社会的软环境。不良的物理环境会引起物的故障或人失误。例如，潮湿的环境会加速金属腐蚀而降低结构或容器的强度；工作场所强烈的噪声影响人的情绪，分散人的注意力而发生人失误。企业的管理制度、人际关系或社会环境影响人的心理，可能引起人失误。

一起事故的发生是两类危险源共同作用的结果。第一类危险源的存在是事故发生的前提，第二类危险源的出现是第一类危险源导致事故的必要条件。第一类危险源决定事故后果的严重程度。第二类危险源往往是一些围绕第一类危险源随机发生的现象，它们出现的情况决定事故发生的可能性。第二类危险源出现得越频繁，发生事故的可能性越大。两类危险源共同决定危险源的危险性。

危险源辨识的首要任务是辨识第一类危险源，在此基础上再辨识第二类危险源。

危险源辨识的主要内容：

（1）辨识危险源的种类、危险性质、损害能力。在进行危险源辨识时，应充分考虑发生危害的根源及性质，如暴露于化学性危害因素和物理性危害因素的工作环境等。进行危险源辨识时还需考虑危险源从哪些方面对身体进行伤害，能够对多大的范围内造成多大的伤害，伤害的持续时间有多长等。

（2）辨识危险源的数量。危险与安全之间经常在于量的差别，同一种危险源其数量不同，危险的程度也不同。

（3）辨识危险源的分布，危险可能发生的时间、地点。对于第一类危险源的辨识，主要是确定可能意外释放的能量、有毒有害物质的多少、强度、作用范围，对于重要的生产区域和装置，还需要了解系统内能量流动、有害物质的传递过程。对于第二类危险源的辨识，主要是找出导致能量意外释放的根本原因。

危险源辨识的主要范围：

（1）厂址。从厂址的工程地质、地形、自然灾害、周围环境、气象条件、资源交通、抢险救灾支持条件等方面进行分析。

（2）厂区平面布局总图。功能分区（生产、管理、辅助生产、生活区）布置；高温、有害物质、噪声、辐射、易燃、易爆、危险品设施布置；工艺流程布置；建筑物、构筑物布置；风向、安全距离、卫生防护距离等。

（3）建（构）筑物。结构、防火、防爆、朝向、采光、运输（操作、安全、运输、检修）通道、开门、生产卫生设施。

（4）生产工艺过程。物料（毒性、腐蚀性、燃爆性）、温度、压力、速度、作业及控制条件、事故及失控状态。

（5）生产设备、装置。化工设备、装置，机械设备，电气设备，危险性较大设备，特殊单体设备、装置等。

（6）粉尘、毒物、噪声、震动、辐射、高温、低温等有害作业现场。

（7）工时制度、女职工劳动保护、体力劳动强度。

（8）管理设施、事故应急抢救设施和辅助生产、生活卫生设施。

危险源辨识的主要方法：

（1）询问、交谈。具有生产系统的某项工作经验的人，往往能指出其工作中的危害。从指出的危害中，可初步分析出工作所存在的一、二类危险源。

（2）现场观察。通过对作业环境的现场观察，可发现存在的危险源。从事现场勘查的人员，要求具有安全技术知识和掌握了解系统的安全技术法规和标准。

（3）查阅有关记录。查阅生产单位的事故、职业病记录，可从中发现存在的危险源。

（4）工作任务分析。通过分析作业人员工作任务中所涉及的危害，可识别出有关的危险源。

（5）材料性质和生产条件分析。了解生产或使用的材料性质是危险源辨识的基础。危险源辨识中常用的材料性质有：毒性、生物退化性、气味阈值、物理性质、化学性质、稳定性、燃烧及爆炸特性等。生产条件也会产生危险，或使生产过程中材料的危险性增加。

（6）安全检查表。运用已编制好的安全检查表，对组织进行系统的安全检查，可辨识出存在的危险源。

（7）危险与可操作性研究。危险与可操作性研究是一种对工艺过程中的危险源实行严格审查和控制的技术。它通过指导语句和标准格式寻找工艺偏差，以辨识系统存在的危险源，并确定控制危险源风险的对策。

（8）事件树分析。事件树分析是一种从初始原因事件起，分析各环节事件“成功（正常）”或“失败（失效）”的发展变化过程，并预测各种可能结果的方法，即时序逻辑分析判断方法。应用这种方法，通过对系统各环节事件的分析，可辨识出系统的危险源。

（9）事故树分析（FTA）。事故树分析是一种根据系统可能发生的或已经发生的事故结果，去寻找与事故发生有关的原因、条件和规律。通过这样一个过程分析，可辨识出系统中导致事故的有关危险源。

上述几种危险源辨识方法从着力点和分析过程上，都有各自特点，也有各自的适用范围或局限性。所以，组织在辨识危险源的过程中，往往使用一种方法还不足以全面地识别其所存在的危险源，必须综合地运用两种或两种以上方法。

（二）危险源的管理与控制

危险源的管理与控制实际上与职业安全健康管理体系密切相关，危害辨识、风险评价和风险控制策划的结果是职业安全健康管理体系的主要输入，即体系的几乎所有其他要素的运行均以危害辨识、风险评价和风险控制策划的结果作为重要的依据之一或需对其加以考虑。

1. 危害辨识、风险评价和风险控制策划的步骤

（1）划分作业活动（也可称业务—活动）。编制一份业务活动表，其内容包括厂房、设备、人员和程序，并收集有关信息。

（2）辨识危害。辨识与各项业务活动有关的主要危害。考虑谁会受到伤害以及如何受到伤害。

（3）确定风险。在假定计划的或现有控制措施适当的情况下，对与各项危害有关的风险作出主观评价。评价人员还应考虑控制的有效性以及一旦失败将造成的后果。

（4）确定风险是否可承受。判断计划的与现有的职业安全健

康预防措施是否足以把危害控制住并符合法律的要求。

（5）制订风险控制措施计划。编制计划以处理评价中发现的、需要重视的任何问题。用人单位应确保新的和现行的控制措施仍然适当和有效。

（6）评审措施计划的充分性。针对已修正的控制措施，重新评价风险，并检查风险是否可承受。

2. 危害辨识、风险评价和风险控制措施的持续改进

危害辨识、风险评价和风险控制应被视为一个持续的过程。因此，控制措施的充分性必须得到持续评审和修订。同样，如果条件变到使危害和风险受到显著影响时，则应对危害辨识、风险评价和风险控制进行评审。

重大危险源，是指长期的或临时的生产、加工、搬运、使用或储存危险物质，且危险物质的数量等于或超过临界量的单元。其中，危险物质，是指一种物质或若干种物质的混合物，由于它的化学、物理或毒性特性，使其具有易导致火灾、爆炸或中毒的危险。单元，是指一个（套）生产装置、设施或场所，或同属一个工厂且边缘距离小于500m的几个（套）生产装置、设施或场所。

重大危险源可以分为生产场所重大危险源和储存区重大危险源两种。其中生产场所，是指危险物质的生产、加工及使用等场所，包括生产、加工及使用等过程中的中间储罐存放区及半成品、成品的周转库房；储存区，是指专门用于储存危险物质的储罐或仓库组成的相对独立的区域。

我国在进行重大危险源的申报、普查工作中，将重大危险源分为7大类：（1）易燃、易爆、有毒物质的储罐区（储罐）；（2）易燃、易爆、有毒物质的库区（库）；（3）具有火灾、爆炸、中毒危险的生产场所；（4）企业危险建（构）筑物；（5）压力管道；（6）锅炉；（7）压力容器。

重大危险源的辨识依据是物质的危险特性及其数量。按照上述重大危险源的定义，单元内存在危险物质的数量等于或超过规定的

临界量时，即被定为重大危险源。根据物质的不同特性，重大危险源按物质的品名及其临界量加以确定。因为储存区的工艺条件较为稳定，所以其临界量数值比工作场所重大危险源的临界量数值大。当单元内存在的危险物质为单一品种时，则该物质的数量即为单元内危险物质的总量，该量若等于或超过相应的临界量，则定为重大危险源。

第四节　事故隐患排查治理

安全生产事故隐患（以下简称事故隐患），是指生产经营单位违反安全生产法律、法规、规章、标准、规程和安全生产管理制度的规定，或者因其他因素在生产经营活动中存在可能导致事故发生的物的危险状态、人的不安全行为和管理上的缺陷。

事故隐患分为一般事故隐患和重大事故隐患。一般事故隐患，是指危害和整改难度较小，发现后能够立即整改排除的隐患。重大事故隐患，是指危害和整改难度较大，应当全部或者局部停产停业，并经过一定时间整改治理方能排除的隐患，或者因外部因素影响致使生产经营单位自身难以排除的隐患。

一、生产经营单位隐患排查治理的主体责任

生产经营单位是事故隐患排查、治理和防控的责任主体。生产经营单位应当建立健全事故隐患排查治理和建档监控等制度，逐级建立并落实从主要负责人到每个从业人员的隐患排查治理和监控责任制。《安全生产事故隐患排查治理暂行规定》对生产经营单位应担负的主体责任作出了以下规定：

第一，生产经营单位应当保证事故隐患排查治理所需的资金，建立资金使用专项制度。

第二，生产经营单位应当定期组织安全生产管理人员、工程技术人员和其他相关人员排查本单位的事故隐患。对排查出的事故隐

患，应当按照事故隐患的等级进行登记，建立事故隐患信息档案，并按照职责分工实施监控治理。

第三，生产经营单位应当建立事故隐患报告和举报奖励制度，鼓励、发动职工发现和排除事故隐患，鼓励社会公众举报。对发现、排除和举报事故隐患的有功人员，应当给予物质奖励和表彰。

第四，生产经营单位将生产经营项目、场所、设备发包、出租的，应当与承包、承租单位签订安全生产管理协议，并在协议中明确各方对事故隐患排查、治理和防控的管理职责。生产经营单位对承包、承租单位的事故隐患排查治理负有统一协调和监督管理的职责。

第五，安全监管监察部门和有关部门的监督检查人员依法履行事故隐患监督检查职责时，生产经营单位应当积极配合，不得拒绝和阻挠。

第六，对于一般事故隐患，由生产经营单位（车间、分厂、区队等）负责人或者有关人员立即组织整改。

对于重大事故隐患，由生产经营单位主要负责人组织制定并实施事故隐患治理方案。

第七，生产经营单位在事故隐患治理过程中，应当采取相应的安全防范措施，防止事故发生。事故隐患排除前或者排除过程中无法保证安全的，应当从危险区域内撤出作业人员，并疏散可能危及的其他人员，设置警戒标志，暂时停产、停业或者停止使用；对暂时难以停产或者停止使用的相关生产储存装置、设施、设备，应当加强维护和保养，防止事故发生。

第八，生产经营单位应当加强对自然灾害的预防。对于因自然灾害可能导致事故灾难的隐患，应当按照有关法律、法规、标准和本规定的要求排查治理，采取可靠的预防措施，制订应急预案。在接到有关自然灾害预报时，应当及时向下属单位发出预警通知；发生自然灾害可能危及生产经营单位和人员安全的情况时，应当采取撤离人员、停止作业、加强监测等安全措施，并及时向当地人民政府及有关部门报告。

第九，地方人民政府或者安全监管监察部门及有关部门挂牌督办并责令全部或者局部停产停业治理的重大事故隐患，治理工作结束后，有条件的生产经营单位应当组织本单位的技术人员和专家对重大事故隐患的治理情况进行评估；其他生产经营单位应当委托具备相应资质的安全评价机构对重大事故隐患的治理情况进行评估。

经治理后符合安全生产条件的，生产经营单位应当向安全监管监察部门和有关部门提出恢复生产的书面申请，经安全监管监察部门和有关部门审查同意后，方可恢复生产经营。申请报告应当包括治理方案的内容、项目和安全评价机构出具的评价报告等。

二、生产经营单位事故隐患排查治理制度

生产经营单位应当依照法律、法规、规章、标准和规程的要求，建立健全事故隐患排查治理相关制度。

1. 事故隐患定期排查分析制度

生产经营单位应当每季、每年对本单位事故隐患排查治理情况进行统计分析，并分别于下一季度15日前和下一年1月31日前向安全监管监察部门和有关部门报送书面统计分析表。统计分析表应当由生产经营单位主要负责人签字。

2. 重大事故隐患申报制度

对于重大事故隐患，生产经营单位除按规定报送外，应当及时向安全监管监察部门和有关部门报告。重大事故隐患报告内容应当包括：

（1）隐患的现状及其产生的原因；

（2）隐患的危害程度和整改难易程度分析；

（3）隐患的治理方案。

3. 重大事故隐患专家评估制度

凡在事故隐患排查整治工作中发现重大事故隐患的生产经营单位，必须委托政府安全生产专家组或委托有资质的中介机构组织专

家对事故隐患进行评估，确定事故隐患的等级，论证事故隐患整改方案的可行性，并制定事故隐患整改的技术措施和应急方案。

重大事故隐患治理方案应当包括以下内容：

（1）治理的目标和任务；

（2）采取的方法和措施；

（3）经费和物资的落实；

（4）负责治理的机构和人员；

（5）治理的时限和要求；

（6）安全措施和应急预案。

第四章　事故调查

第一节　事故证据的概念及种类

一、事故证据的概念

事故证据，是指事故调查组依照法定程序收集的用于证明案件真实情况的一切事实。其应当具有的三个基本特征如下：

（1）证据的客观性。证据的客观性，是指证据必须是客观存在的事实。

（2）证据的关联性。证据的关联性，是指证据必须与待证的案件事实有内在的联系，这种内在联系具体表现为，证据应当是能够证明待证的案件事实的全部或一部分的客观事实。

（3）证据的合法性。证据的合法性，是指提取证据的主体、证据的形式和证据的收集程序或提取方法必须符合法律的有关规定，证据还必须经过查证属实，做到真实可靠。如以利诱、欺诈、胁迫、暴力等不正当手段获取的材料等，因取证程序违法而不能作为证据使用。

二、证据的种类

证据的种类，也称证据的法定种类。根据《行政诉讼法》第31条第1款的规定，证据分为以下七种法定种类：书证；物证；视听资料；证人证言；当事人的陈述；鉴定结论；勘验笔录；现场笔录。

三、证据的要求

（一）书证的要求

书证，是指以其记载的内容证明案件真实情况的文字资料，形成于案发前或案发过程中，内容多种多样。在安全生产领域中主要使用的书证有：为违法行为而涂改伪造的安全生产许可证、资格证书、安全管理制度、安全操作规程等。《安全生产违法行为行政处罚办法》第25条规定：“安全生产行政执法人员应当收集、调取与案件有关的原始凭证作为证据。调取原始凭证确有困难的，可以复制，复制件应当注明‘经核对与原件无异’的字样和原始凭证存放的单位及其处所，并由出具证据的人员签名或者单位盖章。”书证的要求为：

（1）提供书证的原件，原本、正本和副本均属于书证的原件。提供原件确有困难的，可以提供与原件核对无误的复印件、照片、节录本。

（2）提供由有关部门保管的书证原件的复制件、影印件或者抄录件的，应当注明出处，经该部门核对无异后加盖其印章。

（3）提供报表、图纸、会计账册、专业技术资料、科技文献等书证的，应当附有说明材料。

（4）事故调查询问、陈述、谈话类笔录，应当有事故调查组成员、被询问人、陈述人、谈话人签名或者盖章。

（5）法律、法规、司法解释和规章对书证的制作形式另有规定的，从其规定。

（二）物证的要求

物证，是指能够证明案件真实情况的物品和痕迹。物证是来源极其广泛的一种实物证据，主要有：违法行为直接侵害的客体物；实施违法行为的设备设施和使用的工具；实施违法行为时遗留的物品和痕迹；违法行为人为掩盖事实而毁灭、伪造和藏匿的物品；其他能够证明违法事实的物品和痕迹。

物证的要求为：

（1）提供原物。提供原物确有困难的，可以提供与原物核对无误的复制件或者证明该物证的照片、录像等其他证据。

（2）原物为数量较多的种类物的，提供其中的一部分。

（三）视听资料的要求

视听资料，是指可以重现的原始声音或录像等用做证明案件事实的材料。视听资料可以原原本本地记录当时的语言、声音、形象和人的活动、表情，把反映案件客观情况的资料固定和保存起来，不像证人证言那样容易受到人的记忆和表达能力的限制及主客观因素的影响。

当事人向人民法院提供计算机数据或者录音、录像等视听资料的，应当符合下列要求：

（1）提供有关资料的原始载体。提供原始载体确有困难的，可以提供复制件。

（2）注明制作方法、制作时间、制作人和证明对象等。

（3）声音资料应当附有该声音内容的文字记录。

（四）证人证言的要求

证人证言，是指证人就其了解的案件情况所作的陈述。证人证言一般是口头陈述，以证人证言笔录加以固定，经办案人员同意由证人亲笔书写的书面证词，也是证人证言。凡是知道案件情况的人，都有作证的义务。生理上、精神上有缺陷或者年幼，不能辨别是非、不能正确表达的人，不能作证。所以，证人应当是除当事人以外了解案情，能够辨别是非并正确表达的公民个人，单位不能作证人。见证人，是指根据刑事诉讼法的规定，应办案人员要求对诉讼中的某些法律行为进行见证的人。例如，对勘验、检查、搜查、扣押物证、书证的诉讼程序行为是否合法所进行的见证，由于这些证明行为不是针对案件事实而作，所以见证人不是证人。

证人证言是证人对案件有关情况的感知，而不是个人的推测或分析判断意见。它是证人对感知或传闻情况的反映，所以不可避免

地会受到证人的主观和客观条件的影响，即使善意证人也可能提供不真实或不够真实的证言。由于证人是当事人以外的第三人，与案件和案件处理结果没有切身利害关系，所以，一般来说，证人证言较犯罪嫌疑人、被告人供述和辩解或被害人的陈述更为客观，真实性和可靠性也较大。证人转述他人所了解的案件情况，必须说明来源。证人证言的来源和证明的范围十分广泛，所以，它是刑事诉讼中最常见的证据。其要求为：

（1）写明证人的姓名、年龄、性别、职业、住址等基本情况；

（2）有证人的签名，不能签名的，应当以盖章等方式证明；

（3）注明出具日期；

（4）附有居民身份证复印件等证明证人身份的文件。

（五）当事人的陈述

当事人的陈述，是指违法行为人就案件事实所作的交代、申辩材料。由于违法行为人对于自己是否实施了违法行为以及情节轻重比任何人都清楚，而调查核实的结果与其是否受到行政处罚或处罚轻重有着直接关系，决定了其陈述的重要性和复杂性。因此，办案人员对违法行为人的陈述要持慎重态度，无论真实的还是不真实的都应当重视，真实的陈述可以作为认定案情的直接证据，实事求是的申辩有助于办案人员全面了解案件情况，作出正确的定性和行政处罚；不真实的陈述和狡辩也可以使办案人员了解违法行为人的态度，作为处罚的一个依据。

（六）鉴定结论的要求

鉴定结论，是指鉴定人运用专门知识或技能对案件承办人员不能解决的专门事项进行科学鉴定后所作出的结论。通常进行鉴定的主要有：笔迹鉴定、技术鉴定、检测检验报告等。笔迹鉴定的结论应由司法机关的专门人员制作，其他鉴定结论由安全生产监督管理部门委托或者聘请具有专业知识和技能并具有相应资质的单位制作。由于鉴定结论是某一方面的专业人员或机构就某一专门问题进行研究后作出的判断和认定，因此具有科学性、权威性、结论性的特点；同时，鉴定结论只是对安全生产违法行为中某些专门性和技术性问题作出的结论，对于其他法律性问题无权作出结论。其要求为：

（1）应当载明委托人和委托鉴定的事项、向鉴定部门提交的相关材料、鉴定的依据和使用的科学技术手段、鉴定部门和鉴定人鉴定资格的说明，并应有鉴定人的签名和鉴定部门的盖章；

（2）通过分析获得的鉴定结论，应当说明分析过程。

（七）勘验笔录、现场笔录的要求

勘验笔录、现场笔录，是指安全生产监督部门执法人员依法对案件有关的场所、物品及其他证据材料当场进行勘验、检查时，对勘验、检查过程和情况所作的文字记录。《安全生产违法行为行政处罚办法》第27条规定："安全生产行政执法人员对与案件有关的物品、场所进行勘验检查时，应当通知当事人到场，制作勘验笔录，并由当事人核对无误后签名或者盖章。当事人拒绝到场的，可以邀请在场的其他人员作证，并在勘验笔录中注明；也可以采用录音、录像等方式记录有关物品、场所的情况后，再进行勘验检查。"其要求为：

（1）应当载明时间、地点和事件等内容，并由执法人员和当事人签名；

（2）当事人拒绝签名或者不能签名的，应当注明原因；

（3）有其他人在现场的，可由其他人签名；

（4）法律、法规和规章对现场笔录的制作形式另有规定的，从其规定。

案例：爆竹厂负责人故意破坏事故现场、毁灭有关证据案

【案情】

某县爆竹厂生产车间发生一起爆炸事故，造成10多名工人死亡，20多名工人受伤。事故发生后，爆竹厂厂长在指挥有关人员

抬出死亡工人的尸体后，经与副厂长商量，命令将尚未完全倒塌的墙壁推倒，并将现场大部分废墟清理。同时，又命人将存放在其他生产车间的原料火药全部抢运到一个专门的库房中。同日，厂长还指使有关人员销毁了原料库房记录。

【分析】本案中，该厂的行为违反了哪些法律规定？作为生产经营单位应承担的相关法律责任有哪些？

这是一起生产经营单位主要负责人在生产安全事故发生后故意破坏事故现场、毁灭有关证据的案件。

生产经营单位发生生产安全事故后，在组织事故抢救的同时，应当保护事故现场，保存有关证据。这对于有关部门顺利调查处理事故，查明事故原因，分清事故责任具有重要的意义。实践中，一些生产经营单位发生事故后，其负责人为了逃避应当承担的法律责任，故意破坏事故现场，毁灭有关证据。

针对生产经营单位负责人存在的这种情况，《安全生产法》第70条明确规定，生产经营单位负责人不得故意破坏事故现场、毁灭有关证据。这一规定和其他有关法律、行政法规的规定也是相衔接的。例如，《矿山安全法实施条例》第4条规定，发生伤亡事故，矿山企业和有关单位应当保护事故现场；因抢救事故，需要移动现场部分物品时，必须作出标志，绘制事故现场图，并详细记录。《企业职工伤亡事故报告和处理规定》第8条也规定，发生死亡、重大死亡事故的企业应当保护事故现场。

本案中，爆竹厂厂长在本单位发生生产安全事故后，没有积极地保护事故现场，反而命人将未完全倒塌的墙壁推倒，并将现场大部分废墟清理，这是故意破坏事故现场的明显表现。同时，为了掩盖其违反安全管理规定，将原料火药存放在生产车间的错误做法，又命人将存放在其他生产车间的原料火药全部抢运到一个专门的库房中，制造其原料存放符合要求的假象。而且，厂长还指使有关人员销毁了原料库房记录。这是典型的毁灭有关证据的行为。爆竹厂厂长的行为严重违反了《安全生产法》等法律、行政法规的规定，应当依法承担相应的法律责任。

第二节　事故现场救援保护

一、事故现场概述

事故现场，是指发生事故的地点以及与事故发生原因、经过以及结果有关联的一切处所。事故现场包括：（1）事故发生的时空范围，每一起事故都有其发生的时间和空间，主要包括事故孕育、发展、发生、蔓延的整个过程。空间范围亦很广，不仅包括事故地点，还包括事故源点、事故原点及事故后果所涉及的场所。例如，触电事故现场不仅包括人触电死亡的地点，还包括电源、线路、接地等部位，只有把与事故直接原因有关的所有场所、时间都视为事故现场范围进行勘查，才有可能对触电事故的直接原因有一个完整的认识，得出科学的结论。（2）与事故有关的痕迹物证，凡是与事故原因和结果有关的，能证明事故原因和经过的痕迹物证都包括在现场范围之内。分为原始现场和变动现场、主体现场和关联现场、真实现场和伪造现场、室内现场和室外现场等。

二、事故现场救援保护

事故现场保护，是指事故发生后，及时采取措施保持现场原状，使之免受变动或破坏，为调查人员进行现场勘查，搜集痕迹物证，确定事故性质创造有利的条件。其主要任务是根据事故现场的具体情况和周围环境，划定保护区范围，布置警戒，封锁现场，采取紧急救护和有效保护措施等，把现场变动减少到最小程度。其主要方法是：

（一）核实情况，迅速上报

对事故的基本情况进行初步询问与核实，一时难以辨明事故性质而又认为可疑的，都应立即向上级报告。

（二）采取紧急处置措施

紧急措施包括立即抢救伤员、抢险救灾、排除险情、疏散人员。在进行抢救时，对被救护人原来躺卧的地点、姿势以及各种痕迹物证分布的原始状况都应详细记载清楚，并防止现场中其他的痕迹物证遭到变动和破坏。搬抬时，对容易遗落的东西最好进行提取，并做好记录，这些东西可能会对分析推断事故原因和经过起到重要作用。在抢救伤员的同时，要尽量从他们口中了解事故有关情况。对于爆炸、火灾等事故现场，在弄清有无被围困人员和有无存放贵重财物、文件档案的情况后，要迅速采取措施，维持现场秩序。同时，组织群众扑灭火险，排除易燃易爆物品，救援被围困的人员，抢救财物，防止造成更大的灾害。在此过程中，应当尽量减少对现场变动的程度，并应注意观察和记录抢救过程中发生的各种变动、变化情况。

（三）划定保护区范围，布置警戒

在条件有限的情况下，可以组织可靠的干部群众，在保护区周围设岗警戒，把事故现场封锁起来。可以设置人墙、障碍物，封锁交通路口等，劝退或撤离现场围观人员，禁止外人闯入现场保护区。事故发生后，不仅有各级领导、事故知情人、死者家属等在现场，而且还可能有新闻记者采访，所以应在现场附近，选择合适地点设置现场接待站，妥善处置现场保护中的各项事务。对于要求进行现场采访的新闻记者，要热情接待，但在调查人员到达之前，不得擅自透露现场情况，更不准擅自准许其进入现场。

（四）排除障碍，恢复交通，控制事故责任人

对公路、铁路、水上、航空交通事故以及发生在繁华地区的事故，必须迅速采取有效措施，排除交通障碍，保证交通秩序的恢复，但应注意观察和记录变动前的情况。在保护事故现场过程中，在事故原因比较明确的情况下，一定要将事故有关责任人控制住，让其协助组织事故处置和善后工作，并防止其逃跑，逃避责任，给事故调查和善后工作带来困难。

（五）收集反映，登记证人

在对事故现场实施妥善的保护措施之后，应抓紧一切时机，采取各种不同形式，向有关人员了解发生或发现事故的情况，了解谁是事故的知情人，以及事故发生或发现的经过情况等，同时要注意听取群众对于事故或者对于责任人情况的种种议论、猜测和反映。在事故发生后的初期，因为受到事故的影响，他们当中有的滞留在现场等待救援，有的在等待事故调查人员到达现场，反映目睹的情况，也有的出于好奇，想看看事情的结果等，很多人仍会留在事故现场或现场附近进行观察、议论。但是，随着现场紧张气氛的逐渐消失，他们又会因各种原因而陆续离开现场，这对查明事故原因经过，排查事故责任人，发现调查线索，收集证据无疑会带来困难。因此，对于在保护现场过程中发现的事故的现场目击者以及事故的其他知情人，要逐人登记姓名、职业、电话和住址等情况，有条件的还应将围观人用照相或摄像的方法拍摄下来。

（六）向上级报告现场保护及事故基本情况

在现场勘查人员到达现场后，现场保护人员应将了解和掌握的事故基本情况和保护现场情况，主动如实地报告给到场的现场勘查人员。报告的内容主要有：

（1）事故发生时间。包括事故发生或发现的时间、接受报案的时间、保护现场的时间等。

（2）事故的基本情况。主要指事故发生、发现的简要经过，伤者、发现人、报案人的姓名、住址、职业等。

（3）事故发生后的损失情况。主要指人员伤亡情况和财产损失情况。人员伤亡情况，主要指死亡人数、重伤和轻伤人数等。财产损失情况主要包括范围、数量、价值、抢救措施及效果等。

（4）有关现场保护的情况。包括现场保护前的情况和现场保护过程中采取的具体措施，以及现场保护前后现场发生变动、变化的情况。如哪些人进入过现场，到过现场的哪些地方，接触过哪些痕迹、物品等。

（5）事故知情人和责任人情况。包括已知的事故的目睹人和其他知情人的姓名、职业、住址，事故单位负责人及事故现场负责人情况等。

（6）保护现场人员的基本情况。主要是指参加现场保护人员的姓名、职业、职务、住址等情况。

在报告上述有关情况的同时，还要将在保护现场过程中发现的可疑的人与事，群众对事故的议论、反映，以及与案件有关线索情况，如线索内容，提供人姓名、职务、单位或住址等。还要将发现的犯罪痕迹、物品指点给勘查人员过目，将收集到的有关物品和形成的各种记录移交给勘查人员。

（七）在现场勘查指挥员统一领导下，继续搞好现场保护工作，直至勘查完毕

特别需要指出的是，要第一时间封存相关电脑主机和监控录像，避免被人为恶意删除。

第三节　事故现场勘查

事故现场勘查，是指调查人员为了查明事故性质、经过及原因，利用现代科学技术手段，对与事故有关的地点、场所、物品、人身等进行的实地勘验、现场访问和分析研究的活动。其基本步骤为：

（1）准备工作。调查人员到达现场后，应迅速了解事故现场情况，弄清现场的先期处置和有关工作的进展情况。听取先期到达人员的汇报，在不足以对现场情况作出基本判断时，应当直接询问事故的发现报案人以进一步了解，巡视事故现场。根据相关规定，再邀请两名与事故无利害关系的勘查见证人，不宜邀请下列人员：在职的公安、司法人员；当事人、被害人及其近亲属；精神上、生理上有缺陷，不能辨别是非，不能正确表达的人；有犯罪嫌疑或因犯罪受过打击处理的人；未成年人；流动暂住人员。为保证现场勘

查的质量，提高效率，应根据具体情况，合理分工，明确职责，保证重点，照顾全面，分清轻重缓急，互通情况，协调配合。

（2）现场访问。做好笔录工作，将访问对象的陈述内容用文字的形式固定下来。

（3）实地勘查。与现场访问密切配合，按照一定顺序、步骤和方法，有组织地进行。根据事故具体情况，划定勘查范围，确定勘查顺序和勘查重点。同时，进行现场方位照相、录像，绘制现场图。然后沿着划定的临时通道进入现场，按照分工开始勘查。照相人员首先进行现场概貌照相和中心照相，固定现场；负责做勘查笔录和绘图的人员应跟随勘查人员，详细记录勘查情况，绘制草图；随着实地勘查的深入，对痕迹物证进行细目照相。

（4）勘查结束。勘查结束的条件有三个：

①现场主要情况已经查明。即现场与事故相关的痕迹物证已经发现、固定和提取；其他有关调查的线索、证据已经收集；实地勘查现场中个别现象之间的矛盾、现场访问材料之间的矛盾已经基本澄清或得到正确解释等。如果某些次要的事实和情节，经过多方努力暂未发现深入调查的线索，也可以结束勘查。对于重特大、复杂事故的现场，由于主客观条件的限制，一次勘验难以完成任务的，不能结束勘查，应视具体情况，把现场的全部、局部或留有痕迹的客体保留下来，并落实保护措施和责任人，以便再次勘查。

②继续调查的范围、重点和应采取的调查措施已经确定。

③法律手续已经完备。勘查结束后，应及时做好善后处理工作。撤销现场保护，重要物品向事故单位当面点清。运送有关痕迹物证，妥善包装，开具清单。

通常，事故的责任人，其行为都具有违反规章制度这一特征。国家和有关行业统一颁布的规章制度，调查人员一般都较熟悉。但是，各地各单位根据自己生产实际制定的规章制度，或对特殊岗位制定的特殊规章制度，调查人员不可能都了解。所以，勘查人员还应重视了解收集有助于查清事故原因的有关规章制度及其落实执行

情况，和事故现场救援保护时一样，需要第一时间封存相关电脑主机，保留数字证据。

第四节 事故分类调查

一、机械设备事故调查

机械设备事故，是指由于违章操作或者机械设备故障等原因，导致人员伤亡和财产损失的事故。生产机械设备事故种类较多，常见的有机械事故、电气事故、压力容器爆炸事故等。

（一）机械设备事故常见原因

1. 操作人员违章操作和错误操作

操作机械设备必须熟悉和遵守安全操作规程，如启动设备前应先作常规安全检查，穿戴好防护衣具，设备运转过程中应集中精力操纵、监控。卸装零部件、工件、检修设备应先停机、断电等。实践中常见操作人员不熟悉安全操作规程或有章不循，甚至盲目轻信自己技能熟练，侥幸心理严重，最终导致事故发生。统计资料表明，违章操作是事故的主要原因。机械设备操作人员应接受专门的培训，考试合格后方可独立操作。如果操作人员没有熟练的技能或者非专业操作人员，操作行为必然失误较多，而且也很难预见异常情况的出现，更不可能临危时采取有效的避险措施，很容易造成事故。同时，操作人员对设备和作业环境不熟悉，工作缺乏责任感，精力不集中，疲劳或身体的不适等，常常也是造成事故的原因。

2. 设备维修不良

这是指由于操作检修人员的过失或管理制度不善造成的设备不良事故。如各种机件长期磨损，已超过安全极限，但仍在使用；充油设备漏油造成机件非正常磨损或电路故障；压力容器泄漏；未能定期检修或检修质量不高；没有定期对设备进行清洗、换油；管理不善或无人管理，致使设备隐患未能及时处理，发展成事故。

3. 安全装置不齐备或失效

各种机械设备都必须装配齐备而有效的安全装置。一般而言，机械设备配套的安全防护装置包括：人身安全防护装置、设备保护装置和意外事故防护装置。对于大型的、具有一定危险性的设备，上述安全装置必须齐备有效，否则不能使用。对一般的机械设备而言，人身安全装置也是不可缺少的。如果安全装置不齐备或无效，不仅容易产生机械损毁和人员伤亡事故，而且还可能酿成更严重的危害后果。

4. 设备超负荷运行

设备超负荷运行是机械设备事故常见的原因。超负荷运行有两种基本情况：一是超设备最大安全功率运行；二是超设备最大连续运行时限运行。超负荷运行，多是操作人员存有侥幸心理，认为不会发生事故，或对事故发生的可能性缺乏预见。无论属于哪一种情况，即使操作本身并无失误或失职，设备超负荷运行也可能导致事故发生。

5. 设备选择失当

这种情况是指选用的设备不能适应该项作业内容或作业环境，以及设备质量不佳和本身工艺存在缺陷，在正常运行和操作状态下所造成的设备事故。

（二）机械设备事故现场的实地勘验

生产机械设备事故现场除引起火灾、爆炸事故以外，一般事故原点清楚，勘查范围明确，不难查明事故性质和原因。

1. 检查事故现场自动和人为临危防护情况

勘查时应首先检查现场有无防护动作迹象，如各级断电保护动作，各种开关的额定电流、时限，保险铅丝熔件残留部分情况，操作人员、安全人员是否采取了切断电源、停加燃料等安全防护措施，从而初步判断事故性质和原因。

2. 勘验统计现场破坏情况和人员伤亡情况

生产机械设备事故通常是从设备损坏开始，引起人员伤亡、火

灾、爆炸、建筑物破坏等后果连续发生。勘验时应从物质损毁最严重或伤亡人员最集中的地点开始，对损坏的设备、建筑物逐一检查、登记，查明其毁损的原始状态、毁损程度、直接原因。人员的伤亡情况包括伤亡原因、事故发生时所在的位置、受伤程度等。

此外，对于现场周围的一些异常现象、如损坏的机械构件、工具、非现场所有的物品及残留物也应进行仔细的勘验。

3. 勘验发生事故的设备

勘验检查发生事故的设备，应当根据设备的种类、规格、性能，决定检查的重点和具体内容。就一般情况而言，应着重检查工作机械、电器设备的线路及安全防护装置等部位。检查工作机械应先进行外表观察，查看有无机件缺少、零件不当替代、非正常磨损、断裂变形的情况。外表观察结束后，即应对设备事故前是否处于正常状态进行分析测试，如设备被破坏解体，应尽可能找齐分裂零部件或碎片。测试分析一般要求明确：设备零部件是否齐备合格；根据装配痕迹判断组装是否符合要求；设备的保养、磨损情况是否正常，而后综合起来作出结论。设备的电器故障一般规律性较强，勘验时应重点测试接触器、控制器、集电装置、制动器、继电保护器等。如电器本身未发现故障，则应仔细检查电路中的分支点、接头、熔断器等部位。设备的安全防护装置是同设备配套的，勘验重点视设备的不同而不同，如金属切削机床应重点检查传动和切削防护罩；起重设备应重点检查手制动器、吊缆、配重块；压力容器应重点检查压力表、安全阀等。如安全防护装置完好，应测试其防护性能。但安全防护装置常常会因事故的发生而出现变化，所以要对检查到的情况进行具体分析。

4. 收集提取同事故有关的记录材料

事故当时的有关资料如天气、温度（室温、气温）、湿度、电流、电压、设备运行情况、操作记录及其他有关的记录应注意收集提取，有时还应查阅有关历史资料，如设备的实验记录、缺陷记录、检修保养记录及事故记录等，如这些记录涉及某些器材，还应视情况对这些器材作必要的检测。

（三）机械设备事故现场的调查访问

1. 事故发生过程的调查

在对事故现场进行实地勘验的同时，应对事故发生的过程进行了解。调查的内容主要有：

（1）事故发生前设备的运行情况，如工艺条件是否正常，有无异常现象或其他可疑现象。

（2）不正常现象开始出现的时间，表现形式、采取的应急措施，安全装置的动作情况等。

（3）操作人员的技术水平，本岗位操作的熟练程度，工作简历和工作态度。

（4）事故发生时各有关人员所在的位置、具体活动。

2. 设备以往情况的调查

调查设备的以往情况主要是通过查阅设备档案和操作规程以及组织有关人员回忆座谈等方法进行。调查内容主要有：

（1）设备的历史情况，包括设备的制造厂、出厂日期、有无产品合格证及质量检验证明、过去的使用情况及使用年限、最近一次检修日期、检修内容以及发现的问题和处理结果；

（2）设备操作规程规定的设备使用条件，主要控制指标以及使用中实际执行的情况；

（3）安全装置的配置和使用情况，包括安全装置的型号、性能、实际使用和维护保养情况。

情况较复杂的事故现场，常常需要处理现场后，进行必要的技术检验、计算和专项鉴定，方能查明事故的直接原因。所以，在勘查现场时，认为有必要进行上述工作，则应注重在相关部位取样采集痕迹，收集数据。

二、建筑事故调查

(一) 建筑工程质量事故调查

建筑工程质量事故，是指建筑安装工程质量不符合设计要求，或设计本身不符合国家颁发的技术规范所导致的建筑毁坏、无法使用和需作重大返工加固的工程事故。造成建筑工程质量事故有设计原因，也有施工原因，如勘察设计错误、施工粗制滥造、材料、预制结构配件或设备质量低劣等。现场勘查应分清不同原因，明确责任界限。

建筑物倒塌是建筑工程质量事故中最常见、最严重的事故。现场勘查的方法是：

1. 观察倒塌堆积物

构筑件的倾斜方向、倒塌、堆积、断折情况通常能揭示倒塌的原因。因地基不均匀沉降造成的倒塌，堆积物通常倾向于沉陷度大的一方，竖向材料常被折断；砌柱破坏引起的倒塌，堆积物通常落入建筑物平面内，整个水平杆件呈内低外高状；因墙体失稳造成的倒塌通常向外崩出；当杆件强度不足破坏时，砌体通常被压碎，钢筋混凝土标件受拉区严重开裂，受压区混凝土被压碎；稳定性不足造成的倒塌，杆件通常弯曲发生扭转翘曲。

2. 检查施工方式和材料质量

为了确定倒塌原因，勘查现场时应检查施工方式和质量，尤其应仔细检查砌柱、墙体、楼板、模板等重要部位的施工质量。由砖柱质量引起的倒塌，现场上通常可见到下列现象，砖柱断面过小，高度过大，缺少构造措施；组砖方法错误，包心砌筑，计算错误导致砖柱超载；砌筑的砖和砂浆标号过低，大量使用碎砖。楼板塌落引发的事故，现场通常可见：钢筋的数量过少，板厚不够负载时强度不足发生断裂；混凝土标号过低；混凝土对钢筋握裹力不足致预应力损失；楼板上堆放过重的材料或构件。模板倒塌事故现场通常可见，支柱间距布置不合理；杆件直径过小，造成横梁和支柱强度不够；立柱之间斜拉杆不足，无支撑体系，导致空间整体失稳。此外，如钢筋混凝土梁、屋架、阳台和雨棚倒塌等事故，则应从设计、施工、材料质量等多方面进行分析。

3. 倒塌事故的现场访问

倒塌事故的现场访问一般应查明以下问题：

（1）事故发生前有无倒塌征兆，及相应的处理方法；

（2）施工作业人员的技术水平、作业经验；

（3）查阅勘察设计资料，了解建材来源，作业组织指挥情况；

（4）施工过程中有无明显的错误操作或者盲目蛮干现象等。

（二）建筑施工安全事故调查

建筑施工大多数是露天作业，受环境、气候的影响较大。建筑施工队伍又是多工种组成，高空作业，交叉作业，各种机械设备纷繁复杂，存在很多安全隐患，历来伤亡事故较多。近年来，高层建筑增多，施工机械化、半机械化程度提高，又常常发生机械伤害、高处坠落、坠物打击、坍塌和电气事故。

建筑施工安全事故发生的过程和原因，一般比较简单、明确，但也有较为复杂的，由多种因素共同作用造成的事故。如高坠事故，可能是触电失衡而坠落，也可能是遭受物体打击而坠落，并引发其他事故。所以，勘查现场时，首先应注意寻找、发现各种有关的痕迹物证，如擦蹭、碰撞痕迹、血迹、物体碎片等，查清它们的形成原因及相互关系，分析事故发生的全过程。同时根据不同的安全事故现场，重点勘查以下几个部位：

1. 安全防护设施

大多数建筑安全事故都同安全设施不完善有关，如未设安全防护设施，或安全防护设施完善有效程度差，施工中损坏未及时修复，或施工结束前过早拆除，等等。所以检查现场安全设施是这类现场勘查的主要内容。通过勘查应查明以下问题：

（1）安全“三宝”的配置和完善程度。安全帽、安全带和安全网是高空作业施工现场必须使用的安全设施，勘查人员应仔细检查其配置情况、有效程度及作业人员是否遵章使用。

（2）“四口”的防护情况。建筑物的预留作业孔、出入口、楼梯口和电梯井口，是施工中的危险部位，必须严加防护。勘查人员应观察现场不用的“四口”是否盖严、挡牢，正在使用的洞口有无防护棚和护身栏杆，同时还应了解施工方案中，对“四口”的安排和相应的防护措施的制定情况。

（3）吊装升降设备的安全设施。建筑施工作业一般多用塔式起重机和升降机两类吊装设备。对于塔式起重机，应着重检查规定的四种限位装置，即行走限位、超载限位、变幅限位和吊钩高度限位装置是否具备和有效。大吨位的起重机还应检查是否具备“双保险”即吊钩保险、钢丝绳卷筒保险，检测是否灵敏有效。升降机主要由三部分组成：井字架、吊盘和卷扬机。勘查人员应检查井字架结构是否合理、安装是否正确，缆风绳锚固措施是否符合技术规范；吊盘是否配有安全门和制动装置；卷扬机是否装有过卷扬限制器。

（4）交叉作业防护隔离措施。立体交叉作业是建筑施工的一大特点，即高度、层面不统一的情况下进行独立作业。这样上层作业往往对下层作业人员构成安全威胁。勘查现场时应检查上下各层是否设有专用的防护棚和其他隔离设施，施工人员的安全装备是否完善。同时，还应了解指挥人员和指挥信号有无失误的情况。

2. 脚手架的搭建质量和材料质量

脚手架是建筑施工中必不可少的作业设施，其搭建质量和材料质量同施工人员的人身安全有直接的关系。脚手架要求坚固、稳定，能保证在规定荷载和各种气候条件下不变形、不倾斜、不摇晃和不倒塌。勘查人员应从脚手架的选材、结构、保护支撑、拦护装置等方面进行勘验，查明其选料质量、强度、绑扎方式和牢固程度：立杆与横杆的大小、间隔、负荷量、脚手板之间有无间隙和“探头”板；板面防滑条（沟）等是否符合有关技术规范。

3. 施工现场供电设施的检查

建筑施工现场用电都属于临时用电，不安全因素较多，如作业人员的临时凑合心理严重，很容易发生触电、电器损毁、电气火灾等事故。如果安全事故可能同供电设施有关，勘查人员应仔细检查施工现场区域内有无高压电网。如发现有高压电网，应进一步检查其同事故点的距离，电线的安全系数，高压线下方有无电线保护网。同时还应检查施工用的电器设备是否统一装在电闸箱内，有无一机多闸、电闸暴露的情况，以及施工现场用电设备的电路、电器是否完好，有无漏电、短路故障等。

建筑工程作业一般有比较完善的安全施工规则，发生事故又都与施工人员的不安全行为或错误指挥有关。现场勘查中，勘查人员应参照有关规定，逐条、逐项地检查组织领导者和作业人员的行为，调查有无管理缺陷，有章不循、行为失误、冒险蛮干、不认真操作或疏忽大意、工作时精力不集中及作业人员身体状况不适合该岗位等现象，以明确导致事故发生的直接原因和有关的责任人。

三、危险品事故调查

危险品事故，是指违反爆炸性、易燃性、放射性、毒害性、腐蚀性物品的管理规定，在生产、储存、运输、使用过程中发生重大事故，造成严重后果的行为。

（一）危险品事故现场的特点

危险品事故现场是危险物品急剧作用，在空间上能量释放和性能转换失去控制而造成破坏事故的场所。这类事故现场常常兼有爆炸、失火、中毒等多种事故现场的特点，一般的观察很难认定事故性质和种类。加之这类现场范围广，各种痕迹物证破坏严重，因果关系极为复杂，因而给现场勘查带来一系列难题。同时，这类现场具有一定的危险性。因此，在调查现场时，应注意以下安全问题：

（1）注意可能坍塌的建筑物或构件，以防造成人员伤亡；

（2）注意事故刚刚发生的现场，或事故虽然早已结束，但通

风不良的现场，可能存在着有毒气体，勘查人员必须先通风换气或戴上防毒面具，而后再进入现场。

（3）先清理残余的危险物品。

（4）检测是否仍有有害气体、放射线泄漏或危险品的分解化合物。

（二）危险品事故现场的实地勘验

为了查明事故原因、事故责任和及时抑制危害后果蔓延，实地勘验时通常要重点勘验危险物品源点、作用点、危险物品残留物及死亡人员尸体、被破坏的物品和危害范围。

1. 危险物品源点

危险物品源点是指该物品原位于或来自现场何处。固体的危险物品一般不难确定其源点，气体、液体及放射性的危险物品，因其作用点和源点通常不在一处，则需要通过勘验，分析确定。查清危险物品源点对于明确事故性质和事故责任有着重大意义。为了查明危险物品源点，应从以下几个方面进行勘验：

（1）检查残留的危险物品。对于现场发现的残留危险物品，应结合其在现场的原来位置，因爆炸、流动、人为的移动可能发生的位置变动，查清源点。

（2）勘验现场被破坏的物品和死伤人员。现场物品破坏、人员伤亡是危险物品作用的结果。但这些作用点有时并非危险物品源点。勘查时，应根据物品损坏、人员伤亡原因、具体程度、所处的位置及其他痕迹物证查明危险物品源点。

（3）检查生产、储运危险物品的设备和工具。有时危险物品是生产过程中生成或泄漏的。如错误使用了某种介质生成毒气、腐蚀性物品；开车、停车时的卸压、排放，设备主件和管道开裂，腐蚀穿孔导致毒气、腐蚀性物品、易燃物质的大量泄漏。有些非危险性物品亦可因储运不当发生质变、泄漏，形成危险物品源。如储运容器、工具破裂、封闭不严造成泄漏；两种不能互相接触的物质混放一起，化合或分解成危险物品，等等。勘查人员应对生产用料、设备、管道、储运工具和方式做仔细的勘验。

2. 危险物品原点

危险物品原点，是指危险物品最先产生危害后果的地点。查明危险物品原点可以收集到大量能证明危险物品来源、性质和诱发性客观因素的痕迹物证，因而这是勘验的一个重点。有些危险物品，如腐蚀性、有毒性、放射性物品等无须任何促发性客观条件，本身即能产生危害后果。而有些危险物品如易燃、易爆物品往往需要一定的条件才会产生危害后果。有些危险物品要求隔绝空气，防水防潮，散热降温，勘验时应检查作业方式、手段、设备是否达到这些要求；有些则要严格控制火源，即应侧重检查现场火源、用电设备，消除静电的措施以及现场物品有无撞压、摩擦痕迹；装运危险物品的车船应有明显的警示标志和五防标志（防撞击、防碎、防倒置、防火、防潮），勘验时应检查这些标志是否齐备、醒目易懂，装运容器有无撞击、重压、摩擦和倒置现象。同时，也可以根据现场痕迹物证的内在联系，现场现象发生的先后顺序、因果关系，分析判断危险物品原点。

3. 危险物品残留物

危害结果发生后，固体的危险物品一般有碎片可查，液体物品也多有余液、废液存在，比重大、挥发性和溶解性较低的气体也可能聚集在现场不通风的地点。对这些残留物都应及时收集，以为分析危险物品的种类、特征、来源、形成条件提供依据。收集时应根据各类现场的规律特点，注意分析爆炸抛出物、燃烧灰烬、化合物、分解物、现场尘土、残余液体、气体，以发现危险品残留物，并用适当的方法加以提取。

4. 安全装置和防护器具

不同的危险物品要求有相应的安全装置和防护器具。一般而言，勘查人应重点检查现场的通风、降温、防火、防潮、防毒、防爆、防泄漏、避雷、分隔密封和安全报警等设备是否齐备完好，是否正常使用等情况。除进行实地观察、检测外，还应查阅、验证相

关的检测、监测记录。

5. 危害后果作用范围

查明危害后果的作用范围，主要目的是查清事故的损失情况和及时消除现存的和潜在的危害后果，避免造成更大的或新的危害。不少危险物品事故，其危害作用范围并不仅限于现场范围。如有毒气体、液体、放射性物质的挥发、飘逸、漂流、散落可能产生更大范围的污染，造成人畜伤亡、物质损毁，甚至诱发新的事故。所以，勘查人员应在专业技术人员的配合下，结合危险物品的性质、数量、危害形式、现场地形、气候条件等因素，对现场周围及可能发生扩散性危害后果的地区，及时观察、勘验。一经发现不安全因素，应立即采取有效措施加以防护隔离，同时向有关地区的单位和公民发出警报，并指导督促他们采取防护措施。

（三）危险品事故的现场访问

现场访问除应查清事故发生前后现场变化情况和事故发生的详细经过外，还应结合案件实际，查明有关的情况。

1. 生产危险物品过程中发生的事故应查清的主要问题

（1）安全操作规程的具体内容和执行情况，如生产工艺流程，对生产生活、照明用火的管理。

（2）事故发生前操作人员有无抛掷、拖拉金属物品，穿钉鞋的行为。

（3）安全装置和防护器具是否完备和按规定使用。

（4）生产人员的工作态度、业务能力和操作经验。

2. 储运危险物品过程中发生的事故应查清的主要问题

（1）仓库管理制度的制定和执行情况。危险品入库应认真检查验收，收发时应双人收发货、双人记账、双人双锁锁库，并有齐备的领取手续；仓库区严禁烟火和铁器撞击；禁止库内住宿、打包作业及其他同收发货无关的行为。勘查人员应了解上述制度是否健全和实际执行情况。

（2）仓库保管人员是否按规定对危险物品进行检测和记录，

有无发现不安全因素及具体处理情况。

（3）运输危险物品是否按规定做到了“三定”，即规定熟悉危险物品性能的人押运；使用规定的运输工具；在规定的地点收发货物。火车装运是否严格按铁道部《危险货物运输规则》办理；汽车、畜力车运送，装载方式、数量是否符合规定，是否保持了安全车距。

（4）仓库保管人员、押运和承运人员政治上是否可靠，是否熟悉危险物品性能和安全措施，储运过程中有无违章的行为，主观上有无不安全因素。

3. 使用危险物品过程中发生的事故应查清的主要问题

（1）使用危险物品的领取，清退制度的制定和实际执行情况。如是否经过严格的审批手续，还是随用随取，剩余的危险物品是否及时清退。领取人有无将危险物品私自保存、使用、买卖或赠送他人的行为。

（2）使用危险物品的操作人员是否了解危险物品的性能、熟悉操作规程和安全规定，是否经过考核合格的本岗位专职人员。

（3）事故前，使用危险物品地点、部位、方法的决定情况，有关人员对不安全因素有无预测及处置意见，是否有强令工人冒险作业的行为。

案例：皮包厂苯中毒事故

【案情】

张某与王某合伙投资建设一旅行用皮包生产厂，但资金不足。因当时市场上该品种皮包的销路很好，为抓住商机，尽快获取经济利益，二人经商议后，决定砍掉计划用于购买通风设备的资金，先投产再说。结果生产过程中，因生产车间通风不好，苯的含量严重超标，发生严重苯中毒事故。

【分析】事故的根本原因

皮包在生产过程中需要使用含剧毒化学品苯的黏合剂，苯易挥

发，因此使用这种黏合剂要求生产车间必须有良好的通风设备，这是保证从业人员生命健康安全必须具备的条件。本案中，皮包厂投资人张某和王某为了获取一时的经济利益，置职工的生命健康于不顾，砍掉用于购买通风设备的资金，致使从业人员因生产车间通风不好，苯含量严重超标，发生严重苯中毒，作为投资人张某和王某应当承担法律责任。

这起事故充分说明，要保证安全生产，必须有一定的物质条件和技术措施加以支持，这就要求生产经营单位在安全生产方面必须有相应的资金投入。实行市场经济以来，我国生产经营单位的经济成分越来越复杂，国有生产经营单位、集体生产经营单位、私营生产经营单位、外资生产经营单位、个体户并存，就其数量而言，私营生产经营单位、外资生产经营单位和个体户占了绝大多数，其中很多生产经营单位为了追求一时的经济利益，安全生产投入严重不足甚至根本不投入，致使不具备起码的安全生产条件，要钱不要职工的命，因此导致事故多发。从表面上看，安全生产方面的资金投入与单位追求的经济效益之间是相互矛盾的，实则不然，因为发生一起大的事故，往往会给单位带来巨大的经济损失，有的甚至能将一个单位多年的经济效益毁于一旦。

《安全生产法》第 18 条正是针对这种情况，作出明确规定："生产经营单位应当具备的安全生产条件所必需的资金投入，由生产经营单位的决策机构、主要负责人或者个人经营的投资人予以保证，并对由于安全生产所必需的资金投入不足导致的后果承担责任。"本案中，皮包厂投资人的行为显然违反了《安全生产法》的这一规定。

四、火灾事故调查

（一）火灾事故现场保护

火灾现场保护的基本要求是要及时严密地保护现场，使火灾现场能保持停止燃烧时的原样，为发现发火物和引火物的残留物、火势蔓延和放火犯罪的痕迹，确定起火点和搜集物证创造条件。

火灾现场保护范围应包括被烧到的全部场所及与起火原因有关的一切地点。在保证能够查清起火原因的条件下，尽量把保护现场的范围缩小到最小限度。但遇到下列情况时，需要根据现场的条件和勘查工作的需要扩大保护范围。

（1）起火点位置未能确定。包括起火部位不明显；起火点位置看法有分歧；初步认定的起火点与火场遗留痕迹不一致等。

（2）由电气故障引起的火灾。当怀疑起火原因为电气设备故障时，凡属与火场用电设备有关的线路、设备，如进户线、总配电盘、开关、灯座、插座、电机及其拖动设备和它们通过或安装的场所，都应列入保护范围。

（3）爆炸现场。对建筑物因爆炸倒塌起火的现场，不论抛出物体飞出的距离有多远，都应把抛出物着地点列入保护范围，同时把爆炸场所破坏或影响到的建筑物等列入现场保护的范围。

火灾现场保护的方法主要有：

1. 灭火中的现场保护

对起火部位，在灭火时，特别是扫残火时不要轻易破坏或变动物品位置，应尽量保持燃烧后物体的自然状态。对于有可能为起火点的地段，尽可能做到不拆散已烧毁的结构、构件、设备和其他残留物，如果仍有未燃尽的危险物，应用开花水流或喷雾进行控制。

2. 勘查前的现场保护

火被扑灭后，消防部门应立即协同起火单位、派出所派人看守现场。

（1）对露天火灾现场，首先应在起火的地点和留有与火灾有关的痕迹物证的一切处所的周围，划定保护范围。保护范围划定后应立即布置警戒，禁止无关人员进入现场。如果现场的范围不大，可绕以绳索划警戒圈，防止人员进入。对现场上重要部位的出入口应设置屏障遮挡或布置看守。如果火灾发生在交通道路上，在农村可实行全部封锁或部分封锁，重要的进出口处，应布置专人看守或施以屏障；在城市，由于人口众多，来往行人、车辆流动性大，封锁范围应尽量缩小，并禁止群众围观，以免影响通行。

（2）对于室内火灾现场，主要应在室外门窗下布置专人看守，或重点部位加以看守加封；对现场的室外和院落也应划出一定的禁入范围，防止无关人员进入现场，以免破坏现场痕迹物证；对于私人房间要做好房主的安抚工作，劝其不要急于清理。

（3）对于大型火场，可利用原有的围墙、栅栏等进行封锁隔离，尽量不要阻塞交通和影响居民生活，必要时应加强现场保护的力量，待勘查时，再酌情缩小现场保护范围。

3. 勘查中的现场保护

在勘查过程中，任何人都不应有违反勘查纪律的行为。在清理堆积物品、移动物品或者取下物证时，在动手之前，必须从不同侧面拍照，以照片的形式保存和保护现场。

4. 现场痕迹物证的保护方法

对于留有痕迹物证的处所，可在其周围，用粉笔或白灰画上保护圈。也可用席子、塑料布、面盆等罩具遮起来。

（二）火灾现场询问的对象和内容

1. 火灾现场询问的对象

最先发现起火的人和报警的人；最先到达火场扑救的人；起火前最后离开起火部位或在场的工作人员；熟悉起火部位周围情况的人；熟悉生产工艺过程的人；火灾事故责任者和受害人；现场目击者和周围群众；起火单位的领导或户主和值班人员；消防员及其他有关人员。

2. 火灾现场询问的主要内容

通过询问，要搞清起火前后现场六个方面的情况：

（1）建筑物的结构、特点、耐火等级；

（2）火源、电源的分布及使用情况；

（3）生产工艺流程、机械设备的布局，原料、产品的性质和火灾危险性；

（4）火灾事故前的异常现象；

（5）防火安全制度的执行情况和在场人员的活动情况；

（6）起火时间、起火部位和施救情况。

3. 对不同对象询问的主要内容

在询问的过程中，火灾事故调查人员应根据调查对象的不同，采用不同的询问方法，提问不同的问题。询问应主要围绕着在什么时间，什么地点，什么情况下起火的，看到了什么，听到了什么，闻到了什么，对案件的发生有什么看法，根据是什么等展开。

（1）向发现火灾的人和报警人主要了解：

a. 发现起火的时间，最初起火的部位，能够证实起火时间、起火部位的依据；

b. 发现起火的详细经过，即发现者在什么情况下发现起火的，起火前有什么征象，发现时有什么声 、光、味等现象；

c. 发现后火场变化的情况，火势蔓延的方向，燃烧范围，火焰和烟雾的颜色；

d. 发现火情后采取过哪些措施，现场有无发生变动，变动的原因和情况；

e. 是否有可疑的人出入火场，还有无其他什么已知的情况，还有谁知道以上的情况；

f. 发现起火时电源情况，电灯是否亮，设备是否运转等；

g. 发现起火时风向、风力情况；

h. 报警时间、地点及报警过程。

（2）向最先到达现场扑救的人主要了解：

a. 到场时火灾发展的形势和特点；

b. 到场时火势蔓延到的位置和扑灭的过程；

c. 扑救过程中是否发现了可疑物件、痕迹和可疑的人；

d. 起火单位的消防器材和设施是否遭到破坏；

e. 起火点附近在扑救过程中是否经过破拆和破坏，原来的状态怎样；

f. 采用何种灭火方式，使用什么灭火剂，作用如何。

（3）向起火时在事故现场的人和起火前最后离开起火部位的人主要了解：

a. 离开起火部位之前是否吸烟、动用了明火，生产设备运转情况，本人具体作业或其他活动内容及活动的位置；

b. 离开时，火源、电源处理情况，是否关闭燃料气源、电源，附近有否可燃、易燃物品及它们的种类、性质、数量；

c. 在工作期间有无违章操作行为，是否发生过故障或异常现象，采取过何种措施；

d. 离开时，是否进行过检查，是否有异常气味和响动，门窗关闭情况；

e. 其他在场人的具体位置和活动内容，何时、为何离去，有无他人来往，来此目的、具体的活动内容及来往的时间、路线；

f. 最后离开起火部位的具体时间、路线、先后顺序，有无证人；

g. 对火灾原因的见解及依据。

（4）向熟悉起火部位情况和生产工艺过程的人主要了解：

a. 建筑物的结构和平面布置情况，包括建筑结构的耐火性能，每个车间、房间的用途，车间内的设备及室内陈设情况等；

b. 起火部位存放、使用的物质、材料、产品情况：包括种类、数量、相互位置，有无自燃性或其他化学危险性，存放日期、存放条件等；

c. 起火部位的火源、电源和热源等情况，包括生活、生产用火器具和设备，它们与可燃物的距离，使用燃料及运行情况，灯具的种类、位置、功率及使用情况；

d. 设备及工艺情况，以往生产及设备运转情况，包括在什么位置，使用什么设备，采用什么工艺，生产何种产品；以前什么设备、因何原因发生过何种事故等；

e. 有无防火安全规定、制度和操作规程，实际执行情况如何；

f. 有哪些不正常现象，如设备、控制装置及灯火闪动、异响、异味等。

（5）向火灾责任者和受害人主要了解：

a. 有无因本人生产、生活用火或用电不慎，疏忽大意，违反安全操作规程而引起火灾的可能，火灾当时及火灾前，火灾责任者和受害人在何处、做什么；

b. 起火部位起火物堆放情况，品种、数量与火源距离等；

c. 起火过程及扑救情况；

d. 受伤的部位、原因；

e. 对于居民火灾，还要了解当事人与邻居的关系，考虑有无因私仇或纠纷进行放火的可能。

（6）向现场周围群众主要了解：

a. 起火当时和起火前后，耳闻目睹的有关情况，如看到什么可疑人进入或离开现场，看到什么火光和火焰颜色，听到什么异常的爆炸或喊叫声等；

b. 群众对起火的各种反映、议论；

c. 当事人的有关情况。如政治、经济、作风和思想品质，家庭和社会关系，火灾前后的行为表现等；

d. 以往发生火灾及其他事故、案件情况。

（7）向起火单位领导或户主主要了解：

a. 安全制度的执行情况；

b. 生产中有无火灾隐患及整改情况；

c. 以往火灾及事故方面的情况；

d. 对起火原因的看法；

e. 损失情况。

（8）向消防机构有关人员主要了解：

a. 到达火场时燃烧的实际位置及蔓延扩大情况，如最先冒烟冒火部位、塌落倒塌部位、燃烧最猛烈和终止的部位等；

b. 燃烧特征，如烟雾、火焰、颜色、气味、响声等；

c. 扑救情况，水枪部署部位和堵截的部位、放弃的部位；

d. 扑救时出现的异常反应，如气味、响声；

e. 采取的措施，如开启和关闭阀门、开关、门、窗；开启地板、墙壁、屋顶、天棚洞孔情况和具体部位；

f. 到达火场时，门、窗关闭情况，有无强行进入的痕迹；

g. 断电情况，如照明灯是否亮，机器是否转动等；

h. 设备、设施损坏情况，如输送气体、液体的管道和阀门状态，电气设备、用电器改动情况等；

i. 发火源的状态；

j. 是否发现起火源及其他火种、放火遗留物（瓶子、桶、棉花、布团、火柴等）；

k. 到达火场时，其他人员活动情况，如扑救、抢救物品情况，人员被火围困情况等；

l. 抢救经过和死者的位置等；

m. 在场人员（单位领导、群众等）反映的有关情况；

n. 接火警时间，到达火场时间；

o. 天气情况，如风力、风向情况。

4. 证言的审查与验证

证人在提供证言时，往往有证言与实际情况不符的情况。这种现象的出现有两种可能：一是证人故意隐瞒事实真相，说了假话；二是证人主观上愿意揭示事实真相，而且确认自己讲的是真话，但其陈述与实际情况不完全符合甚至完全不符合。因此，对调查询问中所收集的各种证言必须进行认真审核验证。

（1）证人证言的审查。应从以下几个方面对证人证言进行审查：

a. 审查证人的年龄、性别、职业和个人身份，以判断他们认识事物、分析问题的能力。

b. 审查证人发现起火的时间和他们当时的位置与行动，以分析判断他们所提供的证言是否符合当时当地的客观事实。

c. 审查报警人的报警动机，报警前后的时间、位置和行动。

d. 审查证人感知、观察火场当时的环境条件，如所处的具体场所，与起火建筑物的距离，天气情况，光线强弱，有无影响视线的障碍物，精神是否紧张等。

e. 审查证人的身体和生理状况，根据其生理上有无缺陷，看其感知能力、记忆能力和理解能力是否正常。

f. 审查证言的来源，是证人亲自看到、听到、感觉到的，还是听嫌疑人或其他人讲的，还是纯属道听途说的。

g. 审查提供证言的过程，是证人主动提供的，还是在反复追问下被迫提供的。

h. 审查证人与火灾责任者或嫌疑人之间的关系，以及与火灾责任有无牵连。

i. 审查证人的一贯表现和证言中的具体情节，分析其是否符合客观事物发展变化的规律。

（2）证人证言的验证。常采用的验证证言的方法如下：

a. 让证人对同一事件重复叙述，对几次证言进行分析、比较。

b. 将多个证人对同一事件的证言进行分析、比较。

c. 将证人证言与火灾责任者的供述和辩解进行分析、比较。

d. 证人证言与现场勘查所发现的线索、痕迹物证互相验证。

e. 用起火当时现场的环境条件验证证人证言。

f. 利用对火灾现场痕迹物证的鉴定结论、模拟实验结果来验证证人证言。

（三）火灾事故现场勘查

火灾事故现场勘查分为环境勘查、初步勘查、细项勘查、专项勘查四个步骤进行。和事故现场访问工作一样，各有侧重，需要较强的理论知识和调查经验，同时做好勘查笔录和现场照相摄影工作。

案例一：制鞋厂火灾事故

【案情】

某制鞋厂是一家私营企业，有从业人员100多人。鞋厂老板为了所谓“安全原因”，将员工宿舍的窗户全部用铁条封上，并且每天晚上职工休息后，都让人用一把大锁将宿舍的门从外面反锁。一天晚上，一名女工用电热水器烧水，由于白天过度疲劳，水未烧开该女工就睡着了。热水器干烧后造成电路短路起火。由于宿舍内可燃物多，火势蔓延迅速。工人惊醒后想逃生，但窗户封死，大门从外面反锁，根本无路可逃，致使80多名工人全部被烧死，其中绝大部分是年仅20岁左右的打工妹。大火还造成直接经济损失200多万元。

【分析】该起事故的教训是什么?

这是一起因封闭员工宿舍出口而导致大量人员伤亡的事故。其教训是相当深刻的。

本案中，制鞋厂老板法律意识、安全生产意识相当淡薄，将员工宿舍的窗户用铁条封死，并每晚将宿舍大门从外面反锁，这本身就是一种侵犯、限制员工人身自由的违法行为。

同时，这种行为也是一种极其危险的行为。因为该宿舍所有的出口都被封闭，一旦出现紧急情况，职工根本无法撤离。实践中，这种现象非常普通，特别是在一些个体、私营生产经营单位，其负责人出于各种各样的动机（如怕员工偷东西等），封闭、堵塞生产经营场所、员工宿舍的出口。这种行为往往并不被人们所重视，但却是一种严重的违法行为。

《安全生产法》第34条第2款规定，生产经营场所和员工宿舍应当设有符合紧急疏散要求、标志明显、保持畅通的出口。禁止封闭、堵塞生产经营场所和员工宿舍的出口。该制鞋厂的行为严重违反了《安全生产法》的上述规定，其主要负责人和其他直接责任人员必须承担相应的法律责任。除了对在事故中死亡的职工予以赔偿外，还应当依照刑法的有关规定追究其刑事责任。

案例二：矿业公司干扰工会参加事故调查处理案

【案情】

某市矿业公司发生一起生产安全事故，造成8人死亡，直接经济损失达100万元。事故发生后，所在省煤矿安全监察局、市安全生产委员会与市工会组成了事故调查组，但矿业公司对事故调查处理不予积极配合，认为工会不是行政管理部门，不应当参加事故调查。一名公司领导甚至对参与调查的工会同志不理不睬，声称："这事跟工会有什么关系，你们瞎掺和什么？"在召开事故调查有关会议时，公司领导坚持不让工会的同志参加。事故调查组一直向公司领导讲解工会有权依法参加事故调查处理的道理，但公司领导拒不接受。事故调查处理因此受到阻挠。

【分析】矿业公司的行为违反了哪些法律规定？

这是一起生产经营单位干扰工会参加生产安全事故调查的案例。工会是工人阶级的群众组织，代表从业人员的利益，依法维护从业人员的合法权益。工会参与事故调查处理，是其一项法定权利。

《安全生产法》第52条明确规定，工会有权依法参加事故调查，向有关部门提出处理意见，并要求追究有关人员的责任。劳动法、企业职工伤亡事故报告和处理条例、特大事故调查处理程序暂行规定等法律、行政法规对此也作了明确规定。工会依法参加事故调查，任何单位和个人都无权非法干涉。本案中，矿业公司不允许工会参加事故调查，侵害了工会的权力，是错误的，应当予以纠正。

第五节　事故执法文书

×××安全生产监督管理局

立案审批表

案件名称：＊＊＊＊有限公司"1·10"2人死亡事故行政处罚案

当事人：＊＊＊＊有限公司　　法定代表人：王＊＊

地址：＊＊市＊＊区＊＊路＊＊号　　联系方式：＊＊＊＊＊＊

案件来源：事故调查发现

案件基本情况：

2008年1月10日13时许，＊＊＊＊有限公司在拆除本公司第二车间旧厂房施工前，未对施工人员进行安全教育培训，未制订拆房工程方案，就安排施工人员进行拆房作业，致使施工人员盲目冒险拆房，当施工人员拆除该房屋第三层时，突然发生房屋坍塌事故，造成2人死亡。

经初步审查，当事人的行为涉嫌违反了《安全生产法》第21条、第23条＿＿＿＿＿＿＿＿的规定，申请予以立案。

经办人：张＊＊　　2008年1月11日

承办机构意见：

同意立案

负责人签名：沈＊＊　　2008年1月11日

审批意见：

同意立案

负责人签名：林＊＊　　2008年1月11日

×××安全生产监督管理局

询问通知书

×安监管询〔2008〕10号

＊＊＊＊有限公司＊＊＊：

因 办理＊＊＊＊有限公司“1·10”2人死亡事故行政处罚案 ，请你于 2008 年 1 月 13 日 9 时到 ＊＊市安全生产监察支队＊＊房间 接受询问调查，来时请携带下列证件材料（见打√处）：

√身份证

√营业执照

√法定代表人身份证明或者委托书

□

如无法按时前来，请及时联系。

安全生产监督管理部门地址： ＊＊市＊＊区＊＊路＊＊号

联系人： 王＊＊ 联系电话： ＊＊＊＊＊＊

（盖章）

2008年1月12日

注：本文书一式两份，一份由安全生产监督管理部门备案，一份交被询问人。

×××安全生产监督管理局

调 查 笔 录

案件名称：＊＊＊＊有限公司“1·10”2人死亡事故行政处罚案

调查时间：2008年1月13日　调查地点：＊＊市安全生产监察支队＊＊房间

被调查人：王＊＊　性别：男　年龄：39

工作单位：＊＊＊＊有限公司　职务：总经理

身份证号：＊＊＊＊＊＊　住址：＊＊市＊＊区＊＊路＊＊号

电话：＊＊＊＊＊＊

调查人：李＊＊、陈＊＊　记录人：龚＊＊

我们是＊＊市安全生产监督管理局的执法人员李＊＊、陈＊＊，这是执法证件。我们依法就你单位“1·10”2人死亡事故一案有关问题，进行调查，请予配合。

调查记录：

问：对于我们两人的调查询问，你是否需要申请我们两人或其中一人回避？

答：不申请回避。

问：请谈谈公司及个人基本情况。

答：我叫王＊＊，男，今年39岁，高中文化程度，现任＊＊＊＊有限公司总经理，系公司法定代表人。公司成立于＊＊年＊月，注册资金＊＊万元。

问：请你谈谈1月10日发生的事故情况。事故发生时，你在现场吗？

答：……

问：……

答：……

以上笔录已阅，情况记录属实。　王＊＊　2008年1月13日

注：被调查人在检查笔录上逐页签字，在修改处签字或者押印，并在笔录终了处注明对笔录真实性的意见；调查人应在笔录终了处签字。

共　页　第　页

×××安全生产监督管理局

勘验检查笔录

案件名称：＊＊＊＊有限公司“1·10”2人死亡事故行政处罚案

勘验时间：2008年1月10日13时35分至1月10日22时30分

勘验场所：＊＊＊＊有限公司第二车间旧厂房　天气情况：晴

勘验人：赵＊＊　单位及职务：＊＊市安全生产监督管理局执法支队科员

勘验人：陈＊＊　单位及职务：＊＊市安全生产监督管理局执法支队科员

当事人或者委托代表：王＊＊　单位及职务：＊＊有限公司经理

勘验情况及结果：

坍塌的第二车间旧厂房位于施工现场东南侧生活区，为轻钢结构外挂水刷石板活动房，地上四层，南北长78米，东西宽10米，高12.3米。

勘验人（签名）：赵＊＊、陈＊＊　记录人（签名）：陈＊＊

当事人（签名）：王＊＊　　2008年1月10日

注：本页填写不下的内容或需绘制勘验图的，可另附纸；当事人在检查笔录上逐页签字，在修改处签字或者押印，并在笔录终了处注明对笔录真实性的意见；勘验人应在笔录终了处签字。

共　页　第　页

×××安全生产监督管理局

鉴定委托书

×安监管鉴〔2008〕10号

＊＊区＊＊＊＊研究院：

因调查有关安全生产违法案件的需要，本行政机关现委托你单位对下列物品进行鉴定。

物品名称	规格型号	数量	备注
钢筋	Φ8 一级钢	3根	每根长50毫米
钢筋	Φ16 二级钢	3根	每根长50毫米

鉴定要求：

检验以上钢筋的抗拉程度、屈服程度及韧性等力学性能指标是否达到国家标准的要求。

请于2008年1月20日前向本行政机关提交鉴定结果。

（盖章　）

2008年1月13日

注：鉴定结果请提出具体鉴定报告书，并由鉴定人员签名或盖章，加盖公章。

×××安全生产监督管理局

当事人陈述申辩笔录

时间：2008 年 2 月 10 日 8 时 30 分至 10 日 9 时 45 分

地点：＊＊市安全生产监督管理局三楼会议室

陈述申辩人：王＊＊ 性别：男 职务：总经理

工作单位：＊＊＊＊有限公司 电话：＊＊＊＊＊＊

联系地址：＊＊市＊＊区＊＊路＊＊号 邮编：＊＊＊＊＊＊

承办人：李＊＊、陈＊＊ 记录人：龚＊＊

我们是 ＊＊ 安全生产监督管理局的执法人员 李＊＊ 、 陈＊＊，证件号码为 ＊＊＊＊＊＊ 、 ＊＊＊＊＊＊ ，这是我们的证件（出示证件）。现对 你公司“1·10”2 人死亡事故 一案听取你（单位）的陈述申辩。

陈述申辩记录：

问：现在请陈述申辩人王＊＊进行陈述申辩。

答：……

问：是否还有其他陈述申辩意见？

答：没有了。

以上笔录已阅，情况记录属实。

陈述申辩人（签名）：王＊＊

承办人（签名）：李＊＊、陈＊＊

记录人（签名）：龚＊＊

2008 年 2 月 10 日

共　页　第　页

续页

陈述申辩人（签名）：____________

承办人（签字）：____________

记录人（签字）：____________

年　　月　　日

本页不够，可另附页。　　　　　　　　　　共　　页　　第　　页

第五章　事故分析

第一节　事故分析概述

一、事故分析的概念

事故分析是事故管理的重要组成部分，它是在事故调查研究或科学实验基础上对事故进行的科学分析。对于事故，如果只有情况和数据，没有科学的分析，就不能揭示事故的演变规律。事故分析的重点是事故所产生的问题或影响的大小，而不是描述事故本身的大小。事故分析包含两层含义：一是对已发生事故的分析，二是对相似条件下类似事故可能发生的预测。通过事故分析，可以查明事故发生的原因，弄清事故发生的经过和相关的人、物及管理状况，提出防止类似事故发生的方法及途径。事故分析的对象是具有特定条件的事件全体。

通过事故分析可以达到以下作用：

（1）能发现各行各业在各种工艺条件下发生事故的特点和规律；

（2）发现新的危险因素和管理缺陷；

（3）针对事故特点，研究有效的、有针对性的技术防范措施；

（4）可以从事故中引出新工艺、新技术等。

二、事故分析的过程

进行事故分析要做到以下几点：

（1）明确某些事情错在哪里，以及需要如何改正才能不犯这些错误；

（2）指出引起事故（或临界事故）的有害因素类型，并描述所造成的危害和损伤情况；

（3）查明并描述某些基本情况，如确定存在的潜在危害和危险状况，以及一经改变或排除后出现的最安全的情况。

通过分析事故或损伤的原因以及发生时的环境情况，可以获得一般类型的资料，从其他类似事故的资料可得出更常见的重要因素，进而揭示某些不能立即显现的因果关系。然而，若通过特殊事故分析得到更为详细和特殊的资料时，该资料可能有助于揭示所涉及的特殊情况。通常个别特殊事故分析所提供的资料不可能从一般分析中得到。反之，一般分析指出的因素在特殊分析时也难以阐明。所以这两类资料分析都是重要的，且均有助于明显地和直接地揭示个别事故的因果关系。

（一）个别事故分析

分析个别事故有两个主要目的：

其一，个别事故的分析可用来确定促成事故发生的原因及其影响的特殊工作因素。通过分析，人们可评估已知危险的严重程度，也能确定所掌握的技术、组织安全措施以及积累的工作经验在减轻危害上所能达到的程度。此外，还要有一个更明确的观点，就是工人可能已经采取了避免危险的措施，而且必须督促工人采取这些措施。

其二，人们可以通过许多发生于企业级别的或更为综合性的级别（如在整个组织中或在国家内）的事故的分析而提高认识。在这方面重要的是要搜集以下资料：

（1）鉴别工作地点和工作本身（有关工作所处地段和行业资料）以及工作过程和具有工作特性的技术；

（2）事故的性质及其严重性；

（3）引起事故的某些因素，如接触源、事故发生的方式以及引起事故的特殊工作状态；

（4）工作地点的一般情况和工作状态。

（二）分析类型

对事故的分析主要有五种类型：

（1）分析并查明事故发生的地点和类型。目的是确定各有关方面的损伤发生率，如工作地段、行业组、企业、工作过程和工艺类型。

（2）分析所监视的事故发生率的发展情况。目的在于对变动提出警告（肯定的或否定的），衡量预防活动的效果就可能通过这类分析的结果获得。在一个特定区域内，发生新的事故类型增多时，将预示要对新的危险成分提出警告。

（3）优先分析和衡量所提出的高度危险区，并依次计算其事故频率和严重性。目的是决定此处优先其他地点执行预防措施。

（4）分析确定事故是如何发生的，特别是要找到直接的和潜在的事故原因。这些资料随后可用于选择、描述以及执行具体的改正活动和预防性建议。

（5）分析并阐明其他值得关注的特殊方面（一种新发现或控制的分析）。例如，某个特殊损伤危险发生率的分析，或在检查一个已知危险的过程中查明一个迄今尚未认识而实际存在的危险。

上述类型的分析可在不同级别的企业中进行，如从个体企业到全国性企业。这类多级别分析对预防性措施很有必要。主要在高档次执行的分析涉及一般事故发生率、监视、预告和优先分析，而在低档次执行的分析则是描述直接的和潜在的事故原因的分析，这样分析的结果反映出对较低级别企业中个案的分析更详细、具体，而在较高档次的分析结果则更为一般化。

（三）事故分析的阶段

不管分析从哪个档次开始，通常都有以下几个阶段：

（1）查明（在所选择的一般档次内）事故发生的地点；

（2）详细说明一般档次情况下事故发生地的某些更特殊的

情况；

（3）确定目标时，要考虑到事故发生频率和事故的严重程度；

（4）描述接触源或其他有害因素，即破坏和损伤的直接原因；

（5）检查事故基本的因果关系和引发事故的原因。

总结调查全国性事故是为了对各个区域、各个行业、工艺技术和工作过程中发生有关损伤和破坏的分布情况有所了解，目的是查明事故发生的地点，测量事故发生的频率以及在不同级别进行事故分析的严重性等，是为了明确某些错误事件的特殊情况，同时也是为了指出哪些地点的危险已经有所改变。对企业存在的危险类型可通过个别企业发生事故的类型及事故发生的方式来描述，用这种方式可以了解生产过程中存在的接触源和其他有害因素及预防措施的效果。

如果仅仅注意安全条件、意识到危险性、为工人提供行动和申诉他们愿望的机会，这还不足以避免事故的发生。对事故进行调查、测定和分析等可提供一个基础，即明确应该做些什么，以及由谁来做，以减少危险。例如，若特殊接触源能够与特殊的工艺技术连接，将有助于确定需要采取什么样的特殊安全措施以控制危险，这个资料亦可用来影响与工艺技术问题有关的制造商和供应商。如果证明事故发生的频率高而且很严重，并且与这个特殊过程有关，就需要调整与这个过程有关的装备、机器、操作或工作方法等。遗憾的是这类首创的和调整的典型方式，在事故和原因的分析中所得到的几乎都是明显的单一因果相关，而且只是在很少的情况下才能见到。企业内部的事故分析也可能是先从一般档次着手，而后是较为特殊的档次。不过这类分析中常遇到的问题是要集中大范围的、有足够数量的资料库。如果企业集中了多年的事故及损伤的资料，就能建立这个档次的有价值的资料库。整个企业的全面分析将能指出在企业的特殊部位（区域）是否有特殊问题，或与特殊任务有关，或者与使用特殊工艺类型有关，这些详细的分析可以指出有什么差错，并可借此机会对预防措施进行一次全面的、综合的评价。

第二节　事故原因调查

一、事故原因调查应注意的事项

为了有效地进行事故原因调查，应注意以下几个问题：

（一）事故调查的时机

当事故发生后，要尽快进入调查程序，要趁事故发生后的现场状况尚未改变时尽快进行，这样才能保证调查的可靠、有效。

（二）调查组的人员组成

调查组应有两名以上人员组成，从事调查工作的人员应以与事故有关的生产线的管理、监督者及作业人员为中心，安全管理者、卫生管理者这些专职人员也应参加。如果需要的话，还应要求安全生产委员会的委员、车间安全员、劳动卫生管理员、工会干部参加，如果需要专业学科的理论判断时，要借助有经验的学者的力量，实务方面的工作可依靠劳动安全顾问或劳动卫生顾问。调查组的成员应具备以下条件：

（1）现场管理、监督者对现场的人与物的关系非常熟悉。

（2）安全卫生专职人员对企业的安全卫生方针和现场的关系最了解，会广泛积极地在企业内对管理缺陷这一事故原因实施防止事故措施的。

（3）安全生产委员会的委员对事故状况可作出公正的判断。

（4）车间的安全员、劳动卫生管理员能够抓住车间特有的事故原因。

（5）工会干部能从工会的立场出发去努力抓住事故的真正原因，并且为防止事故的再发生会广泛地向工会会员做宣传。

（三）广泛地听取意见

要尽量听取受伤者、目击者、现场负责人、设备检修负责人的情况介绍。

（四）调查内容及方法

第一，为了尽量客观、详细地把握作业开始到事故发生的全过程，要用文字记录以下事项，如果需要的话，还要同时使用录音机、录像机进行录制。

（1）何时；

（2）何人；

（3）何处；

（4）进行什么作业时；

（5）存在什么不安全状态或作业者的不安全行动；

（6）事故如何发生的。

第二，对事故现场的状况除了摄影、绘制示意图以外，还要根据需要进行测量、测定、检查等工作。

第三，被认为与事故有关的物件，在事故原因确定之前要保管好，必要的话要进行取样分析。

第四，调查人员要站在公正的立场上作出正确的判断。对有关人员不能采用高压手段，而要热情相待，特别要注意不能持追究责任的态度。

第五，要把调查的重点放在弄清引起事故的原因上，尽量避免对多余项目的调查。

第六，除了事故当天的状况外，还要搜集平时车间的习惯、未遂事故、故障、异常事态的征兆和发生状况等方面的信息。

第七，除了与事故有直接关系的不安全状态、不安全行动外，对管理、监督者的管理状况和管理上存在的缺陷也要调查。

第八，当发生二次事故时，必要的话，要对事故发生时采取的措施的内容和妥当性进行调查。

第九，在调查结果的基础上，要从人、物、管理方面入手，分析研究事故因素，努力查清真正的事故原因。调查时，要把受伤者、目击者的猜测、判断或心理状态等和事实区别开来，前者只能作为参考。

二、事故原因调查的步骤

事故原因调查的步骤一般分为三个过程，如图 5－1 所示。

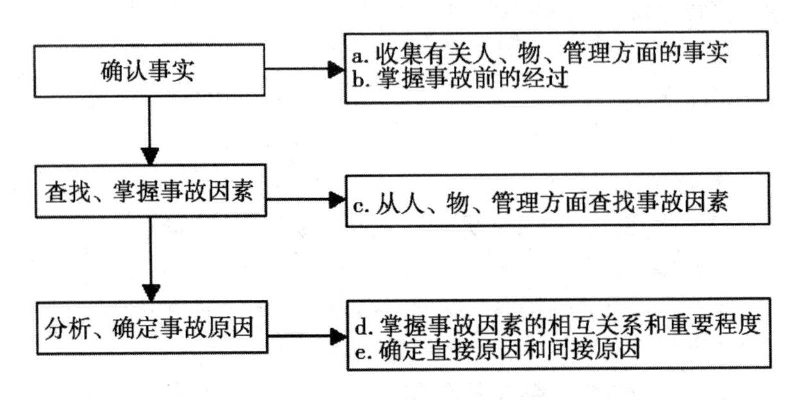

图 5－1　事故原因调查的程序

（一）第一个过程：确认事实

确认事实按图 5－2 所示的程序进行，可按人、物、管理、事故发生前的经过这一顺序进行。在确认事实阶段，其调查项目有以下几个方面。

（1）人的方面：

a. 受伤者的特性。

b. 受伤者所从事作业的名称和内容，查清受伤者承担的作业任务和责任。

c. 查清是单独作业还是共同作业。如果是共同作业，要调查包括受伤者在内共有几个人作业。

d. 共同作业者等的特性和任务。共同作业者等的“等”当中，如果车间所属的作业者是加害者时，该人包括在内。“任务”中包括共同作业者进行的作业的名称、内容和职责。

（2）物的方面：

a. 服装、护具。要根据服装及护具的特性，对下列项目进行

检查：

①服装是否是规定的服装；

②是否穿了规定以外的鞋；

③护具的选择是否正确；

④护具的使用是否正确；

⑤护具的性能是否良好；

⑥是否戴了禁止使用的手套。

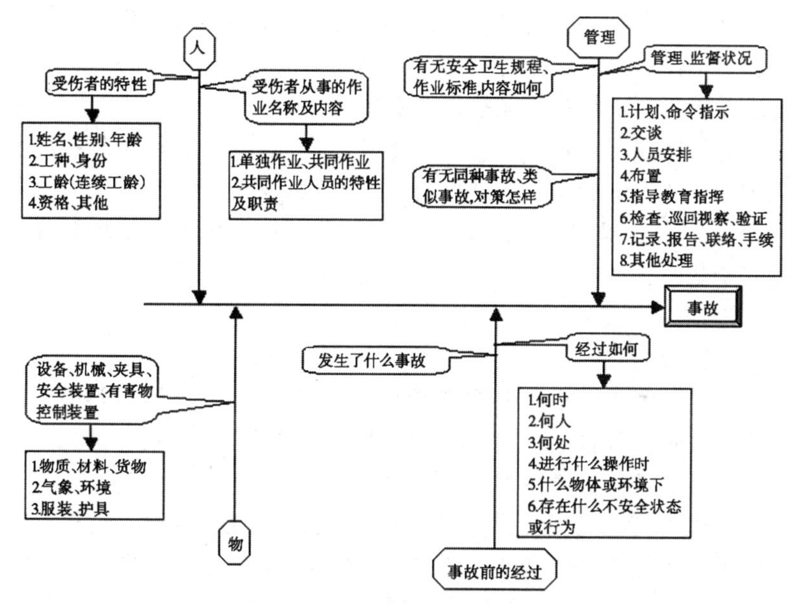

图 5－2 确认事实的程序

b. 气象、环境：

①气象方面要查清天气、温度、湿度、风速等。

②环境方面除了查清室内外的区别，工作地面、通路、道路、山坡、河川、水池的状况以外，还要研究环境条件。例如，温湿条件、照明、噪声；通风、异常气压、有害气体；蒸气、粉尘、缺氧等。

③查清工作场所和通路的整理整顿及清洁状况的保持是否良好，特别要注意物体的放置方法、工作场所及道路有无缺陷。

c. 物质、材料、货物。要对使用或加工的危险物、有害物、材料、货物等进行研究。

①危险物是指爆炸物、易燃物、可燃物、可燃气体。有害物是指有害气体、蒸气、粉尘及放射线等。对危险物、有害物要查清其名称、质量、数量、相位、物性及容许浓度等。

②材料是指还没有安装在机械、装置；临时设施、建筑物、构造物等上面的呈材料单体状态的物体。要查清是否是规格、规定、标准外的材料，材料有无损伤、变质。

③货物仅限于打包成特定货物形态的物体，在搬运中其特性难以把握。要查清货物包装好坏及重量的表示等。

d. 设备、机械、夹具、安全装置等。可按下列分类检查有无不安全状态：

①动力机械；

②提升装置、搬运机械、车辆建筑机械；

③其他装置，指除上述机械装置以外的装置，如压力容器、化学设备、焊接装置、炉窑、电工设备、人力机械、工具、夹具、安全装置、有害物控制装置等。

对以上三类机械装置，除了查清它们在结构、强度、功能上有无缺陷和有无防护设施外，还要查清其物理和化学危险性、有害性，尤其要查清有没有装安全装置、有害物控制装置及其结构和功能上有无缺陷。

④临时设施、建筑物、构筑物。

不论内外，凡在特定场所中用各种构件组装的物体都包括在内。也包括建造中的或解体中的物体。当它们是作为工作场所使用时，要查清坠落、滚落、摔倒的危险性及它们本身的崩溃、倒塌或飞溅的危险性。

（3）管理方面：

a. 有无安全卫生管理规程、作业标准、其内容如何。要查清有没有发生事故时的作业的安全卫生管理规程和作业标准及内容。查清“事故发生前的经过”中，管理、监督者是怎样要求作业者遵守规程标准的。如果没有发生事故时的作业规程、作业标准或规程标准不完全时，要查清“管理、监督状况”中，管理、监督者采取了什么措施。

b. 有没有同种事故或类似事故，对策的内容如何。查清过去有没有与这次事故相同或类似的事故发生，当时采取了什么防止事故的措施、在下面的“管理、监督状况”中说明管理、监督者是怎样落实该对策的。

c. 管理、监督状况。从与管理监督者的责任、职务、权限的关系出发，查清对计划、命令指示、交谈、分配、安排、指导、教育、指挥、检查、巡视、验证、记录报告、联络传达手续等的管理监督状况。重点要放在事故发生日上，但对平时的管理监督状况也要查清。例如，要检查平时对职工的不安全行动是否忽视了，对部下就设备危险性、有害性提出的报告、提案是否采取了措施等。

①计划、命令、指示。查清管理监督者制订了什么生产计划，作业计划，向职工下达了什么命令，对防止事故作了什么指示，特别要检查为了防止事故，监督者不在时是否指定了代理人或共同作业的指挥人，是否对信号、联络方法作了指示，是否讲清了上高或下低作业的禁止措施。

②交谈。要了解作业前的班前会、作业中的交谈内容，特别对非固定作业等没有制定作业标准的作业，要调查在作业开始前是否谈论了确定作业方法、顺序、安排、信号、联络等应注意的问题，查清当时的状况；

③分配（人员分配）。是否考虑了工作内容和职工的适应性、能力来配备人员、安排作业，对必须由具备法定资格或公司内资格的工人从事的作业是否分派了有资格者承担，人数是否合适。对这些情况要从质和量两方面查清。

④安排。查清根据作业的特性，作业需要的原材料、设备、夹具、护具等在数量上是怎样准备、配备的，怎样采取禁止进入的措施的，标志等是怎样设置的。

⑤指导、教育、指挥。查清对作业所需的知识、技能和态度的指导、教育状况及对应直接指挥的重要作业是否进行了指挥。

⑥检查、巡视、验证。调查对原材料、设备、机械、夹具、护具和环境进行安全卫生检查的状况，对为监视作业行动而进行巡视的状况，及对在检查巡视结果的基础上进行的改进、进行验证及是否按照命令、指示去作业进行验证的情况。

⑦记录、报告、联络、传达、手续。查清对重要事项的记录、向上级的报告、向有关方面的联络和传达、规定的手续的状况及来自职工的报告内容。

⑧其他。除了上述各项外，还要查清作为管理监督者应采取的必要措施的状况，如对向上级提出的或来自下面的意见、提案、要求或人际关系、健康管理的处理或考虑。

（4）事故发生前的经过。查清作业开始前后到发生事故这段过程中的不安全状态和不安全行动及为什么发生这一状态和行动、它的原因和背景是什么。本项目包括异常时、事故时和发生伤害时的措施。异常时的措施有联络、报告、验证、处理等；事故时的措施除了以上几项外还有紧急停机、躲避；发生伤害时的措施则还包括紧急措施（含急救处理）等。

在了解事故发生前的经过时，要特别注意以下几点：

a. 按照6W原则（who、when、where、what、which，how）进行调查。

b. 把事实按时间序列（过程）排列。

c. 忠实于真相，尽可能客观、正确、简洁地加以表现。要特别注意即场、即物、即人来表现。

d. 查清事实的背景（管理方面的状况）。

e. 对不安全行动要注意以下几点。

①是否让安全装置起作用？

②是否施行了安全措施？

③是否对运转中的机械装置进行清扫、注油、修理、检查？

④是否接近了危险有害场所？

⑤开机器中有无失误？

⑥作业方法有无缺陷？

⑦作业动作有无失误或不当？

⑧有无其他不安全动作？

（二）第二个过程：查找、掌握事故因素

“事故因素”，是指不安全状态、不安全行动及管理方面的缺陷中，决定事故发生的因素。对前一阶段中掌握的和事故有关的事实，要根据预先明确规定的判断标准来确定哪里存在缺陷，并把它作为事故因素。

（三）第三个过程：确定事故原因

认真研究已掌握的事故因素的相互关系和重要程度之后，确定直接原因和间接原因。直接原因由不安全状态和不安全行为构成，间接原因一般由管理上的缺陷构成。

三、针对事故内容的原因分析

发生灾害事故时进行的原因分析有各种目的，有的为了防止再发生类似事故，有的为了寻找防护措施，有的为了查明是否有违法的行为，这就要根据调查者的立场而定。在原因分析的结果汇总阶段，从表面上来看可能有完全不同的印象。但无论是什么情况，都要查清事故的发生经过，确定原因的真相。原因分析的方法和程序都是大致相同的。灾害事故类别中有工伤事故、飞机事故、化工厂的爆炸事故、矿山事故等，看起来采用的原因分析方法似乎是千差万别，但基本上都是用系统工程方法分析灾害事故要点、综合调查的结果，然后从系统全体推论出事故的原因。安全管理者重要的任务之一就是要收集事故信息，根据信息进行事故分析，从分析结果找出防止事故的必要措施，并将措施切实地付诸实施。

在进行信息收集时，必须把握安全信息的基本特点。安全信息一般有以下三个基本要点：

（1）根据信息管理能量。事故是能量作用于人体而发生的，使用安全信息对能量进行管理和控制是系统安全管理的重要内容。因此是事故信息收集的重要内容。

（2）生产第一线的信息是安全信息的核心。因为危险源是生产第一线的单元作业，大多数事故发生在生产现场，利用信息来管理能量，防止由于能量转移而造成事故。主要的安全信息也是在劳动现场、在生产第一线才能获得。所以生产现场的安全信息称为一次信息。而有关安全生产的方针政策、法令、国标、安全规程以及各种工程技术、企业管理等的文献及其中的数据，安全教育培训用的图书资料、事故统计分析报告，国内外安全生产的文明创造、经验总结以及国际劳工组织的标准、协议等都是安全信息，但这些与生产第一线的安全信息不同，称为二次安全信息。当然也有介于一、二次安全信息之间的另类安全信息。

（3）现代安全管理是以安全信息为中心，在计划、实施、工程竣工等系统中各环节之间，用系统安全分析、系统安全评价为方法所建立起来的能预防、预测、预警、预评价的新的安全管理体制。从计划、实施、结果检查等步骤中经常吸收安全信息，这种信息尽可能把握住生产现场和企业管理的实际状况，但是吸收信息量的大小是有弹性的，这取决于个人的知识水平和组织的管理能力。为此，设置出一个安全信息系统是非常必要的。分析和评价工作在系统安全中占有重要位置。在这一新体制中，分析和评价相当于各个阶段、各类问题的研究结论以及对关键安全问题的确认。

安全一次信息来源于生产现场，指与发生事故有关的某种生产活动的全部信息。安全信息寓于生产之中，有组织系统的信息流，流动于经营者、管理者、检查者及生产者之间。

人在进行各种生产活动时，安全信息流也在不断地有序流动。

如果安全信息流紊乱，意外事件就有可能发生。因此，在进行事故分析时，安全信息是至关重要的。

下面简要介绍针对事故内容的两种原因分析方法。

（一）海因里希分析方法

海因里希在《产业灾害防治论》一书中对事故原因分析法以及安全管理内容作了较为详细的分析、总结（见图5-3）。

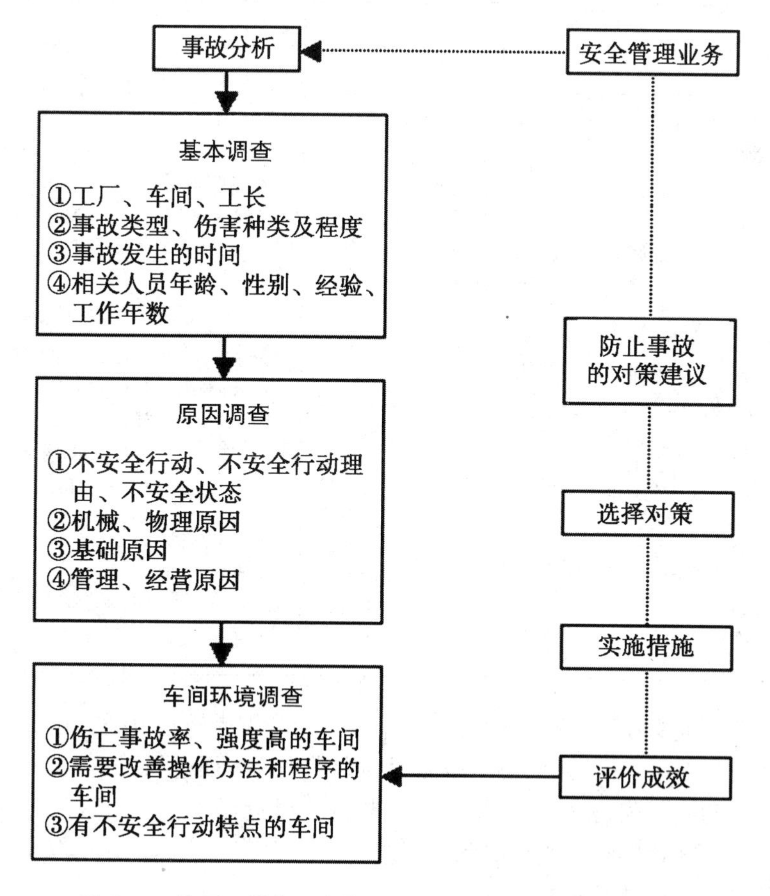

图5-3　海因里希伤亡事故的原因分析方法和安全管理业务

（二）日本使用的分析方法

在日本，一般从人和物的两个方面对事故情况进行调查，从技术、教育、管理等各个角度进行原因分析。除了如图4－3所示的基本调查外，还要从工厂环境方面调查并进行反馈，以便进一步找出更深层次的原因（见表5－1）。

表5－1　日本对事故的原因分析和对策

<table>
<tr><th colspan="4">事故状况</th><th colspan="2">事故原因</th><th rowspan="3">对策
（4M）</th></tr>
<tr><th colspan="4">人物</th><th rowspan="2">直接原因</th><th rowspan="2">间接原因
（3E）</th></tr>
<tr><th>伤害</th><th>事故类别</th><th>现象</th><th>类型</th></tr>
<tr><td rowspan="4">身体部位</td><td rowspan="12">剪绞
卷入
坠落
翻倒
飞物打击
跌倒
切割
崩塌
冲击
灼伤
触电
交通事故
天灾
其他</td><td rowspan="12">火灾
爆炸
中毒
破裂
碰撞
污染
触电
其他</td><td rowspan="12">机械的
电气的
化学的
热的
射线
天灾
其他</td><td rowspan="6">不安全行为（人的原因）</td><td rowspan="4">技术的缺陷
（Engineering）
（设计、材料、维修、检查）</td><td rowspan="3">人际关系
（Man）</td></tr>
<tr></tr>
<tr></tr>
<tr><td rowspan="3">物的条件
（Machine）</td></tr>
<tr><td rowspan="4">种类
（伤害、病名）</td><td rowspan="4">教育的缺陷
（Education）
（知识、经验、健康、错觉）</td></tr>
<tr></tr>
<tr><td rowspan="6">不安全状态（物的原因）</td><td rowspan="3">人机媒介
（Media）</td></tr>
<tr></tr>
<tr><td rowspan="4">程度
（死亡、残废、休工、不休工）</td><td rowspan="4">管理的缺陷
（Enforcement）
（组织、制度、标准概念）</td></tr>
<tr><td rowspan="3">管理法规
（Management）</td></tr>
<tr></tr>
<tr></tr>
</table>

一般来说，根据事故统计的结果采取防护措施是分类方法的问题。表5－1从事故状态、事故原因和措施等方面进行分析。

间接原因是从3E方面进行分析的，最近以来，则重视从操作程序、整理整顿、工作时间等人机关系方面进行分析，并采取相应的措施，这就是4M方法。

四、特别事故的调查项目

爆炸、破裂、塌方、冒顶、触电、起重机事故等特别事故发生时，须按一定的项目进行调查，必须选具有特殊技术知识和经验的人制作调查表，要查清机械、装置、物体等有无不安全放置，是否制造了危险有害状态，是否使用了指定外的机械装置。

几种特别事故的调查项目举例如下：

1. 化学装置的爆炸事故

a. 与爆炸有关的物质的分子式、结构式、性质；

b. 正常运转时的相态、温度、压力、混合物的混合比、单位操作或单位时间的处理量、反应式；

c. 装置的工艺流程简图、重要仪器及与事故有关的部分结构的简介、安全装置的种类、功能以及是否起作用；

d. 正常运转状态时，操作（包括监视、措施）的方法（包括自动控制、集中管理的状况）；

e. 事故发生前操作（包括监视、措施）的方法以及适当与否；

f. 过去有无偏离正常运转状态的事实及状况；

g. 事故时装置、建筑物等被破坏状况的特征；

h. 成为事故因素的火源以及其他能源（包括事故前对火源等的措施）；

i. 企业优先确定的每个工序的危险之处、理由及预防对策；

j. 对危险处的检修状况以及是否妥当；

k. 是否存在混入杂质的危险性以及预防对策；

l. 有无事故前兆。

2. 破裂事故

a. 容器内的物质的分子式、结构式、性质；

b. 正常运转时的相态、温度、压力、混合物的混合比、单位操作或单位时间的处理量、有无化学反应以及其反应式；

c. 容器的结构、尺寸、容积、材质、工作状况、使用时间长短；

d. 安全装置的种类、结构、功能以及是否起作用；

e. 最近检查的状况；

f. 正常运转状态时，操作（包括监视、措施）的方法（包括自动控制、集中管理状况）；

g. 事故发生前操作（包括监视、措施）的方法以及是否妥当；

h. 事故发生时容器和安全装置的破坏状况，断裂面的外观及腐蚀状况；

i. 有无异物混入的可能性及预防对策；

j. 有无事故前兆；

k. 压力振幅和周期；

l. 在长时期内，容器内的物质和残渣的变化状况。

3. 触电事故

a. 发生触电的设备的使用电压及额定电流；

b. 电路的结构（正常时和发生事故时）；

c. 发生事故的电路的绝缘状况；

d. 护具、安全用具的安装及配备状况；

e. 作业内容及操作程序；

f. 触电前的作业状况；

g. 电流流入、流出人体的路线；

h. 天气及其他特殊触电危险状态；

i. 有无作业标准以及执行状况；

4. 起重事故

a. 起重机本身的事故

①起重机的种类、型号、用途、吊物重量；

②吊具的类型、功能；

③开动率、负荷率；

④事故发生时的额定负荷、作业半径、支臂的倾角；

⑤货物的种类、形状、重量；

⑥与事故有关部分的尺寸、性质；

⑦破损或拉断方法，断裂或拉断面的外观；

⑧事故发生时的驾驶操作；

⑨与事故有关的安全装置的种类、形式，是否起作用；

⑩最近检查的结果；

⑪起重机的运行经历；

⑫瓦斯、蒸气、粉尘、温度等环境条件；

⑬挂钩工人的技能、信号；

⑭气象状况；

⑮管理负责人与起重机使用者的关系。

b. 起重机造成的事故

①房屋、设备、建筑物与起重机的关系、位置、间距；

②防止接近起重机的措施与措施是否妥当；

③与起重机周围的作业有无联系，妥当与否；

④挂钩用具的种类、尺寸、容许负荷、事故发生前的状况；

⑤挂钩方法以及是否妥当；

⑥a 项目中的相应事项。

案例一：湖南衡阳特大建筑火灾事故

2003 年 11 月 3 日凌晨 5 时许，湖南省衡阳市一商住楼因底层商户用硫磺熏烤“八角”，致使“八角”起火，大火蔓延至整栋大楼，在消防官兵奋力抢险中，大楼第三、四两个单元突然坍塌，将部分消防官兵压在废墟下，虽经全力抢救，仍造成 20 名消防官兵壮烈牺牲的重大伤亡事故。经济损失以及在人们心灵深处造成的创伤更是不可估量的。这是新中国成立以来消防官兵扑救火灾伤亡最惨重的一次事故，震惊全国。

一、现场勘查情况

坍塌的商住楼位于该市的珠晖区，建筑面积 9300m^2，主体建筑高 8 层，局部 9 层，建筑格局为“回”字形的四合院，钢筋混凝土结构。该大厦离周围建筑物相隔小于6m，尤其距×家具城地面间距仅3.1m，空中间距小于2m，西面的消防通道，南头宽3.7m，北头宽仅3m，整栋楼仅配套5只消防栓，其中一个上锁，一个没有水压。

二、事故发生经过

2003年11月3日晚，一赵姓的商户在无人看管的情况下用硫磺熏烤"八角"，在凌晨5时许火灾从一楼仓库引起，并迅速向上蔓延。衡阳市消防支队于11月3日5时30分接警后迅即调集4个公安消防支队，4个专职消防队，16台消防车，200多名消防官兵先后赶赴现场救火，经消防官兵全力抢救，大厦住的94户412名居民全部安全疏散，无一伤亡。由于建筑物为"回"字形格局，消防车只能从四周向大厦喷水灭火，在外围火势被控制后，天井内的火势较猛，为了尽快控制火势，两支小分队往中间挺进灭火，因大厦西面和南面的消防通道堵塞，防火间距不够，给灭火造成很大困难，官兵们不得不深入中部去灭火。8时40分左右在没有发生任何征兆的情况下大厦的第三、四两个单元突然坍塌，将几十名消防官兵压在废墟下，经过消防、武警、公安、城建等部门72小时的昼夜抢救，火灾还是造成了20名消防官兵壮烈牺牲，11名消防官兵光荣负伤，数名有关人员重伤。

三、事故原因分析

1. 事故直接原因

由于赵姓商户在无人看管的情况下用硫磺熏烤"八角"，在凌晨5时许火灾从一楼仓库引起，并迅速向上蔓延。导致大厦的支撑结构被损坏，在重载下倒塌。

2. 事故间接原因

①消防设施不配套。大厦与四周建筑物间距太小，消防车道不能畅通，局部车道仅为3m宽，这么大一个建筑物仅配套5只消防栓且不是上锁就是没水压，迫使消防车不得不到远处装水，一去一来耽误了灭火的时间，加速了火焰对建筑物的破坏。

②管理不到位。物业管理员以及各商户安全意识淡薄，物业管理人员任由经商者私自在仓库内发火，尤其在无人管理的情况下深夜熏烤“八角”，严重地违反动火规定。

③建筑单位资质证明不全。经联合调查组取证，大厦的开发商无建筑工程管理局的资质证明、无工程施工许可证、无监督和安全监督。

④擅改规划设计和一楼使用性质。开发商私自更改规划设计平面布置图，将原来三栋平行建筑楼改为“回”字形的四合院，并将原设计的7层楼增至8层，局部增至9层，增大了下部房柱的承载力，还擅自改变了楼房的使用性质，将一楼的商业网点改为仓库，增大了火灾荷载。

四、事故的预防措施

第一，职能部门应严格依照程序核定、审批及监督各项建筑工程，严禁违法、违规的建筑工程交付使用，否则追究政府职能部门的管理责任及刑事责任，并且严格按建筑安全检查标准审核建筑物的市政、消防设施，严禁消防设施，如消防车道、安全通道、消防栓、消防水压配置不符合标准的现象。

第二，任何建筑开发公司或使用人无权更改建筑设计及建筑结构以及房屋使用的性质。

第三，加强建筑物的安全管理力度，增强物业管理人员的安全防火意识，普及安全基本知识的教育，提高监督管理水平，防患于未然。

第四，消防部门在消防工作中应加强对房屋建筑材料、房屋建筑结构等的有关知识，提高对危险源的判别能力。

第五，加强科学研究，对火灾科学与消防工程、建筑材料与建筑结构工程、热物理、流体力学、固体力学及结构力学等科学技术理论方法的交叉研究，提高建筑物的消防技术标准和管理手段，从本质上杜绝火灾坍塌事故的发生。

案例二：广东电镀技术有限公司爆炸事故

2000年4月11日13时30分，位于广州市东莞庄路161号的广州半导体材料研究所大院内的广东鸿运电镀技术有限公司（港资企业）车间在生产电镀添加剂的过程中，100升不锈钢反应釜发生爆炸，造成2人死亡，4人受伤，直接经济损失21.9万元。

一、爆炸起火建筑物的基本情况

经调查，1988年6月由广州半导体材料研究所出地皮，由韶关凡口铅锌矿（后更改为“广东韶关岭南铅锌集团有限公司”）出资，共同建起一栋四层楼的厂房和一栋三层生活楼。广州半导体材料研究所和韶关凡口铅锌矿以该栋四层楼的厂房为工厂合办企业，同时将企业名称定为“广州电力电子元件厂”。

1993年10月，由于广州半导体材料研究所与韶关凡口铅锌矿双方合办的广州电力电子元件厂经营困难而停产。之后以“广州电力电子元件厂”的名义陆续将四层厂房分别出租，出租的租金和租约均由韶关凡口铅锌矿与承租单位商定办理，租金由韶关凡口铅锌矿收取。其中第二、三层租赁给广州元源电力硅元件公司，首层租赁给昆山兴业水处理有限公司。

1994年5月，将第四层租赁给广东鸿运电镀技术有限公司。同时从1999年元月起，原广州电力电子元件厂的所有经济及业务往来均由“广东韶关岭南铅锌集团有限公司驻广州办事处”负责。广州半导体材料研究所只负责一栋三层生活楼的出租及日常管理。

二、起火经过和扑救情况

据调查询问：4月11日13时30分，广东鸿运电镀技术有限公司高级工程师陈某回办公室上班，在公司生产车间的楼梯口碰见生产车间的操作工刘某，刘某对陈某讲：“今天反应釜的压力好像升得好快。”当时陈某听到此话，就感觉不妙，立即向生产车间的反应釜方向看，看后马上知道会发生爆炸，于是陈某对刘某说：“你们快点走，马上会出事的!”陈某边说边拿钥匙将办公室房门打开，此时听到楼梯有人走上来的响声，同时听到“嗞、嗞”的汽笛声，陈马上打电话报警，就在这时车间的反应釜发生了爆炸。

发生爆炸时第四楼层共有该公司员工6人，分别是：蔡某，男，31岁，广州市人；谢甲，男，30岁，广州市人；刘某，女，33岁，广州市人；陈某，男，60岁，广州市人；谢乙，男，26岁，江西人；尹某，女，26岁，湖南人。发生爆炸的时候蔡某和刘某在生产车间操作，谢乙、尹某在化验室，负责技术的高级工程师陈某和车间主管谢甲刚到生产车间。

爆炸事故发生后，谢乙、刘某受伤自行逃出现场，陈某逃离现场中倒地，由广州半导体材料研究所职工救出现场，尹某、谢甲被消防队员救出（谢甲后被送往中山医科大学附属三院救治无效死亡），蔡某则在四楼洗手间准备拉水管向反应釜外表洒水降温时，反应釜突然爆炸，蔡某被倒下的墙体压死。

经过反复的调查询问、现场勘查和综合分析，认定广东鸿运电镀技术有限公司“4·11”爆炸事故的原因是：环氧乙烷进料速度过快，环氧乙烷来不及与丙炔醇反应而在釜内积聚，以致釜内压力迅速上升，高压气体喷出，与空气摩擦产生静电，引起爆炸的。

三、事故的责任划分

a. 赵某作为广东鸿运电镀技术有限公司的总经理，负责管理本公司的全面工作。但因生产电镀添加剂生产装置流程安全措施不足，工艺流程、安全规程和操作法、操作控制存在随意性，容易导致操作不当，引发爆炸事故，同时该公司在生产甲类危险品前没有向公安消防机构申报，故赵某对“4·11”爆炸事故负直接领导责任。

b. 陈某作为广东鸿运电镀技术有限公司生产电镀添加剂的高级工程师，负责生产过程中的全部技术管理工作，由于陈某对操作工人技术培训不够全面，以致操作工人只知简单的操作，不懂得生产的原理和生产的危险性，在实际生产中，出现问题处理不及时，以致发生爆炸事故，陈某对“4·11”爆炸事故负直接领导责任。

c. 韶关凡口铅锌矿作为出租单位，没有督促承租单位广东鸿运电镀技术有限公司办理消防申报手续，同时对承租单位日常消防安全监督不力，韶关凡口铅锌矿对“4·11”爆炸事故负领导责任。

d. 谢甲作为广东鸿运电镀技术有限公司生产电镀添加剂的工程师、生产车间的主管，管理和监督车间的日常生产工作，但因生产过程中，两名操作工人在生产装置出现异常情况时，谢甲不在生产车间，导致问题得不到及时有效地处理，而引发爆炸事故，谢甲对“4·11”爆炸事故负直接责任。

四、火灾事故的主要教训

a. 广东鸿运电镀技术有限公司生产甲类危险物品，没有向公安消防机构申报，就擅自投入生产，违反了《中华人民共和国消防法》及有关消防技术规定，以致留下了“先天性”的火灾隐患。

b. 广东鸿运电镀技术有限公司生产的是甲类危险物品，其生产车间所在建筑物的防爆泄压设施、泄压面积和厂房的总体布局、平面布置不符合有爆炸危险的甲类厂房的设置要求，以致发生爆炸后，人员无法逃生，造成人员伤亡和财产损失。

c. 生产装置流程设施安全措施不足，主要表现在：

（1）反应釜上无安全阀，不能在压力过高时自动排出物料；

（2）排出物料的管道应设安全水封，现场无此装置；

（3）排出物料管道上应设阻火器，现场无此装置；

（4）环氧乙烷进料控制是关键，不应用人手工操作滴加控制，应用计量泵按指定速度送入反应釜，手工操作不安全，这次爆炸事故发生就因手工操作难以控制而发生；

（5）车间内电器设备没有按防爆设计和施工，仅用普通电器供电，无接地和接零，以及防静电跨接，违反甲乙类生产装置的消防规定。

d. 安全生产存在的问题是研制和生产的技术负责人仅熟悉配方和应用，在工程化方面和使用生产这些危险品方面缺乏应有的

知识。

e. 具体操作人员缺乏特殊行业应有的岗位知识，没有经过消防培训和其他上岗前的各种岗位培训。

五、处理意见

a. 赵某和陈某的行为已构成危险物品肇事罪，由司法部门追究其刑事责任。鉴于爆炸事故直接责任人谢甲在爆炸中已经死亡，不再追究其法律责任。

b. 对韶关凡口铅锌矿及其负责人依照《中华人民共和国消防法》和《广东省实施〈中华人民共和国消防法〉办法》作罚款处理。

案例三：公司车间机械伤害事故

2003 年 9 月 17 日晚，某公司生产部挤塑车间发生一起工伤事故，现将事故通报如下：

一、事故基本情况

当事人：刘某

参加工作时间：2002 年 3 月，本工种工龄 12 个月

安全教育情况：接受过入厂三级教育

受伤部位：左手桡骨中段

伤害程度：轻伤

致害物：单工位吸塑机辅助压模架（171F 门吸塑模）

二、事故经过

9 月 17 日 22：30 分左右，挤塑车间 6#单工位（设备编号：599－129）操作工刘某在操作设备生产时，未能严格遵守安全操作规程，擅自对安全门及行程开关进行捆绑（短接），使设备在运行状态下，失去了安全连锁功能。当刘某发现吸塑辅助压模架压刀移位，设备已经处于自动生产状态，但是刘某在没有停机的情况下，用左手伸进危险区域对压刀位置进行调整修正，被迅速下行的辅助压模架压住左手小臂，造成左手桡骨中段骨折。

三、事故直接原因和间接原因分析

造成本次事故的直接原因是违章操作：

a. 当晚刘某未能严格遵守安全操作规程，擅自对安全门及行程开关进行捆绑（短接），使设备在运行状态下，失去了安全连锁功能。

b. 当压刀移位需调整时，刘某没有按照安全操作规程要求停机进行操作。

造成本次事故的间接原因是管理松懈和设备本质的不安全。

管理松懈集中体现在三个方面：车间管理层对安全生产重视度不够、安全培训教育不够和监督管理力度不够。当事人安全意识淡薄，在设备异常情况下违章操作，归根结底是安全培训教育工作做得不够。另外一个很重要的原因就是不够重视和监督管理不力。吸塑机安全门及连锁开关是为了避免操作者在设备正常生产时进入危险区内的一个保护装置，是设备本质安全的重要组成部分，不允许人为地对其进行破坏或使其处于失效的状态。但仍有一些员工违反安全操作规程，人为短接行程开关。挤塑车间这一行为一直未能引起足够重视并采取有效的管理手段。

此外，工装辅助压架及压刀容易移位，造成工人生产时，需频繁调整压刀，不仅影响生产效率，也增加了工人操作设备的风险度，是造成本次事故的间接原因。

四、事故预防措施

为了预防事故的再次发生，责令挤塑车间迅速整改，改变安全管理不力的现象，扭转安全生产不利的形势。

a. 车间管理人员要改变观念，各级管理人员要提高对安全的认识，明确每个人的安全责任。

b. 在车间内部开展“抓安全，反违章”活动，加大车间班组两级的日常安全监督检查力度，对违章者进行严肃处理，对违章者所在班组长实行考核，并在每月业绩考核中体现。

c. 车间组织一次全员安全培训，强化员工的安全生产意识，提高全体员工的安全素质。另外，组织全体班组长进行一次安全管理知识教育，提高班组长的安全管理能力。

d. 加强宣传教育。生产部其他车间要引以为戒，在班组班前会上进行宣传教育，提高生产部整体安全素质。

五、事故处理

a. 对挤塑车间在生产部内部通报批评。

b. 当事人刘某安全意识淡薄，违章操作，是造成此起事故直接责任者。按照《职业安全健康与环境监督奖惩管理标准》（QC/KL5210.001－2002）4.2.3 条的规定，扣罚刘某 100 元。

c. 挤塑车间吸塑一组主管组长对此起事故负有管理责任；当班班、组长是事故当事人的直接管理者，对此起事故负有管理责任，按照《职业安全健康与环境监督奖惩管理标准》（QC/KL5210.001－2002）4.2.3 条的规定，扣罚部分工资。

d. 挤塑车间主任对车间的安全管理不力，车间当班副主任对本次事故负有管理责任。按照《职业安全健康与环境监督奖惩管理标准》（QC/KL5210.001－2002）相关规定扣罚部分工资。

e. 此起事故在生产部内部通报，请各车间、班组张贴此事故通报，向工人通报此起事故，达到宣传教育的目的。

第三节　事故原点分析技术

一、事故原点的概念及事故原点的确定方法

（一）事故原点的概念

事故原点就是事故隐患转化为事故的具有初始性突变特征并与事故发展过程有直接因果联系的点。这个点是具有时空意义的广义点。

事故原点是构成事故的最初起点，如火灾事故的第一起火点，爆炸事故的第一起煤点等。事故原点具有时间和空间的双重概念。对某一单元事故，它表示某一时间或空间的某一点。事故原点具有

以下特征：

（1）事故原点是从事故隐患转化为事故的具有突变特征的点，没有突变特征的点不是事故原点。

（2）事故原点是从事故隐患转化为事故的具有初始性的点，只有突变特征没有初始性的点也不是事故原点。

（3）事故原点是在事故发展过程中与事故后果有直接因果联系的点，只有突变特征和初始性而与事故后果无直接因果联系的点不是事故原点。

在任何单元事故中，事故原点只有一个。事故原点不是事故原因，也不是事故的终点，它们之间有严格的区别，这一点必须注意。

事故原点理论为调查事故提供了科学方法。在事故调查工作中，必须首先查清和验证事故原点的位置，然后才能对事故调查过程中的各个环节进行定性定量分析。在比较简单的单元事故中，如冲床伤手事故，发生事故的人机接触部位，即是事故的起点（事故原点），也是事故的终点。对比较复杂的大事故，应首先查到事故原点，调查工作才能按程序深入下去。如果在未确定事故原点之前，就对事故原因作了结论，则该结论可能是错误的，所采取的措施也无针对性。因此，确定事故点在事故调查过程中是个关键问题。

（二）事故原点的确定方法

事故原点的确定方法有三种：定义法、逻辑推理法、技术鉴定法。

1. 定义法

定义法就是用事故原点的定义，查证落实事故的最初起点。此法适用于事故发生、发展过程比较明显，凭直观可基本确定事故原点和事故原因的事故，如机具伤害事故等。

2. 逻辑推理法

逻辑推理法是用发生事故的生产过程的工艺条件，结合事故的发生、发展过程的因果链进行逻辑推理，来确定事故原点的方法。

因为事故的原因与结果在时间上是先后相继的，后一个结果的

原因，就是前一个原因的结果，依次推导至终点，便找出事故的原点。这个方法适用于事故过程不明显而破坏性又比较复杂的事故，如较大的爆炸事故。

3. 技术鉴定法

技术鉴定法是利用事故现场的大量物证进行综合分析，使事故的发生、发展过程逐步复原，进而将事故原点从中揭露出来。这个方法适用于极其复杂，而且造成重大损失的事故，如重大爆炸火灾事故。根据实际工作经验，技术鉴定要查被爆物承受面的痕迹、爆炸散落物的状态和层次、抛射物体方位和状态、人机损伤部位及现场遗留物五个方面，还要和爆炸物理学、化学工艺学、物质燃烧理论、结构力学等相结合。

（三）事故原点确定过程举例（应用逻辑推理法）

有一雷管装药工房的相邻两个工作间（防爆间）同时发生了爆炸（见图5-4），爆炸过程极短（≤1秒），两个工作间共有四个爆炸点，都有突变特征，但初始性都不明显，给确定事故原点造成困难。

通过深入勘查，在A室的爆炸残留物中发现有许多玻璃碎块，而该室内又没有玻璃制品。经技术鉴定这些玻璃碎块是B室中防爆灯罩被炸的残留物。用逻辑推理，B室的玻璃碎片只有在防爆传递窗先爆炸且将两个防爆窗门爆掉之后，才有可能进入A室，如B室内两个爆炸点（任何一点）先爆，传递窗有铁门相阻，玻璃块是不能通过的，即便是B室的爆炸引起了传递窗的殉爆，在这一瞬间B室的爆波衰减了，而传递窗处却正是爆炸生成物密度最大的时候，玻璃碎块不可能通过。因此证明，传递窗处的爆炸先于B室。现场勘查时，在B室内两个爆炸点间发现墙壁上的爆炸痕迹，证明了起爆药提盒的爆炸位置，放提盒的桌面板被炸成碎木条，这些碎木条又被铺在地面上的胶皮板向室内方向卷起。

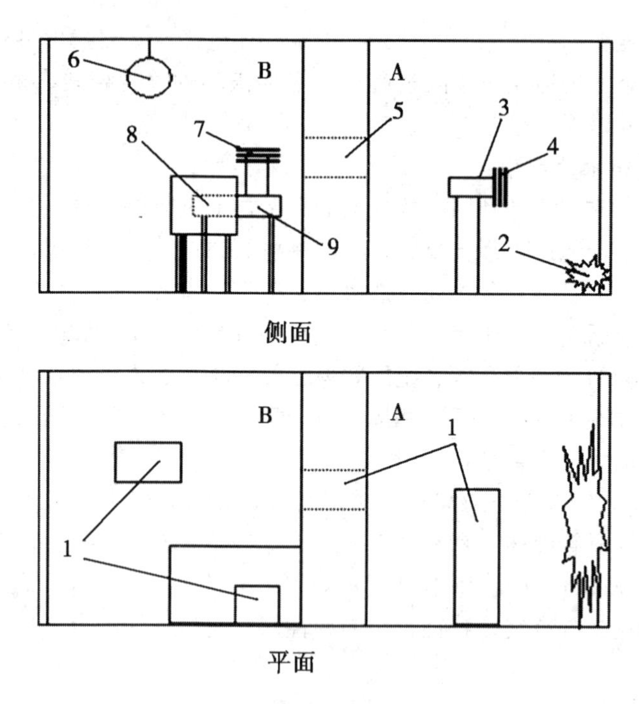

图 5－4　爆炸现场示意图

1. 爆炸点；2. 玻璃碎片；3. 装药机；4. 药提盒；5. 传递窗；6. 防爆灯；7. 提盒；8. 储存器；9. 木桌。

这种现象说明在起爆药提盒爆炸之后，首先把木桌炸烂，同时引起铝储存器爆炸，才能使地面上的胶皮板向室内方向卷起，把木桌的烂木条卷在胶皮板内。由此证明，在 B 室内是起爆药提盒先爆，而后引起铝储存器殉爆。现在再判断传递窗和 A 室的装药机两者之间的爆炸顺序。从 B 室来的玻璃碎块，大量集中在 A 室的一侧，如果装药机在传递窗爆炸之后爆，B 室爆炸时，A 室处于正压状态，玻璃碎块是不易进入 A 室的，即使进入一些也会被 A 室的爆炸气流所驱散。也不可能是碎玻璃先飞过去之后，装药机殉爆，因为装药机上的起爆药是裸露的，殉爆速度要比被炸物的飞行速度大得多。因此，可以判定是装药机先爆（装药机上 450g 起爆药爆炸，引起传递窗内 300g 药殉爆），是第一起爆点，也就是事故原点。

二、事故调查技术

事故调查技术是事故管理工作的基础。如果事故原因不明，资料不全，计量的基础有严重误差，计算方法再好也达不到预防事故的目的。随着现代工业的发展，发生事故的原因更加复杂多样，事故的性质、损失、社会影响趋于增大。因此，查明事故的原因，采取有效的预防措施尤为重要。

事故构成有三个基本要素，即危险因素的性质、能量和感度。这是事故发生的必要条件。管理缺陷是促使危险因素转化为事故的前提条件。对于危险因素和管理缺陷的研究，必须依据大量科学的事故原始资料，只有掌握完整的事故原始资料，再进行技术分析，才能把事故原因调查清楚。

1. 事故结构模型

事故的发生、发展过程和事故现场可用事故结构模型表示，图 5－5 显示了事故的结构和其之间的关系，从总体上表达了事故的概念。

事故原点是发生事故的最初起点。在生产过程中，一次激发使事故隐患在事故原点处转化为事故。事故原点一定存在于事故的发生、发展过程之中，其左端是事故发生前的生产情况（即事故隐患形成过程和状态），右端是事故发展过程。随着事故的复杂程度向两端延伸，事故前情况和事故的发展过程，有时会超出发生事故的生产过程的范围，事故损失区也就随之扩大。生产过程中发生的事故第一次激发条件一般容易找到，但例外的条件就容易被忽略，有时还常常搞错。

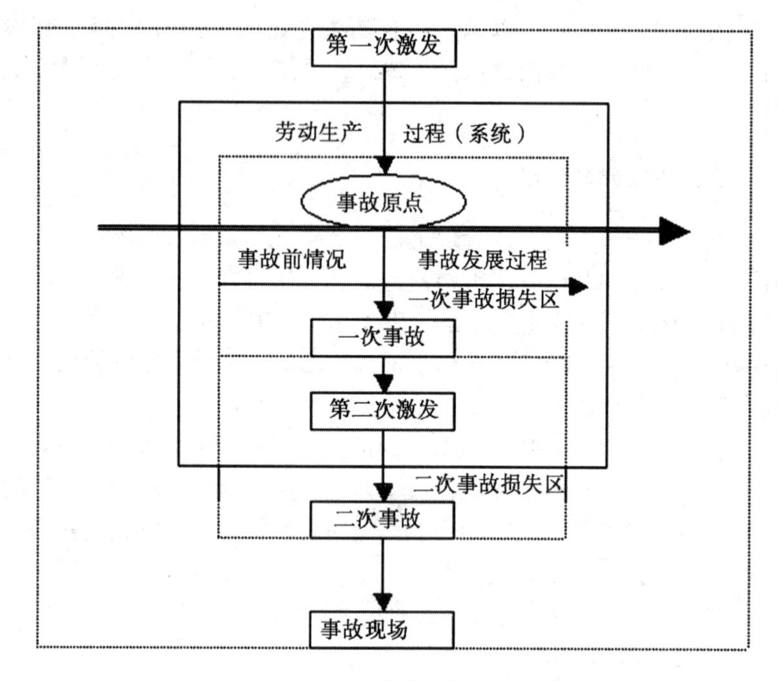

图5－5　事故结构模型

例如，某化工厂在试生产中胶化机投料试车，由于在离厂房外200m处进行电焊施工，电焊地线接到通往试车机房的工艺管道上，引起胶化物料起火。这次事故的事故原点在胶化机的电打火处，但激发条件却在机房外的施工用火处。一般说来，一次事故都存在于生产过程之中，因而其损失区和严重程度都不太大。而由一次事故造成的二次激发所引起的二次事故就可能扩展到生产过程的区域之外，造成严重损失。事故的发生、发展过程对空间作用的积累，形成了事故现场，其涉及范围的大小随事故的发生、发展过程和第一次激发条件的变化而变化。事故结构模型为事故调查指出了明确的方向。

2. 事故调查程序

事故发生是由于人们违背了劳动和生产过程的客观规律，但事

故本身的发生、发展过程也有它的必然规律，所以事故调查具有可能性。

事故调查时，事故调查人员必须实事求是，按事故现场的实际情况进行调查，根据物证作出结论。调查人员必须掌握事故调查技术，懂得原料产品性能、工艺条件、设备结构、操作技术等科学知识。事故不论大小，都应该按照事故的调查程序进行。调查工作程序一般不得省略或跨越。例如，只有在确定了事故原点之后，才能确定发生事故的原因和事故扩大的原因。只有在查清了事故原因的基础上，才能作事故性质和责任分析。事故调查程序如图 5－6 所示。

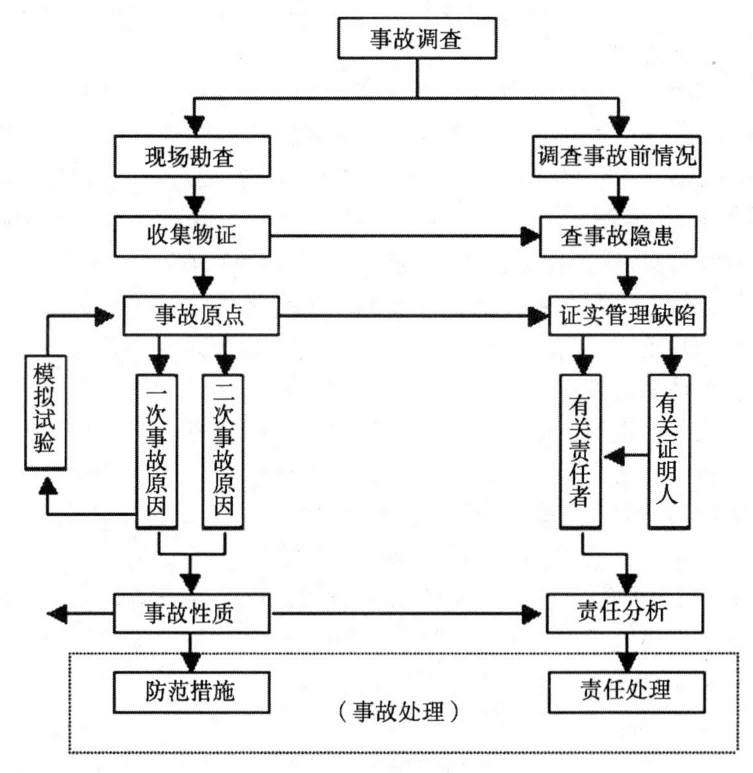

图 5－6　事故调查程序

3. 事故现场勘查方法和步骤

首先要保护事故现场。事故现场是保持事故发生后原始状态的地点，包括事故所波及的范围和与事故有关联的场所。只有现场保持了原始状态，现场勘查工作才有实际意义。在事故原点和事故初步原因未完全确定以及拍摄、记录工作未进行完以前，事故现场不能废除和破坏，也不准开放。现场勘查步骤如下：

（1）明确勘查事故现场的目的：

a. 查明事故造成的破坏情况（包括物资损失、设备和建筑物的破坏、防范措施的功能作用和破坏、人员伤害等）；

b. 发现或确定事故原点和事故原因的物证，以确定事故的发生和发展过程；

c. 收集各种技术资料，为研究新的防范措施提供依据。

（2）做好勘查工作的准备。安全部门要经常做好事故现场勘查的准备工作，最好备有事故勘查箱，箱内存放摄影、录像设备，测绘用的工具仪器，备好有关的图纸、记录和资料。应事先培训好事故调查人员，以便在发生事故时能迅速进行勘查工作。

（3）现场勘查工作的实施步骤。根据现场的实际情况，划定事故现场范围，制订勘查计划，并对现场的全貌和重点部位进行摄影、录像和测绘。然后按调查程序，从现场中找出可供证明事故发生和发展过程的各种物证。首先要查证事故原点的位置，在初步确定事故原点之后，再查证事故原点处事故隐患转化为事故的原因（即第一次激发）和造成事故扩大的原因（即第二次激发）。必要时要对事故原点和事故原因进行模拟试验，加以验证。

（4）勘查记录。为了保存现场记忆，在勘查现场时要妥善做好记录和摄录像工作。

4. 对事故前劳动生产情况的调查

（1）调查对象和内容：

a. 生产过程中人员的活动情况和设备运行情况；

b. 生产的进行状态，原材料、成品的储存状态，工艺条件和操作情况，技术规定和管理调度等；

c. 生产区域环境和自然条件，如雷电、晴雨、风向、温湿度、地震等以及其他有关的外界因素；

d. 生产中出现的异常现象和判断、处理情况；

e. 有关人员的工作状态和思想变化等。

（2）调查方式和时机：

a. 凡是与形成事故隐患有关和发生事故时在场的人员以及目击者、报警者都在调查范围之内；

b. 要注意分析他们对调查事故的心理状态和他们向调查人员提供事故线索的态度；

c. 事故前情况的调查工作应比现场勘查工作早一步进行；

d. 对负伤人员要抓紧时机调查并核实他们的负伤部位；

e. 查清死亡人员的伤痕部位、状态及致死原因；

f. 要注意将现场勘查和事故前情况调查两者互通情况，互相配合提供线索和依据；

g. 在调查中要注意用物证证实人证，用物证来揭示事故的事实真相，不要被表面现象所迷惑。

（3）人证材料的可靠性。调查结论必须以物证为基础，不能仅凭某些人的推理和判断，但人证材料仍不可缺少，有时一句话就能说明事故发生的关键，特别在事故刚出现时有关人员的证实材料较为真实，应充分注意最初的个别谈话材料。

5. 事故原因的分析

事故原因就是事故原点处危险因素转化为事故的激发条件和技术条件。危险因素转化为事故的技术条件，是指物质条件本身（性质、能量、感度）向事故转化的物理或化学变化。

激发条件，是指操作失误和外界条件促使危险因素转化为事故的作用。

事故原因（直接原因）可分为一次事故原因和二次事故原因。一个单元事故的事故原因只有一个，难以准确判断的事故原因最多不应超过三个。事故原因多了，只能说明事故原因还没有真正找到。

查证事故原因的方法，一般有直观查证法、因果图示法、技术分析法三种：

（1）直观查证法。适用于情况比较简单的事故，凡能用定义法确定事故原点的事故，一般均可用直观查证法确定事故原因。

（2）因果图示法。即利用事故隐患转化为事故的因果关系来确定事故原因的方法。使用因果图示法，首先要尽可能地把事故原点处危险因素转化为事故的条件，再罗列出来，按因果关系作出因果图进行分析。

（3）技术分析法。对不能直观查证又作不出因果图的，可用技术分析法查证事故原因。技术分析法是根据事故原点的技术状态，并密切结合发生事故时的产品、工艺、操炸、设备运行等情况，分析危险因素转化为事故的技术条件、管理缺陷以及外界条件对事故原点所起的激发作用，从中找出事故原因。

6. 模拟试验

在事故调查中，模拟试验是检验事故原点和事故原因的准确性的定量标准。因此，在判定事故原点和事故原因之后，都要根据事故的实际情况进行模拟试验。在一些物证充分、事故原点和事故原因明显、调查人员认识一致的条件下也可以不做模拟试验。

7. 事故的性质和责任分析

（1）事故性质解析。在事故原点和事故原因查清以后，就要对事故的性质进行定性分析。事故性质一般分为政治事故、自然事故、责任事故三类。无论是什么性质的事故，都要对事故隐患的形成原因进行全面分析，从中体现出人的责任，以便真正吸取教训。

（2）事故责任分析。在许多事故原因中，不但有操作者的责任，而且有组织者和指挥者的责任。只有分清了责任，才能正确进行事故处理，吸取事故教训，制定防范措施，防止同类事故再次发生。

第四节　事故综合分析

事故的综合分析，是指在一定的时间内，对某种事故或多种事故进行综合性的分析，从中找出其原因和发生的规律，以便制订出预防事故的措施和规划。

一、化学工业危险因素的综合分析

美国保险协会（AIA）对化学工业的317起火灾、爆炸事故进行调查，分析了主要和次要原因，把化学工业危险因素归纳为以下九个类型：

1. 工厂选址

（1）易遭受地震、洪水、暴风雨等自然灾害；

（2）水源不充足；

（3）缺少公共消防设施的支援；

（4）有高湿度、温度变化显著等气候问题；

（5）受邻近危险性大的工业装置影响；

（6）邻近公路、铁路、机场等运输设施；

（7）在紧急状态下难以把人和车辆疏散至安全地。

2. 工厂布局

（1）工艺设备和储存设备过于密集；

（2）有显著危险性和无危险性的工艺装置间的安全距离不够；

（3）昂贵设备过于集中；

（4）对不能替换的装置没有有效的防护；

（5）锅炉、加热器等火源与可燃物工艺装置之间距离太小；

（6）有地形障碍。

3. 结构

（1）支撑物、门、墙等不是防火结构；

（2）电气设备无防护措施；

（3）防爆通风换气能力不足；

（4）控制和管理的指示装置无防护措施；

（5）装置基础薄弱。

4. 对加工物质的危险性认识不足

（1）在装置中原料混合，在催化剂作用下自然分解；

（2）对处理的气体、粉尘等在其工艺条件下的爆炸范围不明确；

（3）没有充分掌握因误操作、控制不良而使工艺过程处于不正常状态时的物料和产品的详细情况。

5. 化工工艺

（1）没有足够的有关化学反应的动力学数据；

（2）对有危险的副反应认识不足；

（3）没有根据热力学研究确定爆炸能量；

（4）对工艺异常情况检测不够。

6. 物料输送

（1）各种单元操作时对物料流动不能进行良好控制；

（2）产品的标示不完全；

（3）风送装置内的粉尘爆炸；

（4）废气、废水和废渣的处理；

（5）装置内的装卸设施。

7. 误操作

（1）忽略关于运转和维修的操作教育；

（2）没有充分发挥管理人员的监督作用；

（3）开车、停车计划不适当；

（4）缺乏紧急停车的操作训练；

（5）没有建立操作人员和安全人员之间的协作体制。

8. 设备缺陷

（1）因选材不当而引起装置腐蚀、损坏；

（2）设备不完善，如缺少可靠的控制仪表等；

（3）材料的疲劳；

（4）对金属材料没有进行充分的无损探伤检查或没有经过专家验收；

（5）结构上有缺陷，如不能停车而无法定期检查或进行预防维修；

（6）设备在超过设计极限的工艺条件下运行；

（7）对运转中存在的问题或不完善的防灾措施没有及时改进；

（8）没有连续记录温度、压力、开停车情况及中间罐和受压罐内的压力变动。

9. 防灾计划不充分

（1）没有得到管理部门的大力支持；

（2）责任分工不明确；

（3）装置运行异常或故障仅由安全部门负责，只是单线起作用；

（4）没有预防事故的计划，或即使有也很差；

（5）遇有紧急情况未采取得力措施；

（6）没有实行由管理部门和生产部门共同进行的定期安全检查；

（7）没有对生产负责人和技术人员进行安全生产的继续教育和必要的防灾培训。

瑞士再保险公司统计了化学工业和石油工业的102起事故案例，分析了上述九类危险因素所起的作用，得到表5－2的统计结果。

表5-2　化学工业和石油工业的危险因素

类别	危险因素	危险因素的比例/%	
		化学工业	石油工业
1	工厂选址问题	3.5	7.0
2	工厂布局问题	2.0	12.0
3	结构问题	3.0	14.0
4	对加工物质的危险性认识不足	20.2	2.0
5	化工工艺问题	10.6	3.0
6	物料输送问题	4.4	4.0
7	误操作问题	17.2	10.0
8	设备缺陷问题	31.1	46.0
9	防灾计划不充分	8.0	2.0

由表5-2可以看出，设备缺陷问题是第一位的危险，若能消除此项危险因素，则化学工业和石油工业的安全就会得到有效改善。在化学工业中，“4”和“5”两类危险因素占较大比例。这是由以化学反应为主的化学工业的特征所决定的。在石油工业中，“2”和“3”两类危险因素占较大比例。

石油工业的特点是需要处理大量可燃物质，由于火灾、爆炸的能量很大，所以装置的安全间距和建筑物的防火层不适当时就会形成较大的危险。另外，误操作问题在两种工业危险中都占较大比例。操作人员的疏忽常常是两种工业事故的共同原因，而在化学工业中所占比重更大一些。在以化学反应为主体的装置中，操作失误常常是事故的重要原因。

二、日本炼油工业火灾爆炸事故分析

日本炼油工业中所发生的事故，可分为火灾、爆炸、泄漏、破损等几种。据统计，炼油厂发生的300起事故中，火灾、爆炸事故占52%；破损事故占13.64%，泄漏事故占20.63%，施工事故占

14.33%。这些事故大都是因为机械故障、破损、发生异常反应、生成或混入了异常产物和人为的操作失误等而引起的，而且多发生于装置（包括机械、设备）试车、开停工和正常运转时期。

火灾、爆炸事故是炼油厂最常见、发生率最高的一种事故。日本横滨国立大学名誉教授北川先生曾将这种事故分为三种类型六种情况：

（1）单纯着火型：①破损泄漏型——液体从破坏容器中漏出着火。②着火破坏型——危险物质着火而引起破坏。

（2）自然发热型：①剧烈反应型——在危险物质中，反应热蓄积而造成破坏。②自然着火型——在危险物质中，反应热蓄积而引起着火。

（3）蒸气爆炸型：①平衡破坏型——被破坏的容器中产生过热液体引起蒸气爆炸。②热转移型——接触高温物体产生过热液体产生蒸气爆炸。

炼油厂中发生火灾、爆炸的主要原因有五种：

（1）由于机械设备的破损、阀门的误操作使可燃性物质流出，在火源管理不善的情况下发生火灾、爆炸事故。静电火花也往往是事故发生的原因。

（2）反应热在危险物质中大量蓄积，某种分解爆炸性压缩气体或有机过氧化物等极敏感的物质进行剧烈的自身分解或反应激化而产生火灾爆炸事故。

（3）反应热在危险物质中大量蓄积，使自燃物自燃着火而产生火灾爆炸事故。

（4）容器内的有机液体或液化气等低沸点液体受聚合热或外部火的影响，温度上升，在容器内产生较高的蒸气压，在使容器开裂的同时，过热液体瞬间气化产生强烈爆炸而引起火灾爆炸事故。

（5）高温物质与水等液体接触时剧烈气化发生爆炸而引起火灾爆炸事故。

第六章　事故处理

第一节　责任追究

安全生产责任追究是指因安全生产责任者未履行安全生产有关法定责任，根据其行为的性质及后果的严重性，追究其责任的一种制度。在现行有关安全生产的法律、行政法规中，《刑法》、《安全生产法》及《工伤保险条例》等对安全生产违法行为的法律责任作出了规定。本节针对刑事责任、行政处罚、政纪处分、党纪处分和民事责任的内容作以下介绍。

一、安全生产违法行为的刑事责任

刑事责任，是指责任主体违反安全生产法律规定构成犯罪，由司法机关依照刑事法律给予刑罚的一种法律责任。《刑法》有关安全生产违法行为的罪名，主要是重大责任事故罪、重大劳动安全事故罪及消防责任事故罪等。《安全生产法》中也设定了刑事责任。

（一）重大责任事故罪

在生产、作业中违反有关安全管理的规定，因而发生重大伤亡事故或者造成其他严重后果的，处三年以下有期徒刑或者拘役；情节特别恶劣的，处三年以上七年以下有期徒刑。

强令他人违章冒险作业，因而发生重大伤亡事故或者造成其他严重后果的，处五年以下有期徒刑或者拘役；情节特别恶劣的，处五年以上有期徒刑。

（二）重大劳动安全事故罪

安全生产设施或者安全生产条件不符合国家规定，因而发生重大伤亡事故或者造成其他严重后果的，对直接负责的主管人员和其他直接责任人员，处三年以下有期徒刑或者拘役；情节特别恶劣的，处三年以上七年以下有期徒刑。

（三）消防责任事故罪

违反消防管理法规，经消防监督机构通知采取改正措施而拒绝执行，造成严重后果的，对直接责任人员，处三年以下有期徒刑或者拘役；后果特别严重的，处三年以上七年以下有期徒刑。

二、安全生产违法行为的行政处罚

行政处罚，是指特定的行政机关或法定授权组织、行政委托组织依法对违反行政管理秩序尚未构成犯罪的个人或组织给予的行政制裁。《安全生产违法行为行政处罚办法》针对安全生产违法行为设定的行政处罚有以下九类：警告；罚款；责令改正、责令限期改正、责令停止违法行为；没收违法所得；责令停产停业整顿、责令停产停业、责令停止建设、责令停止施工；暂扣或者吊销有关许可证，暂停或者撤销有关职业资格、岗位证书；关闭；拘留；安全生产法律、行政法规规定的其他行政处罚。

（1）生产经营单位的决策机构、主要负责人、个人经营的投资人未依法保证下列安全生产所必需的资金投入，致使生产经营单位不具备安全生产条件的，责令限期改正，提供必需的资金，并可以对生产经营单位处1万元以上3万元以下罚款，对生产经营单位的主要负责人、个人经营的投资人处5千元以上1万元以下罚款；逾期未改正的，责令生产经营单位停产停业整顿。

①未按规定缴存和使用安全生产风险抵押金的；

②未按规定足额提取和使用安全生产费用；

③未依法保证国家规定的其他安全生产所必需的资金投入的。

生产经营单位主要负责人、个人经营的投资人有上述违法行为，导致发生生产安全事故的，依照《生产安全事故报告和调查处理条例》的规定给予处罚。

（2）生产经营单位主要负责人未依法履行安全生产管理职责，导致发生生产安全事故的，依照《生产安全事故报告和调查处理条例》的规定给予处罚。

（3）生产经营单位及其主要负责人或者其他人员有下列行为之一的，给予警告，并可以对生产经营单位处1万元以上3万元以下罚款，对其主要负责人、其他相关人员处1千元以上1万元以下的罚款：

①违反操作规程或者安全管理规定作业的；

②违章指挥从业人员或者强令从业人员违章、冒险作业的；

③发现从业人员违章作业不加制止的；

④超过核定的生产能力、强度或者定员进行生产的；

⑤对被查封或者扣押的设施、设备、器材，擅自启封或者使用的；

⑥故意提供虚假情况或者隐瞒存在的事故隐患以及其他安全问题的；

⑦对事故预兆或者已发现的事故隐患不及时采取措施的；

⑧拒绝、阻碍安全生产行政执法人员监督检查的；

⑨拒绝、阻碍安全监管监察部门聘请的专家进行现场检查的；

⑩拒不执行安全监管监察部门及其行政执法人员的安全监管监察指令的。

（4）生产经营单位与从业人员订立协议，免除或者减轻其对从业人员因生产安全事故伤亡依法应承担的责任的，该协议无效；对生产经营单位的主要负责人、个人经营的投资人按照下列规定处以罚款：

①在协议中减轻因生产安全事故伤亡对从业人员依法应承担的责任的，处2万元以上5万元以下的罚款；

②在协议中免除因生产安全事故伤亡对从业人员依法应承担的

责任的，处5万元以上10万元以下的罚款。

（5）生产经营单位不具备法律、行政法规和国家标准、行业标准规定的安全生产条件，经责令停产停业整顿仍不具备安全生产条件的，安全监管监察部门应当提请有管辖权的人民政府予以关闭；人民政府决定关闭的，安全监管监察部门应当依法吊销其有关许可证。

三、安全生产违法违纪行为的政纪处分

政纪处分，是指国家行政机关依法对其违法违纪的工作人员，依照法定权限和程序实施的一种惩戒措施。针对政纪处分，《安全生产领域违法违纪行为政纪处分暂行规定》作出了以下规定：

（1）有安全生产领域违法违纪行为的企业、事业单位，对其直接负责的主管人员和其他直接责任人员，以及对有安全生产领域违法违纪行为的企业、事业单位工作人员中由国家行政机关任命的人员（以下统称有关责任人员），由监察机关或者任免机关按照管理权限，依法给予处分。

（2）国有企业及其工作人员有下列行为之一的，对有关责任人员，给予警告、记过或者记大过处分；情节较重的，给予降级、撤职或者留用察看处分；情节严重的，给予开除处分：

①未取得安全生产行政许可及相关证照或者不具备安全生产条件从事生产经营活动的；

②弄虚作假，骗取安全生产相关证照的；

③出借、出租、转让或者冒用安全生产相关证照的；

④未按照有关规定保证安全生产所必需的资金投入，导致产生重大安全隐患的；

⑤新建、改建、扩建工程项目的安全设施，不与主体工程同时设计、同时施工、同时投入生产和使用，或者未按规定审批、验收，擅自组织施工和生产的；

⑥被依法责令停产停业整顿、吊销证照、关闭的生产经营单

位，继续从事生产经营活动的。

（3）国有企业及其工作人员有下列行为之一，导致生产安全事故发生的，对有关责任人员，给予警告、记过或者记大过处分；情节较重的，给予降级、撤职或者留用察看处分；情节严重的，给予开除处分：

①对存在的重大安全隐患，未采取有效措施的；

②违章指挥，强令工人违章冒险作业的；

③未按规定进行安全生产教育和培训并经考核合格，允许从业人员上岗，致使违章作业的；

④制造、销售、使用国家明令淘汰或者不符合国家标准的设施、设备、器材或者产品的；

⑤超能力、超强度、超定员组织生产经营，拒不执行有关部门整改指令的；

⑥拒绝执法人员进行现场检查或者在被检查时隐瞒事故隐患，不如实反映情况的；

⑦有其他不履行或者不正确履行安全生产管理职责的。

（4）国有企业及其工作人员有下列行为之一的，对有关责任人员，给予记过或者记大过处分；情节较重的，给予降级、撤职或者留用察看处分；情节严重的，给予开除处分：

①对发生的生产安全事故瞒报、谎报或者拖延不报的；

②组织或者参与破坏事故现场、出具伪证或者隐匿、转移、篡改、毁灭有关证据，阻挠事故调查处理的；

③生产安全事故发生后，不及时组织抢救或者擅离职守的。

生产安全事故发生后逃匿的，给予开除处分。

（5）国有企业及其工作人员不执行或者不正确执行对事故责任人员作出的处理决定，或者擅自改变上级机关批复的对事故责任人员的处理意见的，对有关责任人员，给予警告、记过或者记大过处分；情节较重的，给予降级、撤职或者留用察看处分；情节严重的，给予开除处分。

（6）国有企业负责人及其配偶、子女及其配偶违反规定在煤矿等企业投资入股或者在安全生产领域经商办企业的，对由国家行政机关任命的人员，给予警告、记过或者记大过处分；情节较重的，给予降级、撤职或者留用察看处分；情节严重的，给予开除处分。

四、安全生产领域违法行为的党纪处分

党纪处分，是指党组织和党的纪检机关依照党纪处分条例的规定，对违纪的党员和党组织所适用的制裁方法。针对党纪处分，《安全生产领域违纪行为适用〈中国共产党纪律处分条例〉若干问题的解释》中作出了如下规定：

（1）党组织负责人在安全生产领域有下列情形之一的，并给党、国家和人民利益以及公共财产造成较大损失的，依照《中国共产党纪律处分条例》第 128 条规定处理。对负有直接责任者，给予警告或者严重警告处分。造成重大损失的，对负有直接责任者，给予撤销党内职务、留党察看或者开除党籍处分；负有主要领导责任者，给予严重警告、撤销党内职务或者留党察看处分；负有重要领导责任者，给予警告、严重警告或者撤销党内职务处分；造成巨大损失或者恶劣影响的，对有关责任者，依照规定加重处分：

①不执行党和国家安全生产方针政策和安全生产法律、法规、规章以及上级机关、主管部门有关安全生产的决定、命令、指示的；

②制定或者采取与党和国家安全生产方针政策以及安全生产法律、法规、规章相抵触的规定或措施，造成不良后果或者经上级机关、有关部门指出仍不改正的。

（2）国有企业（公司）和集体所有制企业（公司）的工作人员，违反安全生产作业方面的规定，并造成较大损失，有下列情形之一的，依照《中国共产党纪律处分条例》第 133 条规定处理。对负有直接责任者，给予严重警告或者撤销党内职务处分。造成重

大损失的，对负有直接责任者，给予留党察看或者开除党籍处分；负有主要领导责任者，给予撤销党内职务或者留党察看处分；负有重要领导责任者，给予警告、严重警告或者撤销党内职务处分；造成巨大损失或者恶劣影响的，对有关责任者，依照规定加重处分：

①对存在的重大安全隐患，未采取有效措施的；

②违章指挥，强令工人冒险作业的；

③未按规定进行安全生产教育和培训并经考核合格，允许从业人员上岗，致使违章作业的；

④超能力、超强度、超定员组织生产经营，拒不执行有关部门整改指令的。

其他企业（公司）的工作人员有上述规定情形的，依照上述规定酌情处理。

（3）国有企业（公司）和集体所有制企业（公司）的工作人员，违反有关安全生产行政许可的规定，有下列情形之一的，依照《中国共产党纪律处分条例》第 133 条规定处理［处理方式同（2）］：

①未取得安全生产行政许可及相关证照或者不具备安全生产条件从事生产经营活动的；

②弄虚作假，骗取安全生产相关证照的；

③出借、出租、转让或者冒用安全生产相关证照的；

④被依法责令停产停业整顿、吊销证照、关闭的生产经营单位，继续从事生产经营活动的。

其他企业（公司）的工作人员有前款规定情形的，依照前款的规定酌情处理。

（4）国有企业（公司）和集体所有制企业（公司）的工作人员，在安全生产、经营、管理等活动中有下列情形之一的，依照《中国共产党纪律处分条例》第 133 条规定处理［处理方式同（2）］：

①未按照有关规定保证安全生产所必需的资金投入，导致产生

重大安全隐患的；

②制造、销售、使用国家明令淘汰或者不符合国家标准的设施、设备、器材或者产品的；

③拒绝执法人员进行现场检查或者在被检查时隐瞒事故隐患，不如实反映情况的。

其他企业（公司）的工作人员有前款规定情形的，依照前款的规定酌情处理。

（5）国家机关工作人员的配偶、子女及其配偶违反规定在安全生产领域经商办企业的，对该国家机关工作人员依照《中国共产党纪律处分条例》第77条规定处理：情节较轻的，给予警告或者严重警告处分；情节较重的，给予撤销党内职务或者留党察看处分；情节严重的，给予开除党籍处分：

国有企业领导人员的配偶、子女及其配偶违反规定在企业投资入股或者在安全生产领域经商办企业的，党员利用职务上的便利，为其亲友的经营活动谋取利益的，或违反有关规定兼职或者兼职取酬的，依照上述规定处理。

（6）承担安全评价、培训、认证、资质验证、设计、检测、检验等工作的机构，出具虚假报告等与事实不符的文件材料的，依照《中国共产党纪律处分条例》第110条规定处理，追究主要责任者和其他直接责任人员的责任：情节较轻的，给予警告或者严重警告处分；情节较重的，给予撤销党内职务或者留党察看处分；情节严重的，给予开除党籍处分。

五、安全生产违法行为的民事责任

民事责任，是指责任主体违反安全生产法律规定造成民事损害，由人民法院依照民事法律强制其进行民事赔偿的一种法律责任。民事责任的追究是为了最大限度地维护当事人受到民事损害时享有获得民事赔偿的权利。《安全生产法》是我国安全生产法律、行政法规中唯一设定民事责任的法律，以下是针对民事责任的具体规定：

1. 生产经营单位将生产经营项目、场所、设备发包或者出租给不具备安全生产条件或者相应资质的单位或者个人的，导致发生生产安全事故给他人造成损害的，与承包方、承租方承担连带赔偿责任。

2. 生产经营单位发生生产安全事故造成人员伤亡、他人财产损失的，应当依法承担赔偿责任；拒不承担或者其负责人逃匿的，由人民法院依法强制执行。

生产安全事故的责任人未依法承担赔偿责任，经人民法院依法采取执行措施后，仍不能对受害人给予足额赔偿的，应当继续履行赔偿义务；受害人发现责任人有其他财产的，可以随时请求人民法院执行。

案例一：当地政府对特大生产安全事故隐瞒不报案

【案情】

某地一煤矿发生了一起特大透水事故，致使 80 多名井下作业的矿工遇难，直接经济损失 8000 多万元。事故发生后一天多，该矿矿长才将情况报告给分管矿业的副县长，并请求县里不要再往上报。副县长说："这事不要再向别人报告。"而后，副县长和县长商量，深感责任重大，一是"弄不好大家都死定了"，二是一旦该矿被查封，县里的财政收入将受到极大影响。经和其他县领导商量，决定将事故瞒报。副县长还要求矿长一定要"把内部稳住"，并授意对死者家属可以多给补偿，以封住他们的嘴。

此后，县里主要领导多次开会，研究如何封锁消息，应付检查。同时还在接受新闻采访时一口咬定"只是发生了透水事故，但没有死人"。由于县政府不报告事故并严密封锁消息，这起事故被隐瞒达半月之久，后来由于新闻单位接到匿名电话举报，经过艰难采访，事故消息才被披露出来。

国务院事故调查组经过 3 个月的事故调查，确认了事故发生的

时间、地点，查明了事故发生的原因、隐瞒事故的真相和有关人员的责任。经查，这是一起因非法采挖、以采代探、违章爆破引发透水的特大责任事故。

【问题】本案中，地方政府和有关责任人触犯法律的行为有哪些？

本案是一起非常典型的地方人民政府对特大生产安全事故隐瞒不报的案例。

生产经营单位发生生产安全事故后，有关地方人民政府接到报告后应当按照国家有关规定上报事故情况，《安全生产法》和其他有关法律、行政法规对此作出了明确规定。

《安全生产法》第 71 条规定，负有安全生产监督管理职责的部门和有关地方人民政府对事故情况不得隐瞒不报、谎报或者拖延不报。《国务院关于特大安全事故行政责任追究的规定》第 16 条规定，特大安全事故发生后，有关县（市、区）、市（地、州）和省、自治区、直辖市人民政府及有关部门应当按照国家规定的程序和时限立即上报，不得隐瞒不报、谎报或者拖延报告。这是地方人民政府的一项法定职责。

本案中，县政府有关领导人接到事故报告后，为了逃避责任（事后查明他们与矿主非法勾结，收受贿赂），与矿主串通一气，共谋对事故情况隐瞒不报，并采取措施封锁消息，致使事故被隐瞒长达半月之久，不仅违反了《安全生产法》等法律、行政法规的规定，而且性质极其严重，社会影响极其恶劣。对该县政府有关领导人必须予以严惩，依法追究其刑事责任。

案例二：地方人民政府不履行安全生产监督管理职责案

【案情】

某市是一个危险物品、矿山生产经营单位较为集中的地区，境内有 3 家煤矿、8 家烟花爆竹厂和 2 家酒精生产企业。

由于该市经济相对落后，有关生产单位经济效益普遍不好，在安全生产方面欠账较多，许多生产单位安全投入严重不足，设备老化，缺乏必要的安全措施，事故隐患严重。职工和社会群众多次向政府有关部门报告事故隐患，反映一些生产单位存在的安全问题，要求政府有关部门进行检查。

该市人民政府主要负责同志却认为，目前最重要的任务是促进经济发展，对生产经营单位进行检查，会影响企业生产经营，只要经济发展了，出点事儿也算不上什么，更何况也不会轻易出事。因此，对组织检查的事一直推托。某日，一家爆竹生产企业突然发生大爆炸，导致20多人死亡，30多人受伤，直接经济损失80多万元。这起事故正在调查处理期间，一家煤矿又发生了严重的井下瓦斯爆炸事故，造成40多名矿工死亡，直接经济损失200多万元。经调查查明，这两家生产单位平时安全生产管理松懈，事故隐患严重。该市人民政府连续3年未组织有关部门进行安全生产检查，致使这些问题无人过问，迟迟未得到解决，这是最终酿成特大事故的原因之一。

【问题】地方政府必须承担的安全生产职责有哪些？这两起事故中，地方政府违反法律规定的地方有哪些？

这是两起地方人民政府严重不负责任，不履行安全生产监督管理职责的案例。

地方各级人民政府对安全生产工作负有重要的职责。《安全生产法》第53条明确规定：“县级以上地方各级人民政府应当根据本行政区域内的安全生产状况，组织有关部门按照职责分工，对本行政区域内容易发生重大生产安全事故的生产经营单位进行严格检查；发现事故隐患，应当及时处理。”据此，依法组织有关部门对生产经营单位的安全生产状况进行严格检查，并及时处理安全生产事故隐患，是县级以上地方各级人民政府的一项法定职责。

本案中，该市有多家危险性很大的生产经营单位，安全生产状况也比较差，当地人民政府本该经常组织公安、安全监督管理、经

贸、质量监督等有关部门，对这些危险性较大的生产经营单位进行检查。可是，该市政府有关领导人却以影响发展经济为由，并且心存侥幸，在群众多次举报有关安全生产问题的情况下，不履行法定职责，连续三年不组织安全生产检查，致使有关问题越积越严重，造成特大生产安全事故的发生。因此，该市人民政府应当认真吸取事故教训，在领导经济发展的过程中真正贯彻“以人为本、安全第一”的原则，切实履行法律规定的安全生产监督管理职责，保障人民群众的生命和财产安全。这样才能为当地经济发展创造良好的环境，从长远上、根本上保证地方经济的发展。

案例三：乡镇煤矿拒绝、阻挠安监机构依法履行监督检查职责案

【案情】

某乡镇煤矿在安全生产方面存在较大问题，该矿多名职工打电话向当地煤矿安全监察办事处反映，煤矿安全监察办事处十分重视，决定派出监督检查人员对该煤矿进行全面的安全检查。在事先给该矿矿长打电话通知时，矿长当即表示：“我们是乡镇矿，只听县政府的，你们是管国家大矿的，管不着我们。请你们最好别来，来了我们也不接待。”当煤矿安全监察办事处的检查人员来到该矿时，发现该矿除两个传达室的老工人外，其他人都没了踪影，矿长办公室的门也紧锁着。

办事处的同志只好跟县政府联系。在县政府的过问下，该矿矿长才露了面，并命令工人回来上班。但矿长依然很不情愿，当检查人员向其询问有关安全生产工作情况时，矿长要么闭口不谈，要么东拉西扯。检查人员提出看看其有关账目，检查安全生产资金投入情况时，矿长以会计不在为由，拒不提供有关账目。同时，该矿长还授意有关人员“硬的不行，就来软的，就是不能说实话”。由于矿长的阻挠，使这次检查进行得非常艰难。

【问题】从相关法律的角度，论述本案中，与国家有关规定相

悖的地方有哪些?

这是一起生产经营单位拒绝、阻挠负有安全生产监督管理职责部门的监督检查人员依法履行监督检查职责的案件。

负有安全生产监督管理职责部门的监督检查人员依法履行监督检查职责，是代表国家执行公务的行为，具有强制性，任何生产经营单位都必须接受。否则，安全生产监督管理职责就无法落实，安全生产也就无法保障。

《安全生产法》第57条规定，生产经营单位对负有安全生产监督管理职责的检查人员依法履行监督检查职责，应当予以配合，不得拒绝、阻挠。也就是说，生产经营单位要允许监督检查人员进入本单位及其有关生产经营场所进行检查，要主动、如实地向监督检查人员提供本单位安全生产工作的有关情况，监督检查人员需要调阅有关资料时，生产经营单位要如实提供，对监督检查人员要求当场纠正的违法行为，应当立即纠正等。这是生产经营单位的一项法定义务，不得拒绝，也不得阻挠。

根据《煤矿安全监察条例》的规定，煤矿安全监察机关根据国务院规定的职权，对煤矿安全实施监察。近年来，国务院对煤矿安全监察体制进行了重大改革，专门设立了垂直管理的煤矿安全监察机构，负责煤矿安全监察工作。设在大中型矿区的煤矿安全监察办事处，是省煤矿安全监察机构的派出机构，依据国家煤矿安全监察局授予的权限，独立实施监察和相应的行政处罚。

该条例第3条还规定，煤矿安全监察机构依法行使职权，不受任何组织和个人的非法干涉。煤矿及其有关人员必须接受并配合煤矿安全监察机构依法实施的安全监察，不得拒绝、阻挠。因此，无论是国有煤矿还是乡镇煤矿，也无论是大矿还是小矿，都应当依据条例的规定接受煤矿安全监察机构依法实施的监察。

本案中，矿长先是以各种理由拒绝监督检查人员来检查，后来采取“空矿”的办法阻挠检查，不提供有关本单位安全生产工作的情况，不提供有关会计账目，还授意有关人员不得提供有关实际

情况。该矿长的行为，给煤矿安全监察机构的监督检查人员依法履行监督检查职责造成了很大的障碍，其性质是严重的，不仅违反了《安全生产法》的有关规定，也违反了《煤矿安全监察条例》的规定。鉴于该矿长并未使用暴力，尚不构成犯罪，可以依法追究其相应的行政责任。

案例四：安全评价机构出具虚假证明案

【案情】

某化工（集团）有限公司欲投资设立一家生产剧毒磷化物的工厂，委托某安全服务中心对其项目进行安全评价。该安全服务中心接受委托后，在对项目进行考察时发现了几个不能保障安全的因素：一是供水水源距离不符合国家规定；二是生产工艺不完全符合国家标准；三是储存管理人员不适应生产、储存工作的要求。集团公司筹建项目负责人对安全服务中心的考察人员说："你们拿了钱，只管好好办事就行了，照我们的意思来，其他的都好说。要不我们就换人。"

随后，集团公司将原定的报酬标准提高了1/3。安全中心明知有问题，但不愿意失去这个机会，便按照集团公司的意思，出具了筹建项目符合要求的安全评价报告。集团公司持这份安全评价报告向所在地的省人民政府经济贸易管理部门提出申请，省经济贸易管理部门在组织专家审查时，发现安全评价报告和其他有关材料存在一些疑点，经过进一步审查，发现安全评价报告严重失实，是一份虚假的报告。

【问题】本案中，安全评价机构应对哪些行为承担责任？安全评价机构在当前形势下，应发挥的作用和应秉持的原则有哪些？

这是一起安全生产中介服务机构与生产经营单位互相串通，出具虚假安全评价报告的案例。随着我国社会主义市场经济体制的进一步建立和完善，各类中介服务机构在经济生活中将发挥越来越重要的作用。安全生产中介服务机构，包括承担安全评价、认证、检测、检验的机构，是指接受生产经营单位的委托，为生产经营单位提供有关安全生产技术服务的机构。以前，这些服务职能主要是由有关行政管理部门直接承担的。随着改革的深化和政企分开、政事分开，相关的安全生产技术服务职能将主要由有关安全生产中介机构承担。可以说，安全生产中介机构无论对生产经营单位的安全生产管理工作，还是对政府有关部门的安全生产监督管理工作，都有十分重要的意义。安全生产中介机构出具的证明，是生产经营单位和负有安全生产监督管理职责的部门进行有关安全生产决策的重要依据，一些法律、行政法规也规定进行相关的生产经营活动应当有相应的安全评价、检测、检验证明。

例如，《危险化学品安全管理条例》第 9 条规定，设立危险化学品生产企业，应当向省、自治区、直辖市人民政府经济贸易管理部门提出申请，并提供包括安全评价在内的一系列文件。第 17 条规定，生产、储存、使用剧毒化学品的单位，应当每年对其生产、储存装置进行一次安全评价；安全评价报告应当对生产、储存装置存在的安全问题提出整改方案。安全评价报告应当报所在地设区的市级人民政府负责危险化学品安全生产监督管理综合工作的部门备案。

鉴于安全生产中介服务机构出具的证明在安全生产工作中的重要作用，其是否客观、真实，直接影响到有关安全生产决策的科学性与合理性，进而影响到能否切实保障安全生产，因此，《安全生产法》第 62 条明确规定，承担安全评价、认证、检测、检验的机构应当具备国家规定的条件，并对其作出的安全评价、认证、检测、检验的结果负责。这一规定旨在明确安全生产中介服务机构的责任，增强其责任心。

因此，安全生产中介服务机构必须保证其出具的证明客观、真实，否则，就应当依法承担相应的法律责任。因此，造成重大事故，构成犯罪的，依法追究其刑事责任，并撤销其相应资格。

本案中，化工集团公司委托安全生产服务中心进行安全评价，

是符合法律规定的。但是，在安全生产服务中心发现筹建项目的问题后，化工集团为了尽快取得审批，不是采取措施予以改进，而授意安全服务中心提供虚假的安全评价报告；安全服务中心不坚持原则，为了一时的经济利益，按照委托单位的授意出具了虚假的评价报告，这是典型的互相串通，出具虚假证明，严重违反了《安全生产法》的上述规定。鉴于该虚假安全评价报告被管理部门及时发现，没有造成严重后果，因此，尚不够追究刑事责任。但必须予以相应的行政处罚，没收安全生产服务中心的违法所得，并处以相应数额的罚款，同时撤销其从事安全生产技术服务工作的资格。

案例五：轮船颠覆事故

【案情】

某县个体户王某，见本村附近河流上营运的客运渡轮公司的生意红火，十分眼馋。急于发财的王某未经有关部门审批，便将自己平时用于捕鱼的一艘木船稍加改造，加了几个木凳，以低于渡轮公司50%的价格招揽生意。附近村民贪图便宜，纷纷乘坐王某的“客船”，一艘本来最多装15个人的木船，经常是满载30多名村民在河上行驶。

有一次因为载员过多，船尚未离岸，船体即发生严重倾斜，但王某只是让几个人下船，便又继续开船了。村中不少居民就此事向县港航监督机构反映，希望他们予以查处，保护群众生命安全。县港航监督机构对此事进行了调查，准备作出处理。王某闻讯后，向主管此事的一位科长送去1000元现金，事情不了了之。后虽经群众多次反映，但一直没有结果。

某日，王某又驾着满载30多名乘客的木船出发了，行至河中心，一名乘客忽然大叫“钱包掉河里了”，引起船上骚动。由于严重超载，导致木船颠覆，乘客全部落水。由于船上无救生设备，造成24人死亡，仅10多人生还，王某侥幸逃生。

【问题】针对这起事故，应该追究的主要责任人有哪些？

这是一起负有安全生产监督管理职责的部门不依法履行职责，对未依法取得批准的单位擅自从事有关活动，接到举报后不立即予以取缔并依法处理的案件。

《安全生产法》第9条规定，对未依法取得批准或者验收合格单位擅自从事有关活动的，负责行政审批的部门发现或者接到举报后应当立即予以取缔，并依法予以处理。未依法取得批准擅自从事有关活动的，是一种严重的违法行为，对安全生产来说也是一个严重的威胁。因此，这种行为应当作为有关部门打击的重点。对此类情况，无论是有关部门在日常监督检查中发现的，还是经有关单位或者个人举报的，有关部门都应当立即对其予以取缔，并依法作出处理，包括给予行政处罚，情节严重构成犯罪的，还应移送司法机关追究其刑事责任。

本案中，王某未经批准，擅自从事水上客运活动，其行为是严重违法的。经村民举报后，县港航监督机构本应将其立即取缔，并作出处理，但因该部门的一名主管人员接受贿赂，徇私枉法，致使王某未受到任何处理，继续非法从事有关活动，最终酿成特大生产安全事故。因此，该县港航监督机构的行为违反了法律的有关规定，对主管人员应当追究其刑事责任。

案例六：重庆綦江县虹桥特大坍塌事故

【案情】

1999年1月4日，重庆綦江县虹桥发生特大坍塌事故，导致40人死亡，14人受伤，造成直接经济损失631万元。事故相关责任人受到法律处理，即綦江县县长、县委书记张开科被重庆市第一中级人民法院判处无期徒刑，县委副书记林世元被判处死刑，缓期两年执行，相关责任人也受到了相应的行政处分。

【问题】我国安全事故行政责任处罚的法规有哪些?

（1）刑事责任处罚的法律主要是《刑法》刑期一般为3～7年。

（2）安全事故罪的刑事处罚最高力度一般是3～7年。

（3）行政责任处罚的法规主要有《安全生产法》、《职业病防治法》、《特大安全事故的行政责任追究规定》、《安全生产违法行为处罚办法》等。

第二节　应急预案编制与演练

随着现代工业的发展，生产过程中涉及的有害物质和能量不断增大，一旦发生重大事故，很容易导致严重的生命、财产损失和环境破坏。由于各种原因，当事故的发生难以完全避免时，建立重大事故应急管理体系，组织及时有效的应急救援行动，已成为抵御事故风险或控制灾害蔓延、降低危害后果的关键手段。

一、事故应急救援预案概述

2009年3月20日，国家安全生产监督管理总局通过并公布了《生产安全事故应急预案管理办法》，对应急预案的编制、评审、备案和实施作了相关规定。2006年9月20日公布的《生产经营单位安全生产事故应急预案编制导则》（AQ/T 9002－2006）对应急预案应包含的内容和编制提出了明确要求。

生产经营单位应当根据有关法律、法规，结合本单位的危险源状况、危险性分析情况和可能发生的事故特点，制定相应的应急预案。生产经营单位的应急预案按照针对的情况不同，分为综合应急预案、专项应急预案和现场处置方案，如图6－1所示。

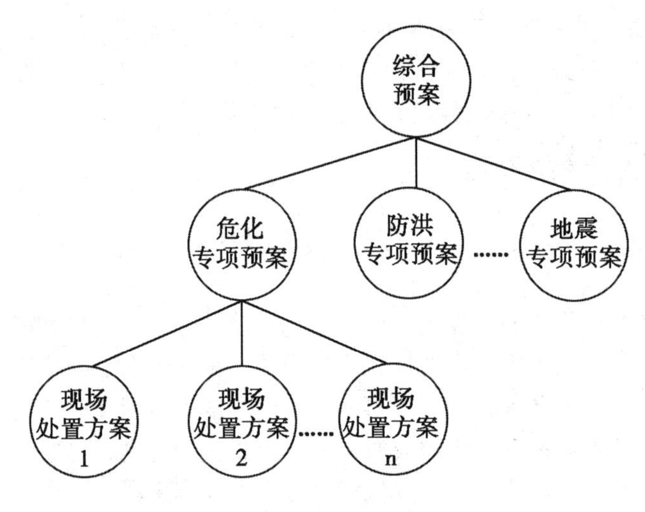

图6－1　事故应急预案的层次分类

（1）生产经营单位风险种类多、可能发生多种事故类型的，应当组织编制本单位的综合应急预案。综合应急预案应当包括本单位的应急组织机构及其职责、预案体系及响应程序、事故预防及应急保障、应急培训及预案演练等主要内容。

（2）对于某一种类的风险，生产经营单位应当根据存在的重大危险源和可能发生的事故类型，制定相应的专项应急预案。专项应急预案应当包括危险性分析、可能发生的事故特征、应急组织机构与职责、预防措施、应急处置程序和应急保障等内容。

（3）对于危险性较大的重点岗位，生产经营单位应当制定重点工作岗位的现场处置方案。现场处置方案应当包括危险性分析、可能发生的事故特征、应急处置程序、应急处置要点和注意事项等内容。

生产经营单位编制的综合应急预案、专项应急预案和现场处置方案之间应当相互衔接，并与所涉及的其他单位的应急预案相互衔接。

二、事故应急预案的编制

（一）应急预案的编制要求

应急预案的编制应当符合下列基本要求：

（1）符合有关法律、法规、规章和标准的规定；

（2）结合本地区、本部门、本单位的安全生产实际情况；

（3）结合本地区、本部门、本单位的危险性分析情况；

（4）应急组织和人员的职责分工明确，并有具体的落实措施；

（5）有明确、具体的事故预防措施和应急程序，并与其应急能力相适应；

（6）有明确的应急保障措施，并能满足本地区、本部门、本单位的应急工作要求；

（7）预案基本要素齐全、完整，预案附件提供的信息准确；

（8）预案内容与相关应急预案相互衔接。

（二）应急预案的编制过程

应急预案的编制应当包括以下六个过程：

（1）成立工作组。结合本单位部门职能分工，成立以单位主要负责人为领导的应急预案编制工作组，明确编制任务、职责分工、制订工作计划。

（2）资料收集。收集应急预案编制所需的各种资料（相关法律法规、应急预案、技术标准、国内外同行业事故案例分析、本单位技术资料等）。

（3）危险源与风险分析。在危险因素分析及事故隐患排查、治理的基础上，确定本单位的危险源、可能发生事故的类型和后果，进行事故风险分析，并指出事故可能产生的次生、衍生事故，形成分析报告，分析结果作为应急预案的编制依据。

（4）应急能力评估。对本单位应急装备、应急队伍等应急能力进行评估，并结合本单位实际，加强应急能力建设。

（5）应急预案编制。针对可能发生的事故，按照有关规定和要求编制应急预案。应急预案编制过程中，应注重全体人员的参与和培训，使所有与事故有关人员均掌握危险源的危险性、应急处置方案和技能。应急预案应充分利用社会应急资源，与地方政府预案、上级主管单位以及相关部门的预案相衔接。

（6）应急预案的评审与发布。评审由本单位主要负责人组织有关部门和人员进行。外部评审由上级主管部门或地方政府负责安全管理的部门组织审查。评审后，按规定报有关部门备案，并经生产经营单位主要负责人签署发布。

（三）应急预案的内容

应急预案是针对可能发生的重大事故所需的应急准备和应急响应行动而制定的指导性文件，其核心内容如下：

（1）对紧急情况或事故灾害及其后果的预测、辨识和评估。

（2）规定应急救援各方组织的详细职责。

（3）应急救援行动的指挥与协调。

（4）应急救援中可用的人员、设备、设施、物资、经费保障和其他资源，包括社会和外部援助资源等。

（5）在紧急情况或事故灾害发生时保护生命、财产和环境安全的措施。

（6）现场恢复。

（7）其他，如应急培训和演练，法律法规的要求等。

应急预案是整个应急管理体系的反映，它不仅包括事故发生过程中的应急响应和救援措施，而且还应包括事故发生前的各种应急准备和事故发生后的紧急恢复，以及预案的管理与更新等。因此，一个完善的应急预案按相应的过程可分为六个一级关键要素，包括：方针与原则；应急策划；应急准备；应急响应；现场恢复；预案管理与评审改进。这六个一级要素相互之间既相对独立，又紧密联系，从应急的方针、策划、准备、响应、恢复到预案的管理与评审改进，形成了一个有机联系并持续改进的体系结构。其中响应程序如图6－2所示。

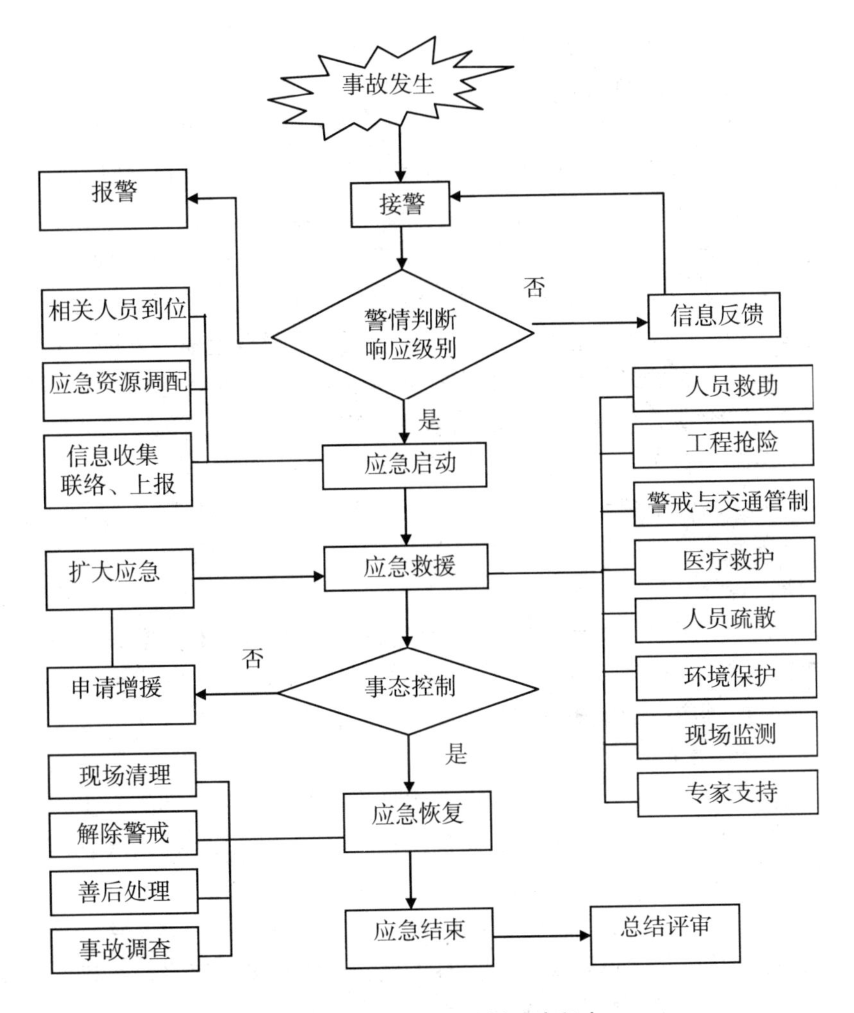

图6－2　事故应急救援响应程序

（四）应急预案的评审

首先，生产经营单位应当对本单位编制的应急预案进行论证。

其次，生产经营单位的应急预案经论证后，由生产经营单位主要负责人签署公布。

（五）应急预案的备案

中央管理的总公司（总厂、集团公司、上市公司）的综合应急预案和专项应急预案，报国务院国有资产监督管理部门、国务院安全生产监督管理部门和国务院有关主管部门备案；其所属单位的应急预案分别抄送所在地的省、自治区、直辖市或者设区的市人民政府安全生产监督管理部门和有关主管部门备案。

其他生产经营单位中涉及实行安全生产许可的，其综合应急预案和专项应急预案，按照隶属关系报所在地县级以上地方人民政府安全生产监督管理部门和有关主管部门备案；未实行安全生产许可的，其综合应急预案和专项应急预案的备案，由省、自治区、直辖市人民政府安全生产监督管理部门确定。

生产经营单位申请应急预案备案，应当提交以下材料：应急预案备案申请表；应急预案评审或者论证意见；应急预案文本及电子文档。

对于实行安全生产许可的生产经营单位，已经进行应急预案备案登记的，在申请安全生产许可证时，可以不提供相应的应急预案，仅提供应急预案备案登记表。

（六）应急预案的实施

首先，生产经营单位应当采取多种形式开展应急预案的宣传教育，普及生产安全事故预防、避险、自救和互救知识，提高从业人员安全意识和应急处置技能。

其次，生产经营单位应当组织开展本单位的应急预案培训活动，使有关人员了解应急预案内容，熟悉应急职责、应急程序和岗位应急处置方案。应急预案的要点和程序应当张贴在应急地点和应急指挥场所，并设有明显的标志。

再次，生产经营单位应当制订本单位的应急预案演练计划，根据本单位的事故预防重点，每年至少组织一次综合应急预案演练或者专项应急预案演练，每半年至少组织一次现场处置方案演练。

最后，生产经营单位发生事故后，应当及时启动应急预案，组

织有关力量进行救援，并按照规定将事故信息及应急预案启动情况报告安全生产监督管理部门和其他负有安全生产监督管理职责的部门。

（七）应急预案的修订

应急预案演练结束后，应急预案演练组织单位应当对应急预案演练效果进行评估，撰写应急预案演练评估报告，分析存在的问题，并对应急预案提出修订意见。

生产经营单位制定的应急预案应当至少每三年修订一次，预案修订情况应有记录并归档。

有下列情形之一的，应急预案应当及时修订：

（1）生产经营单位因兼并、重组、转制等导致隶属关系、经营方式、法定代表人发生变化的；

（2）生产经营单位生产工艺和技术发生变化的；

（3）周围环境发生变化，形成新的重大危险源的；

（4）应急组织指挥体系或者职责已经调整的；

（5）依据的法律、法规、规章和标准发生变化的；

（6）应急预案演练评估报告要求修订的；

（7）应急预案管理部门要求修订的。

生产经营单位应当及时向有关部门或者单位报告应急预案的修订情况，并按照有关应急预案报备程序重新备案。

生产经营单位应当按照应急预案的要求配备相应的应急物资及装备，建立使用状况档案，定期检测和维护，使其处于良好状态。

三、事故应急预案的演练

应急预案演练是检验、评价和保持应急能力的一个重要手段。其重要作用是可在事件或事故真正发生前暴露预案和程序的缺陷；发现应急资源的不足（包括人力和设备等）；改善各应急部门、机构、人员之间的协调，增强公众应对突发重大事件或事故救援的信心和应急意识，提高应急人员的熟练程度和技术水平；进一步明确各自的岗位与职责；提高各级预案之间的协调性；评估应急培训效果，分析培训需求，提高整体应急反应能力。

（一）应急演练类型

可采用不同规模的应急演练方法对应急预案的完整性和周密性进行评估，如桌面演练、功能演练和全面演练等。

1. 桌面演练

桌面演练，是指由应急组织的代表或关键岗位人员参加的，按照应急预案及其标准工作程序，讨论紧急情况时应采取行动的演练活动。桌面演练的特点是对演练情景进行口头演练，一般是在会议室内举行。主要作用是在没有时间压力的情况下，演练人员在检查和解决应急预案中问题的同时，获得一些建设性的讨论结果。主要目的是锻炼演练人员解决问题的能力，以及解决应急组织相互协作和职责划分的问题。

桌面演练一般仅限于有限的应急响应和内部协调活动，应急人员主要来自本地应急组织，事后一般采取口头评论形式收集参演人员的建议，并提交一份简短的书面报告，总结演练活动和提出有关改进应急响应工作的建议。桌面演练方法成本较低，主要为功能演练和全面演练做准备。

2. 功能演练

功能演练，是指针对某项应急响应功能或其中某些应急响应行动举行的演练活动。主要目的是针对应急响应功能，检验应急人员以及应急体系的策划和响应能力。演练地点主要集中在若干个应急指挥中心或现场指挥部举行，并开展有限的现场活动，调用有限的外部资源。

功能演练比桌面演练规模要大，需动员更多的应急人员和机构，因而协调工作的难度也随着更多应急响应组织的参与而加大。演练完成后，除采取口头评论形式外，还应向地方提交有关演练活动的书面汇报，提出改进建议。

3. 全面演练

全面演练，是指针对应急预案中全部或大部分应急响应功能，检验、评价应急组织应急运行能力的演练活动。全面演练一般要求持续几个小时，采取交互式方式进行，演练过程要求尽量真实，调用更多的应急人员和资源，并开展人员、设备及其他资源的实战性演练，以检验相互协调的应急响应能力。与功能演练类似，演练完成后，除采取口头评论、书面汇报外，还应提交正式的书面报告。

（二）应急演练类型的选择

应急演练的组织者或策划者在确定采取哪种类型的演练方法时，应考虑以下因素：

（1）应急预案和响应程序制定工作的进展情况；

（2）本辖区面临风险的性质和大小；

（3）本辖区现有应急响应能力；

（4）应急演练成本及资金筹措状况；

（5）有关政府部门对应急演练工作的态度；

（6）应急组织投入的资源状况；

（7）国家及地方政府部门颁布的有关应急演练的规定。

无论选择何种演练方法，应急演练方案必须与辖区重大事件或事故应急管理的需求和资源条件相适应。

（三）演练的参与人员

应急演练的参与人员包括参演人员、控制人员、模拟人员、评价人员和观摩人员，这五类人员在演练过程中都有着重要的作用，并且在演练过程中都应佩戴能表明其身份的识别符。

1. 参演人员

参演人员，是指在应急组织中承担具体任务，并在演练过程中尽可能对演练情景或模拟事件做出真实情景下可能采取的响应行动的人员，相当于通常所说的演员。参演人员所承担的具体任务主要包括：救助伤员或被困人员；保护财产或公众健康；获取并管理各类应急资源；与其他应急人员协同处理重大事故或紧急事件。

2. 控制人员

控制人员，是指根据演练情景，控制演练时间进度的人员。控制人员根据演练方案及演练计划的要求，引导参演人员按响应程序行动，并不断给出情况或消息，供参演的指挥人员进行判断、提出对策。其主要任务包括：确保规定的演练项目得到充分的演练，以利于评价工作的开展；确保演练活动的任务量和挑战性；确保演练的进度；解答参演人员的疑问，解决演练过程中出现的问题；保障演练过程的安全。

3. 模拟人员

模拟人员，是指演练过程中扮演、代替某些应急组织和服务部门的人员，或模拟紧急事件、事态发展的人员。其主要任务包括：扮演、替代正常情况或响应实际紧急事件时应与应急指挥中心、现场应急指挥所相互作用的机构或服务部门；模拟事故的发生过程，如释放烟雾、模拟气象条件、模拟泄漏等；模拟受害或受影响人员。

4. 评价人员

评价人员，是指负责观察演练进展情况并予以记录的人员。主要任务包括观察参演人员的应急行动，并记录其观察结果；在不干扰参演人员工作的情况下，协助控制人员确保演练按计划进行。

5. 观摩人员

观摩人员，是指来自有关部门、外部机构以及旁观演练过程的观众。

（四）应急演练实施过程

由于应急演练是由许多机构和组织共同参与的一系列行为和活动，因此，应急演练的组织与实施是一项非常复杂的任务，建立应急演练策划小组（或领导小组）是成功组织开展应急演练工作的关键。策划小组应由多种专业人员组成，包括来自消防、公安、医疗急救、应急管理、市政、学校、气象部门的人员，以及新闻媒体、企业、交通运输单位的代表等，必要时，军队、核事故应急组

织或机构也可派出人员参与策划小组。为确保演练的成功，参演人员不得参与策划小组，更不能参与演练方案的设计。

综合性应急演练的过程可划分为演练准备、演练实施和演练总结三个阶段，各阶段的基本任务如图 6－3 所示。

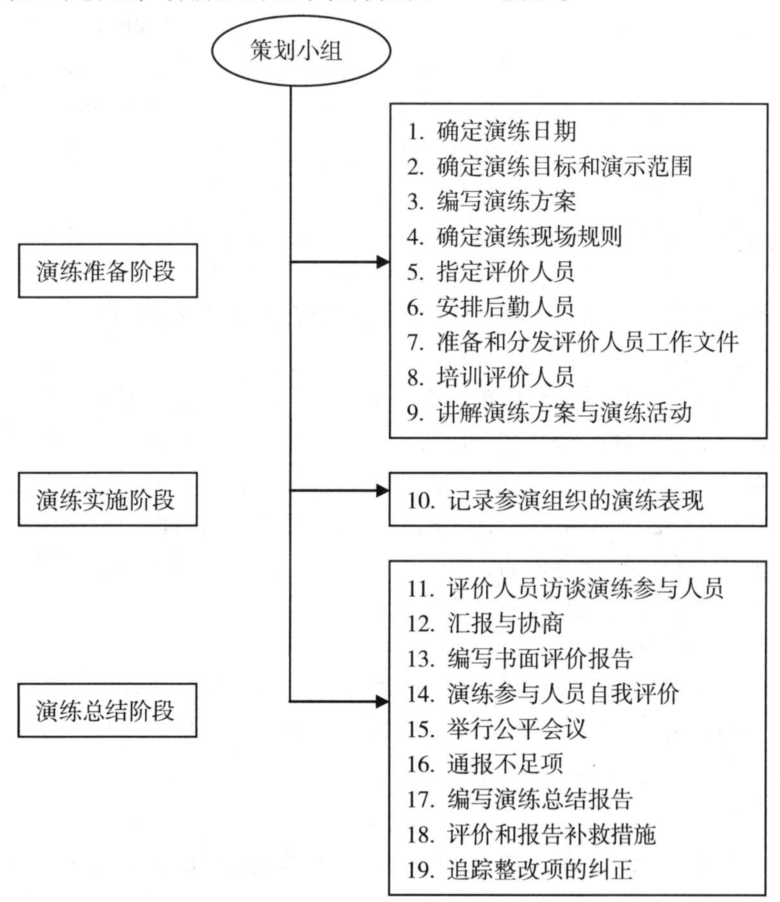

图 6－3　综合性应急预案实施的基本过程

（五）应急演练结果评价

应急演练结束后应对演练的效果作出评价，提交演练报告，并详细说明演练过程中发现的问题。按照对应急救援工作及时有效性的影响程度，将演练过程中发现的问题分为不足项、整改项和改进项。

1. 不足项

不足项，是指演练过程中观察或识别出的应急准备缺陷，可能导致在紧急事件发生时，不能确保应急组织或应急救援体系有能力采取合理应对措施，保护公众的安全与健康。不足项应在规定的时间内予以纠正。演练过程中发现的问题确定为不足项时，策划小组负责人应对该不足项进行详细说明，并给出应采取的纠正措施和完成时限。最有可能导致不足项的应急预案编制要素包括：职责分配，应急资源，警报、通报方法与程序，通信，事态评估，公众教育与公共信息，保护措施，应急人员安全和紧急医疗服务等。

2. 整改项

整改项，是指演练过程中观察或识别出的，单独不可能在应急救援中对公众的安全与健康造成不良影响的应急准备缺陷。整改项应在下次演练前予以纠正。在以下两种情况下，整改项可列为不足项：一是某个应急组织中存在两个以上整改项，共同作用可影响保护公众安全与健康能力的；二是某个应急组织在多次演练过程中，反复出现前次演练发现的整改项问题的。

3. 改进项

改进项，是指应急准备过程中应予改善的问题。改进项不同于不足项和整改项，它不会对人员安全与健康产生严重的影响，视情况予以改进，不必一定要求予以纠正。

案例：建筑施工单位不依法建立应急救援组织案

【案情】

某建筑施工单位有从业人员 1000 多人。该单位安全部门的负责人多次向主要负责人提出要建立应急救援组织。但单位负责人另有看法，认为建立这样一个组织，平时用不上，还得花钱养着，划

不来。真有了事情，可以向上级报告，请求他们给予支援就行了。由于单位主要负责人有这样的认识，该建筑施工单位一直没有建立应急救援组织。后来，有关部门在进行监督和检查时，责令该单位立即建立应急救援组织。

【问题】该单位的行为与《安全生产法》哪条规定有悖，建立应急救援组织有何作用？

这是一起建筑施工单位不依法建立应急救援组织的案件。

应急救援组织，是指单位内部建立的专门负责对事故进行抢救的组织。建立应急救援组织，对于发生生产安全事故后迅速、有效地进行抢救，避免事故进一步扩大，减少人员伤亡，降低经济损失具有重要的意义。

《安全生产法》第 69 条规定，危险物品的生产经营、储存单位以及矿山、建筑施工单位应当建立应急救援组织生产经营规模较小，可以不建立应急救援组织的，应当指定兼职的应急救援人员。按照一般原则，在市场经济条件下，法律不干预生产经营单位内部机构如何设立，这属于生产经营单位的自主营权的内容。但考虑到危险物品的生产、经营、储存单位以及矿山建筑施工单位的生产经营活动本身具有较大的危险性，容易发生生产安全事故，且一旦发生事故，造成的人员伤亡和财产损失较大。因此，《安全生产法》对这些单位有针对性地作出了一些特殊规定，即要求其建立应急救援组织。

本案中的建筑施工单位有 1000 多名从业人员，明显属于《安全生产法》第 69 条规定的应当建立应急救援组织的情况。但该单位主要负责人却不愿意在这方面进行必要的投资，只算经济账，不算安全账，不建立应急救援组织。这种行为是违反《安全生产法》上述有关规定的，有关负有安全生产监督管理职责的部门责令其予以纠正是正确的。

参考文献

［1］国务院法制办公室工交商事法制司，国家安全生产监督管理总局政策法规司．生产安全事故报告和调查处理条例释义．北京．中国市场出版社，2007

［2］国家安全生产监督管理总局．安全生产行政执法文书使用手册．北京．煤炭工业出版社，2010

［3］国家安全生产监督管理总局宣传教育中心．生产经营单位主要负责人和安全生产管理人员安全培训通用教材．徐州．中国矿业大学出版社，2008. 8

［4］中国安全生产协会注册安全工程师工作委员会，中国安全生产科学研究院．安全生产法及相关法律知识（2011 年版）．北京．中国大百科全书出版社，2011. 5

［5］中国安全生产协会注册安全工程师工作委员会，中国安全生产科学研究院．安全生产管理知识（2011 年版）．北京．中国大百科全书出版社，2011. 5

［6］王章学．重大责任事故调查与定罪量刑．北京．群众出版社，2002. 1

［7］王凯全，邵辉．事故理论与分析技术．北京．化学工业出版社，2004

［8］宋大成．职业事故分析——原因分析，统计分析，经济损失分析．北京．煤炭工业出版社，2008. 4

［9］蒋军成．事故调查与分析技术（第二版）．北京．化学工业出版社，2009. 8

［10］张利民，张峰，刘旭松．安全生产行政处罚实录．北京．冶金工业出版社，2010

附录

中华人民共和国安全生产法

（2002 年 6 月 29 日第九届全国人民代表大会常务委员会第二十八次会议通过
中华人民共和国主席令第七十号公布自 2002 年 11 月 1 日起施行）

第一章　总　　则

第一条　为了加强安全生产监督管理，防止和减少生产安全事故，保障人民群众生命和财产安全，促进经济发展，制定本法。

第二条　在中华人民共和国领域内从事生产经营活动的单位（以下统称生产经营单位）的安全生产，适用本法；有关法律、行政法规对消防安全和道路交通安全、铁路交通安全、水上交通安全、民用航空安全另有规定的，适用其规定。

第三条　安全生产管理，坚持安全第一、预防为主的方针。

第四条　生产经营单位必须遵守本法和其他有关安全生产的法律、法规，加强安全生产管理，建立、健全安全生产责任制度，完善安全生产条件，确保安全生产。

第五条　生产经营单位的主要负责人对本单位的安全生产工作全面负责。

第六条　生产经营单位的从业人员有依法获得安全生产保障的权利，并应当依法履行安全生产方面的义务。

第七条　工会依法组织职工参加本单位安全生产工作的民主管理和民主监督，维护职工在安全生产方面的合法权益。

第八条　国务院和地方各级人民政府应当加强对安全生产工作的领导，支持、督促各有关部门依法履行安全生产监督管理职责。

县级以上人民政府对安全生产监督管理中存在的重大问题应当及时予以协调、解决。

第九条　国务院负责安全生产监督管理的部门依照本法，对全国安全生产工作实施综合监督管理；县级以上地方各级人民政府负责安全生产监督管理的部门依照本法，对本行政区域内安全生产工作实施综合监督管理。

国务院有关部门依照本法和其他有关法律、行政法规的规定，在各自的职责范围内对有关的安全生产工作实施监督管理；县级以上地方各级人民政府有关部门依照本法和其他有关法律、法规的规定，在各自的职责范围内对有关的安全生产工作实施监督管理。

第十条　国务院有关部门应当按照保障安全生产的要求，依法及时制定有关的国家标准或者行业标准，并根据科技进步和经济发展适时修订。

生产经营单位必须执行依法制定的保障安全生产的国家标准或者行业标准。

第十一条　各级人民政府及其有关部门应当采取多种形式，加强对有关安全生产的法律、法规和安全生产知识的宣传，提高职工的安全生产意识。

第十二条　依法设立的为安全生产提供技术服务的中介机构，依照法律、行政法规和执业准则，接受生产经营单位的委托为其安全生产工作提供技术服务。

第十三条　国家实行生产安全事故责任追究制度，依照本法和有关法律、法规的规定，追究生产安全事故责任人员的法律责任。

第十四条　国家鼓励和支持安全生产科学技术研究和安全生产先进技术的推广应用，提高安全生产水平。

第十五条　国家对在改善安全生产条件、防止生产安全事故、参加抢险救护等方面取得显著成绩的单位和个人，给予奖励。

第二章　生产经营单位的安全生产保障

第十六条　生产经营单位应当具备本法和有关法律、行政法规和国家标准或者行业标准规定的安全生产条件；不具备安全生产条件的，不得从事生产经营活动。

第十七条　生产经营单位的主要负责人对本单位安全生产工作负有下列职责：

（一）建立、健全本单位安全生产责任制；

（二）组织制定本单位安全生产规章制度和操作规程；

（三）保证本单位安全生产投入的有效实施；

（四）督促、检查本单位的安全生产工作，及时消除生产安全事故隐患；

（五）组织制定并实施本单位的生产安全事故应急救援预案；

（六）及时、如实报告生产安全事故。

第十八条　生产经营单位应当具备的安全生产条件所必需的资金投入，由生产经营单位的决策机构、主要负责人或者个人经营的投资人予以保证，并对由于安全生产所必需的资金投入不足导致的后果承担责任。

第十九条　矿山、建筑施工单位和危险物品的生产、经营、储存单位，应当设置安全生产管理机构或者配备专职安全生产管理人员。

前款规定以外的其他生产经营单位，从业人员超过三百人的，应当设置安全生产管理机构或者配备专职安全生产管理人员；从业人员在三百人以下的，应当配备专职或者兼职的安全生产管理人员，或者委托具有国家规定的相关专业技术资格的工程技术人员提供安全生产管理服务。

生产经营单位依照前款规定委托工程技术人员提供安全生产管理服务的，保证安全生产的责任仍由本单位负责。

第二十条　生产经营单位的主要负责人和安全生产管理人员必

须具备与本单位所从事的生产经营活动相应的安全生产知识和管理能力。

危险物品的生产、经营、储存单位以及矿山、建筑施工单位的主要负责人和安全生产管理人员，应当由有关主管部门对其安全生产知识和管理能力考核合格后方可任职。考核不得收费。

第二十一条　生产经营单位应当对从业人员进行安全生产教育和培训，保证从业人员具备必要的安全生产知识，熟悉有关的安全生产规章制度和安全操作规程，掌握本岗位的安全操作技能。未经安全生产教育和培训合格的从业人员，不得上岗作业。

第二十二条　生产经营单位采用新工艺、新技术、新材料或者使用新设备，必须了解、掌握其安全技术特性，采取有效的安全防护措施，并对从业人员进行专门的安全生产教育和培训。

第二十三条　生产经营单位的特种作业人员必须按照国家有关规定经专门的安全作业培训，取得特种作业操作资格证书，方可上岗作业。

特种作业人员的范围由国务院负责安全生产监督管理的部门会同国务院有关部门确定。

第二十四条　生产经营单位新建、改建、扩建工程项目（以下统称建设项目）的安全设施，必须与主体工程同时设计、同时施工、同时投入生产和使用。安全设施投资应当纳入建设项目概算。

第二十五条　矿山建设项目和用于生产、储存危险物品的建设项目，应当分别按照国家有关规定进行安全条件论证和安全评价。

第二十六条　建设项目安全设施的设计人、设计单位应当对安全设施设计负责。

矿山建设项目和用于生产、储存危险物品的建设项目的安全设施设计应当按照国家有关规定报经有关部门审查，审查部门及其负责审查的人员对审查结果负责。

第二十七条　矿山建设项目和用于生产、储存危险物品的建设项目的施工单位必须按照批准的安全设施设计施工，并对安全设施的工程质量负责。

矿山建设项目和用于生产、储存危险物品的建设项目竣工投入生产或者使用前，必须依照有关法律、行政法规的规定对安全设施进行验收；验收合格后，方可投入生产和使用。验收部门及其验收人员对验收结果负责。

第二十八条　生产经营单位应当在有较大危险因素的生产经营场所和有关设施、设备上，设置明显的安全警示标志。

第二十九条　安全设备的设计、制造、安装、使用、检测、维修、改造和报废，应当符合国家标准或者行业标准。

生产经营单位必须对安全设备进行经常性维护、保养，并定期检测，保证正常运转。维护、保养、检测应当做好记录，并由有关人员签字。

第三十条　生产经营单位使用的涉及生命安全、危险性较大的特种设备，以及危险物品的容器、运输工具，必须按照国家有关规定，由专业生产单位生产，并经取得专业资质的检测、检验机构检测、检验合格，取得安全使用证或者安全标志，方可投入使用。检测、检验机构对检测、检验结果负责。

涉及生命安全、危险性较大的特种设备的目录由国务院负责特种设备安全监督管理的部门制定，报国务院批准后执行。

第三十一条　国家对严重危及生产安全的工艺、设备实行淘汰制度。

生产经营单位不得使用国家明令淘汰、禁止使用的危及生产安全的工艺、设备。

第三十二条　生产、经营、运输、储存、使用危险物品或者处置废弃危险物品的，由有关主管部门依照有关法律、法规的规定和国家标准或者行业标准审批并实施监督管理。

生产经营单位生产、经营、运输、储存、使用危险物品或者处置废弃危险物品，必须执行有关法律、法规和国家标准或者行业标准，建立专门的安全管理制度，采取可靠的安全措施，接受有关主管部门依法实施的监督管理。

第三十三条　生产经营单位对重大危险源应当登记建档，进行定期检测、评估、监控，并制定应急预案，告知从业人员和相关人员在紧急情况下应当采取的应急措施。

生产经营单位应当按照国家有关规定将本单位重大危险源及有关安全措施、应急措施报有关地方人民政府负责安全生产监督管理的部门和有关部门备案。

第三十四条　生产、经营、储存、使用危险物品的车间、商店、仓库不得与员工宿舍在同一座建筑物内，并应当与员工宿舍保持安全距离。

生产经营场所和员工宿舍应当设有符合紧急疏散要求、标志明显、保持畅通的出口。禁止封闭、堵塞生产经营场所或者员工宿舍的出口。

第三十五条　生产经营单位进行爆破、吊装等危险作业，应当安排专门人员进行现场安全管理，确保操作规程的遵守和安全措施的落实。

第三十六条　生产经营单位应当教育和督促从业人员严格执行本单位的安全生产规章制度和安全操作规程；并向从业人员如实告知作业场所和工作岗位存在的危险因素、防范措施以及事故应急措施。

第三十七条　生产经营单位必须为从业人员提供符合国家标准或者行业标准的劳动防护用品，并监督、教育从业人员按照使用规则佩戴、使用。

第三十八条　生产经营单位的安全生产管理人员应当根据本单位的生产经营特点，对安全生产状况进行经常性检查；对检查中发现的安全问题，应当立即处理；不能处理的，应当及时报告本单位有关负责人。检查及处理情况应当记录在案。

第三十九条　生产经营单位应当安排用于配备劳动防护用品、

进行安全生产培训的经费。

第四十条　两个以上生产经营单位在同一作业区域内进行生产经营活动，可能危及对方生产安全的，应当签订安全生产管理协议，明确各自的安全生产管理职责和应当采取的安全措施，并指定专职安全生产管理人员进行安全检查与协调。

第四十一条　生产经营单位不得将生产经营项目、场所、设备发包或者出租给不具备安全生产条件或者相应资质的单位或者个人。

生产经营项目、场所有多个承包单位、承租单位的，生产经营单位应当与承包单位、承租单位签订专门的安全生产管理协议，或者在承包合同、租赁合同中约定各自的安全生产管理职责；生产经营单位对承包单位、承租单位的安全生产工作统一协调、管理。

第四十二条　生产经营单位发生重大生产安全事故时，单位的主要负责人应当立即组织抢救，并不得在事故调查处理期间擅离职守。

第四十三条　生产经营单位必须依法参加工伤社会保险，为从业人员缴纳保险费。

第三章　从业人员的权利和义务

第四十四条　生产经营单位与从业人员订立的劳动合同，应当载明有关保障从业人员劳动安全、防止职业危害的事项，以及依法为从业人员办理工伤社会保险的事项。

生产经营单位不得以任何形式与从业人员订立协议，免除或者减轻其对从业人员因生产安全事故伤亡依法应承担的责任。

第四十五条　生产经营单位的从业人员有权了解其作业场所和工作岗位存在的危险因素、防范措施及事故应急措施，有权对本单位的安全生产工作提出建议。

第四十六条　从业人员有权对本单位安全生产工作中存在的问题提出批评、检举、控告；有权拒绝违章指挥和强令冒险作业。

生产经营单位不得因从业人员对本单位安全生产工作提出批评、检举、控告或者拒绝违章指挥、强令冒险作业而降低其工资、福利等待遇或者解除与其订立的劳动合同。

第四十七条　从业人员发现直接危及人身安全的紧急情况时，有权停止作业或者在采取可能的应急措施后撤离作业场所。

生产经营单位不得因从业人员在前款紧急情况下停止作业或者采取紧急撤离措施而降低其工资、福利等待遇或者解除与其订立的劳动合同。

第四十八条　因生产安全事故受到损害的从业人员，除依法享有工伤社会保险外，依照有关民事法律尚有获得赔偿的权利的，有权向本单位提出赔偿要求。

第四十九条　从业人员在作业过程中，应当严格遵守本单位的安全生产规章制度和操作规程，服从管理，正确佩戴和使用劳动防护用品。

第五十条　从业人员应当接受安全生产教育和培训，掌握本职工作所需的安全生产知识，提高安全生产技能，增强事故预防和应急处理能力。

第五十一条　从业人员发现事故隐患或者其他不安全因素，应当立即向现场安全生产管理人员或者本单位负责人报告；接到报告的人员应当及时予以处理。

第五十二条　工会有权对建设项目的安全设施与主体工程同时设计、同时施工、同时投入生产和使用进行监督，提出意见。

工会对生产经营单位违反安全生产法律、法规，侵犯从业人员合法权益的行为，有权要求纠正；发现生产经营单位违章指挥、强令冒险作业或者发现事故隐患时，有权提出解决的建议，生产经营单位应当及时研究答复；发现危及从业人员生命安全的情况时，有权向生产经营单位建议组织从业人员撤离危险场所，生产经营单位必须立即作出处理。

工会有权依法参加事故调查，向有关部门提出处理意见，并要求追究有关人员的责任。

第四章　安全生产的监督管理

第五十三条　县级以上地方各级人民政府应当根据本行政区域内的安全生产状况，组织有关部门按照职责分工，对本行政区域内容易发生重大生产安全事故的生产经营单位进行严格检查；发现事故隐患，应当及时处理。

第五十四条　依照本法第九条规定对安全生产负有监督管理职责的部门（以下统称负有安全生产监督管理职责的部门）依照有关法律、法规的规定，对涉及安全生产的事项需要审查批准（包括批准、核准、许可、注册、认证、颁发证照等，下同）或者验收的，必须严格依照有关法律、法规和国家标准或者行业标准规定的安全生产条件和程序进行审查；不符合有关法律、法规和国家标准或者行业标准规定的安全生产条件的，不得批准或者验收通过。对未依法取得批准或者验收合格的单位擅自从事有关活动的，负责行政审批的部门发现或者接到举报后应当立即予以取缔，并依法予以处理。对已经依法取得批准的单位，负责行政审批的部门发现其不再具备安全生产条件的，应当撤销原批准。

第五十五条　负有安全生产监督管理职责的部门对涉及安全生产的事项进行审查、验收，不得收取费用；不得要求接受审查、验收的单位购买其指定品牌或者指定生产、销售单位的安全设备、器材或者其他产品。

第五十六条　负有安全生产监督管理职责的部门依法对生产经营单位执行有关安全生产的法律、法规和国家标准或者行业标准的情况进行监督检查，行使以下职权：

（一）进入生产经营单位进行检查，调阅有关资料，向有关单位和人员了解情况。

（二）对检查中发现的安全生产违法行为，当场予以纠正或者要求限期改正；对依法应当给予行政处罚的行为，依照本法和其他有关法律、行政法规的规定作出行政处罚决定。

（三）对检查中发现的事故隐患，应当责令立即排除；重大事故隐患排除前或者排除过程中无法保证安全的，应当责令从危险区域内撤出作业人员，责令暂时停产停业或者停止使用；重大事故隐患排除后，经审查同意，方可恢复生产经营和使用。

（四）对有根据认为不符合保障安全生产的国家标准或者行业标准的设施、设备、器材予以查封或者扣押，并应当在十五日内依法作出处理决定。

监督检查不得影响被检查单位的正常生产经营活动。

第五十七条　生产经营单位对负有安全生产监督管理职责的部门的监督检查人员（以下统称安全生产监督检查人员）依法履行监督检查职责，应当予以配合，不得拒绝、阻挠。

第五十八条　安全生产监督检查人员应当忠于职守，坚持原则，秉公执法。

安全生产监督检查人员执行监督检查任务时，必须出示有效的监督执法证件；对涉及被检查单位的技术秘密和业务秘密，应当为其保密。

第五十九条　安全生产监督检查人员应当将检查的时间、地点、内容、发现的问题及其处理情况，作出书面记录，并由检查人员和被检查单位的负责人签字；被检查单位的负责人拒绝签字的，检查人员应当将情况记录在案，并向负有安全生产监督管理职责的部门报告。

第六十条　负有安全生产监督管理职责的部门在监督检查中，应当互相配合，实行联合检查；确需分别进行检查的，应当互通情况，发现存在的安全问题应当由其他有关部门进行处理的，应当及时移送其他有关部门并形成记录备查，接受移送的部门应当及时进行处理。

第六十一条　监察机关依照行政监察法的规定，对负有安全生产监督管理职责的部门及其工作人员履行安全生产监督管理职责实施监察。

第六十二条　承担安全评价、认证、检测、检验的机构应当具备国家规定的资质条件，并对其作出的安全评价、认证、检测、检验的结果负责。

第六十三条　负有安全生产监督管理职责的部门应当建立举报制度，公开举报电话、信箱或者电子邮件地址，受理有关安全生产的举报；受理的举报事项经调查核实后，应当形成书面材料；需要落实整改措施的，报经有关负责人签字并督促落实。

第六十四条　任何单位或者个人对事故隐患或者安全生产违法行为，均有权向负有安全生产监督管理职责的部门报告或者举报。

第六十五条　居民委员会、村民委员会发现其所在区域内的生产经营单位存在事故隐患或者安全生产违法行为时，应当向当地人民政府或者有关部门报告。

第六十六条　县级以上各级人民政府及其有关部门对报告重大事故隐患或者举报安全生产违法行为的有功人员，给予奖励。具体奖励办法由国务院负责安全生产监督管理的部门会同国务院财政部门制定。

第六十七条　新闻、出版、广播、电影、电视等单位有进行安全生产宣传教育的义务，有对违反安全生产法律、法规的行为进行舆论监督的权利。

第五章　生产安全事故的应急救援与调查处理

第六十八条　县级以上地方各级人民政府应当组织有关部门制定本行政区域内特大生产安全事故应急救援预案，建立应急救援体系。

第六十九条　危险物品的生产、经营、储存单位以及矿山、建筑施工单位应当建立应急救援组织；生产经营规模较小，可以不建立应急救援组织的，应当指定兼职的应急救援人员。

危险物品的生产、经营、储存单位以及矿山、建筑施工单位应当配备必要的应急救援器材、设备，并进行经常性维护、保养，保证正常运转。

第七十条　生产经营单位发生生产安全事故后，事故现场有关人员应当立即报告本单位负责人。

单位负责人接到事故报告后，应当迅速采取有效措施，组织抢救，防止事故扩大，减少人员伤亡和财产损失，并按照国家有关规定立即如实报告当地负有安全生产监督管理职责的部门，不得隐瞒不报、谎报或者拖延不报，不得故意破坏事故现场、毁灭有关证据。

第七十一条　负有安全生产监督管理职责的部门接到事故报告后，应当立即按照国家有关规定上报事故情况。负有安全生产监督管理职责的部门和有关地方人民政府对事故情况不得隐瞒不报、谎报或者拖延不报。

第七十二条　有关地方人民政府和负有安全生产监督管理职责的部门的负责人接到重大生产安全事故报告后，应当立即赶到事故现场，组织事故抢救。

任何单位和个人都应当支持、配合事故抢救，并提供一切便利条件。

第七十三条　事故调查处理应当按照实事求是、尊重科学的原则，及时、准确地查清事故原因，查明事故性质和责任，总结事故教训，提出整改措施，并对事故责任者提出处理意见。事故调查和处理的具体办法由国务院制定。

第七十四条　生产经营单位发生生产安全事故，经调查确定为责任事故的，除了应当查明事故单位的责任并依法予以追究外，还应当查明对安全生产的有关事项负有审查批准和监督职责的行政部门的责任，对有失职、渎职行为的，依照本法第七十七条的规定追究法律责任。

第七十五条　任何单位和个人不得阻挠和干涉对事故的依法调查处理。

第七十六条　县级以上地方各级人民政府负责安全生产监督管理的部门应当定期统计分析本行政区域内发生生产安全事故的情况，并定期向社会公布。

第六章　法律责任

第七十七条　负有安全生产监督管理职责的部门的工作人员，有下列行为之一的，给予降级或者撤职的行政处分；构成犯罪的，依照刑法有关规定追究刑事责任：

（一）对不符合法定安全生产条件的涉及安全生产的事项予以批准或者验收通过的；

（二）发现未依法取得批准、验收的单位擅自从事有关活动或者接到举报后不予取缔或者不依法予以处理的；

（三）对已经依法取得批准的单位不履行监督管理职责，发现其不再具备安全生产条件而不撤销原批准或者发现安全生产违法行为不予查处的。

第七十八条　负有安全生产监督管理职责的部门，要求被审查、验收的单位购买其指定的安全设备、器材或者其他产品的，在对安全生产事项的审查、验收中收取费用的，由其上级机关或者监察机关责令改正，责令退还收取的费用；情节严重的，对直接负责的主管人员和其他直接责任人员依法给予行政处分。

第七十九条　承担安全评价、认证、检测、检验工作的机构，出具虚假证明，构成犯罪的，依照刑法有关规定追究刑事责任；尚不够刑事处罚的，没收违法所得，违法所得在五千元以上的，并处违法所得二倍以上五倍以下的罚款，没有违法所得或者违法所得不足五千元的，单处或者并处五千元以上二万元以下的罚款，对其直接负责的主管人员和其他直接责任人员处五千元以上五万元以下的罚款；给他人造成损害的，与生产经营单位承担连带赔偿责任。

对有前款违法行为的机构，撤销其相应资格。

第八十条　生产经营单位的决策机构、主要负责人、个人经营的投资人不依照本法规定保证安全生产所必需的资金投入，致使生产经营单位不具备安全生产条件的，责令限期改正，提供必需的资金；逾期未改正的，责令生产经营单位停产停业整顿。

有前款违法行为，导致发生生产安全事故，构成犯罪的，依照刑法有关规定追究刑事责任；尚不够刑事处罚的，对生产经营单位的主要负责人给予撤职处分，对个人经营的投资人处二万元以上二十万元以下的罚款。

第八十一条　生产经营单位的主要负责人未履行本法规定的安全生产管理职责的，责令限期改正；逾期未改正的，责令生产经营单位停产停业整顿。

生产经营单位的主要负责人有前款违法行为，导致发生生产安全事故，构成犯罪的，依照刑法有关规定追究刑事责任；尚不够刑事处罚的，给予撤职处分或者处二万元以上二十万元以下的罚款。

生产经营单位的主要负责人依照前款规定受刑事处罚或者撤职处分的，自刑罚执行完毕或者受处分之日起，五年内不得担任任何生产经营单位的主要负责人。

第八十二条　生产经营单位有下列行为之一的，责令限期改正；逾期未改正的，责令停产停业整顿，可以并处二万元以下的罚款：

（一）未按照规定设立安全生产管理机构或者配备安全生产管理人员的；

（二）危险物品的生产、经营、储存单位以及矿山、建筑施工单位的主要负责人和安全生产管理人员未按照规定经考核合格的；

（三）未按照本法第二十一条、第二十二条的规定对从业人员进行安全生产教育和培训，或者未按照本法第三十六条的规定如实告知从业人员有关的安全生产事项的；

（四）特种作业人员未按照规定经专门的安全作业培训并取得特种作业操作资格证书，上岗作业的。

第八十三条　生产经营单位有下列行为之一的，责令限期改正；逾期未改正的，责令停止建设或者停产停业整顿，可以并处五万元以下的罚款；造成严重后果，构成犯罪的，依照刑法有关规定追究刑事责任：

（一）矿山建设项目或者用于生产、储存危险物品的建设项目没有安全设施设计或者安全设施设计未按照规定报经有关部门审查同意的；

（二）矿山建设项目或者用于生产、储存危险物品的建设项目的施工单位未按照批准的安全设施设计施工的；

（三）矿山建设项目或者用于生产、储存危险物品的建设项目竣工投入生产或者使用前，安全设施未经验收合格的；

（四）未在有较大危险因素的生产经营场所和有关设施、设备上设置明显的安全警示标志的；

（五）安全设备的安装、使用、检测、改造和报废不符合国家标准或者行业标准的；

（六）未对安全设备进行经常性维护、保养和定期检测的；

（七）未为从业人员提供符合国家标准或者行业标准的劳动防护用品的；

（八）特种设备以及危险物品的容器、运输工具未经取得专业资质的机构检测、检验合格，取得安全使用证或者安全标志，投入使用的；

（九）使用国家明令淘汰、禁止使用的危及生产安全的工艺、设备的。

第八十四条　未经依法批准，擅自生产、经营、储存危险物品的，责令停止违法行为或者予以关闭，没收违法所得，违法所得十万元以上的，并处违法所得一倍以上五倍以下的罚款，没有违法所得或者违法所得不足十万元的，单处或者并处二万元以上十万元以下的罚款；造成严重后果，构成犯罪的，依照刑法有关规定追究刑事责任。

第八十五条　生产经营单位有下列行为之一的，责令限期改正；逾期未改正的，责令停产停业整顿，可以并处二万元以上十万元以下的罚款；造成严重后果，构成犯罪的，依照刑法有关规定追究刑事责任：

（一）生产、经营、储存、使用危险物品，未建立专门安全管理制度、未采取可靠的安全措施或者不接受有关主管部门依法实施的监督管理的；

（二）对重大危险源未登记建档，或者未进行评估、监控，或者未制定应急预案的；

（三）进行爆破、吊装等危险作业，未安排专门管理人员进行现场安全管理的。

第八十六条　生产经营单位将生产经营项目、场所、设备发包或者出租给不具备安全生产条件或者相应资质的单位或者个人的，责令限期改正，没收违法所得；违法所得五万元以上的，并处违法所得一倍以上五倍以下的罚款；没有违法所得或者违法所得不足五万元的，单处或者并处一万元以上五万元以下的罚款；导致发生生产安全事故给他人造成损害的，与承包方、承租方承担连带赔偿责任。

生产经营单位未与承包单位、承租单位签订专门的安全生产管理协议或者未在承包合同、租赁合同中明确各自的安全生产管理职责，或者未对承包单位、承租单位的安全生产统一协调、管理的，责令限期改正；逾期未改正的，责令停产停业整顿。

第八十七条　两个以上生产经营单位在同一作业区域内进行可能危及对方安全生产的生产经营活动，未签订安全生产管理协议或者未指定专职安全生产管理人员进行安全检查与协调的，责令限期改正；逾期未改正的，责令停产停业。

第八十八条　生产经营单位有下列行为之一的，责令限期改正；逾期未改正的，责令停产停业整顿；造成严重后果，构成犯罪的，依照刑法有关规定追究刑事责任：

（一）生产、经营、储存、使用危险物品的车间、商店、仓库与员工宿舍在同一座建筑内，或者与员工宿舍的距离不符合安全要求的；

（二）生产经营场所和员工宿舍未设有符合紧急疏散需要、标志明显、保持畅通的出口，或者封闭、堵塞生产经营场所或者员工宿舍出口的。

第八十九条　生产经营单位与从业人员订立协议，免除或者减轻其对从业人员因生产安全事故伤亡依法应承担的责任的，该协议无效；对生产经营单位的主要负责人、个人经营的投资人处二万元以上十万元以下的罚款。

第九十条　生产经营单位的从业人员不服从管理，违反安全生产规章制度或者操作规程的，由生产经营单位给予批评教育，依照有关规章制度给予处分；造成重大事故，构成犯罪的，依照刑法有关规定追究刑事责任。

第九十一条　生产经营单位主要负责人在本单位发生重大生产安全事故时，不立即组织抢救或者在事故调查处理期间擅离职守或者逃匿的，给予降职、撤职的处分，对逃匿的处十五日以下拘留；构成犯罪的，依照刑法有关规定追究刑事责任。

生产经营单位主要负责人对生产安全事故隐瞒不报、谎报或者拖延不报的，依照前款规定处罚。

第九十二条　有关地方人民政府、负有安全生产监督管理职责的部门，对生产安全事故隐瞒不报、谎报或者拖延不报的，对直接负责的主管人员和其他直接责任人员依法给予行政处分；构成犯罪的，依照刑法有关规定追究刑事责任。

第九十三条　生产经营单位不具备本法和其他有关法律、行政法规和国家标准或者行业标准规定的安全生产条件，经停产停业整顿仍不具备安全生产条件的，予以关闭；有关部门应当依法吊销其有关证照。

第九十四条　本法规定的行政处罚，由负责安全生产监督管理的部门决定；予以关闭的行政处罚由负责安全生产监督管理的部门报请县级以上人民政府按照国务院规定的权限决定；给予拘留的行政处罚由公安机关依照治安管理处罚条例的规定决定。有关法律、行政法规对行政处罚的决定机关另有规定的，依照其规定。

第九十五条　生产经营单位发生生产安全事故造成人员伤亡、他人财产损失的，应当依法承担赔偿责任；拒不承担或者其负责人逃匿的，由人民法院依法强制执行。

生产安全事故的责任人未依法承担赔偿责任，经人民法院依法采取执行措施后，仍不能对受害人给予足额赔偿的，应当继续履行赔偿义务；受害人发现责任人有其他财产的，可以随时请求人民法院执行。

第七章　附　　则

第九十六条　本法下列用语的含义：

危险物品，是指易燃易爆物品、危险化学品、放射性物品等能够危及人身安全和财产安全的物品。

重大危险源，是指长期地或者临时地生产、搬运、使用或者储存危险物品，且危险物品的数量等于或者超过临界量的单元（包括场所和设施）。

第九十七条　本法自2002年11月1日起施行。

生产安全事故报告和调查处理条例

（中华人民共和国国务院令［第493号］）

第一章　总　　则

第一条　为了规范生产安全事故的报告和调查处理，落实生产安全事故责任追究制度，防止和减少生产安全事故，根据《中华人民共和国安全生产法》和有关法律，制定本条例。

第二条　生产经营活动中发生的造成人身伤亡或者直接经济损失的生产安全事故的报告和调查处理，适用本条例；环境污染事故、核设施事故、国防科研生产事故的报告和调查处理不适用本条例。

第三条　根据生产安全事故（以下简称事故）造成的人员伤亡或者直接经济损失，事故一般分为以下等级：

（一）特别重大事故，是指造成30人以上死亡，或者100人以上重伤（包括急性工业中毒，下同），或者1亿元以上直接经济损失的事故；

（二）重大事故，是指造成10人以上30人以下死亡，或者50人以上100人以下重伤，或者5000万元以上1亿元以下直接经济损失的事故；

（三）较大事故，是指造成3人以上10人以下死亡，或者10人以上50人以下重伤，或者1000万元以上5000万元以下直接经济损失的事故；

（四）一般事故，是指造成3人以下死亡，或者10人以下重伤，或者1000万元以下直接经济损失的事故。

国务院安全生产监督管理部门可以会同国务院有关部门，制定事故等级划分的补充性规定。

本条第一款所称的“以上”包括本数，所称的“以下”不包括本数。

第四条　事故报告应当及时、准确、完整，任何单位和个人对事故不得迟报、漏报、谎报或者瞒报。

事故调查处理应当坚持实事求是、尊重科学的原则，及时、准确地查清事故经过、事故原因和事故损失，查明事故性质，认定事故责任，总结事故教训，提出整改措施，并对事故责任者依法追究责任。

第五条　县级以上人民政府应当依照本条例的规定，严格履行职责，及时、准确地完成事故调查处理工作。

事故发生地有关地方人民政府应当支持、配合上级人民政府或者有关部门的事故调查处理工作，并提供必要的便利条件。

参加事故调查处理的部门和单位应当互相配合，提高事故调查处理工作的效率。

第六条　工会依法参加事故调查处理，有权向有关部门提出处理意见。

第七条　任何单位和个人不得阻挠和干涉对事故的报告和依法调查处理。

第八条　对事故报告和调查处理中的违法行为，任何单位和个人有权向安全生产监督管理部门、监察机关或者其他有关部门举报，接到举报的部门应当依法及时处理。

第二章　事故报告

第九条　事故发生后，事故现场有关人员应当立即向本单位负责人报告；单位负责人接到报告后，应当于1小时内向事故发生地县级以上人民政府安全生产监督管理部门和负有安全生产监督管理职责的有关部门报告。

情况紧急时，事故现场有关人员可以直接向事故发生地县级以上人民政府安全生产监督管理部门和负有安全生产监督管理职责的有关部门报告。

第十条　安全生产监督管理部门和负有安全生产监督管理职责的有关部门接到事故报告后，应当依照下列规定上报事故情况，并通知公安机关、劳动保障行政部门、工会和人民检察院：

（一）特别重大事故、重大事故逐级上报至国务院安全生产监督管理部门和负有安全生产监督管理职责的有关部门；

（二）较大事故逐级上报至省、自治区、直辖市人民政府安全生产监督管理部门和负有安全生产监督管理职责的有关部门；

（三）一般事故上报至设区的市级人民政府安全生产监督管理部门和负有安全生产监督管理职责的有关部门。

安全生产监督管理部门和负有安全生产监督管理职责的有关部门依照前款规定上报事故情况，应当同时报告本级人民政府。国务院安全生产监督管理部门和负有安全生产监督管理职责的有关部门以及省级人民政府接到发生特别重大事故、重大事故的报告后，应当立即报告国务院。

必要时，安全生产监督管理部门和负有安全生产监督管理职责的有关部门可以越级上报事故情况。

第十一条　安全生产监督管理部门和负有安全生产监督管理职责的有关部门逐级上报事故情况，每级上报的时间不得超过2小时。

第十二条　报告事故应当包括下列内容：

（一）事故发生单位概况；

（二）事故发生的时间、地点以及事故现场情况；

（三）事故的简要经过；

（四）事故已经造成或者可能造成的伤亡人数（包括下落不明的人数）和初步估计的直接经济损失；

（五）已经采取的措施；

（六）其他应当报告的情况。

第十三条　事故报告后出现新情况的，应当及时补报。

自事故发生之日起30日内，事故造成的伤亡人数发生变化的，应当及时补报。道路交通事故、火灾事故自发生之日起7日内，事故造成的伤亡人数发生变化的，应当及时补报。

第十四条　事故发生单位负责人接到事故报告后，应当立即启动事故相应应急预案，或者采取有效措施，组织抢救，防止事故扩大，减少人员伤亡和财产损失。

第十五条　事故发生地有关地方人民政府、安全生产监督管理部门和负有安全生产监督管理职责的有关部门接到事故报告后，其负责人应当立即赶赴事故现场，组织事故救援。

第十六条　事故发生后，有关单位和人员应当妥善保护事故现场以及相关证据，任何单位和个人不得破坏事故现场、毁灭相关证据。

因抢救人员、防止事故扩大以及疏通交通等原因，需要移动事故现场物件的，应当做出标志，绘制现场简图并做出书面记录，妥善保存现场重要痕迹、物证。

第十七条　事故发生地公安机关根据事故的情况，对涉嫌犯罪的，应当依法立案侦查，采取强制措施和侦查措施。犯罪嫌疑人逃匿的，公安机关应当迅速追捕归案。

第十八条　安全生产监督管理部门和负有安全生产监督管理职责的有关部门应当建立值班制度，并向社会公布值班电话，受理事故报告和举报。

第三章　事故调查

第十九条　特别重大事故由国务院或者国务院授权有关部门组织事故调查组进行调查。

重大事故、较大事故、一般事故分别由事故发生地省级人民政府、设区的市级人民政府、县级人民政府负责调查。省级人民政府、设区的市级人民政府、县级人民政府可以直接组织事故调查组进行调查，也可以授权或者委托有关部门组织事故调查组进行调查。

未造成人员伤亡的一般事故，县级人民政府也可以委托事故发生单位组织事故调查组进行调查。

第二十条　上级人民政府认为必要时，可以调查由下级人民政府负责调查的事故。

自事故发生之日起30日内（道路交通事故、火灾事故自发生之日起7日内），因事故伤亡人数变化导致事故等级发生变化，依照本条例规定应当由上级人民政府负责调查的，上级人民政府可以另行组织事故调查组进行调查。

第二十一条　特别重大事故以下等级事故，事故发生地与事故发生单位不在同一个县级以上行政区域的，由事故发生地人民政府负责调查，事故发生单位所在地人民政府应当派人参加。

第二十二条　事故调查组的组成应当遵循精简、效能的原则。

根据事故的具体情况，事故调查组由有关人民政府、安全生产监督管理部门、负有安全生产监督管理职责的有关部门、监察机关、公安机关以及工会派人组成，并应当邀请人民检察院派人参加。

事故调查组可以聘请有关专家参与调查。

第二十三条　事故调查组成员应当具有事故调查所需要的知识和专长，并与所调查的事故没有直接利害关系。

第二十四条　事故调查组组长由负责事故调查的人民政府指定。事故调查组组长主持事故调查组的工作。

第二十五条　事故调查组履行下列职责：

（一）查明事故发生的经过、原因、人员伤亡情况及直接经济损失；

（二）认定事故的性质和事故责任；

（三）提出对事故责任者的处理建议；

（四）总结事故教训，提出防范和整改措施；

（五）提交事故调查报告。

第二十六条　事故调查组有权向有关单位和个人了解与事故有关的情况，并要求其提供相关文件、资料，有关单位和个人不得拒绝。

事故发生单位的负责人和有关人员在事故调查期间不得擅离职守，并应当随时接受事故调查组的询问，如实提供有关情况。

事故调查中发现涉嫌犯罪的，事故调查组应当及时将有关材料或者其复印件移交司法机关处理。

第二十七条　事故调查中需要进行技术鉴定的，事故调查组应当委托具有国家规定资质的单位进行技术鉴定。必要时，事故调查组可以直接组织专家进行技术鉴定。技术鉴定所需时间不计入事故调查期限。

第二十八条　事故调查组成员在事故调查工作中应当诚信公正、恪尽职守，遵守事故调查组的纪律，保守事故调查的秘密。

未经事故调查组组长允许，事故调查组成员不得擅自发布有关事故的信息。

第二十九条　事故调查组应当自事故发生之日起60日内提交事故调查报告；特殊情况下，经负责事故调查的人民政府批准，提交事故调查报告的期限可以适当延长，但延长的期限最长不超过60日。

第三十条　事故调查报告应当包括下列内容：

（一）事故发生单位概况；

（二）事故发生经过和事故救援情况；

（三）事故造成的人员伤亡和直接经济损失；

（四）事故发生的原因和事故性质；

（五）事故责任的认定以及对事故责任者的处理建议；

（六）事故防范和整改措施。

事故调查报告应当附具有关证据材料。事故调查组成员应当在事故调查报告上签名。

第三十一条　事故调查报告报送负责事故调查的人民政府后，事故调查工作即告结束。事故调查的有关资料应当归档保存。

第四章　事故处理

第三十二条　重大事故、较大事故、一般事故，负责事故调查的人民政府应当自收到事故调查报告之日起15日内做出批复；特别重大事故，30日内做出批复，特殊情况下，批复时间可以适当延长，但延长的时间最长不超过30日。

有关机关应当按照人民政府的批复，依照法律、行政法规规定的权限和程序，对事故发生单位和有关人员进行行政处罚，对负有事故责任的国家工作人员进行处分。

事故发生单位应当按照负责事故调查的人民政府的批复，对本单位负有事故责任的人员进行处理。

负有事故责任的人员涉嫌犯罪的，依法追究刑事责任。

第三十三条　事故发生单位应当认真吸取事故教训，落实防范和整改措施，防止事故再次发生。防范和整改措施的落实情况应当接受工会和职工的监督。

安全生产监督管理部门和负有安全生产监督管理职责的有关部门应当对事故发生单位落实防范和整改措施的情况进行监督检查。

第三十四条　事故处理的情况由负责事故调查的人民政府或者其授权的有关部门、机构向社会公布，依法应当保密的除外。

第五章　法律责任

第三十五条　事故发生单位主要负责人有下列行为之一的，处上一年年收入40%至80%的罚款；属于国家工作人员的，并依法给予处分；构成犯罪的，依法追究刑事责任：

（一）不立即组织事故抢救的；

（二）迟报或者漏报事故的；

（三）在事故调查处理期间擅离职守的。

第三十六条　事故发生单位及其有关人员有下列行为之一的，对事故发生单位处100万元以上500万元以下的罚款；对主要负责人、直接负责的主管人员和其他直接责任人员处上一年年收入60%至100%的罚款；属于国家工作人员的，并依法给予处分；构成违反治安管理行为的，由公安机关依法给予治安管理处罚；构成犯罪的，依法追究刑事责任：

（一）谎报或者瞒报事故的；

（二）伪造或者故意破坏事故现场的；

（三）转移、隐匿资金、财产，或者销毁有关证据、资料的；

（四）拒绝接受调查或者拒绝提供有关情况和资料的；

（五）在事故调查中作伪证或者指使他人作伪证的；

（六）事故发生后逃匿的。

第三十七条　事故发生单位对事故发生负有责任的，依照下列规定处以罚款：

（一）发生一般事故的，处10万元以上20万元以下的罚款；

（二）发生较大事故的，处20万元以上50万元以下的罚款；

（三）发生重大事故的，处50万元以上200万元以下的罚款；

（四）发生特别重大事故的，处200万元以上500万元以下的罚款。

第三十八条　事故发生单位主要负责人未依法履行安全生产管理职责，导致事故发生的，依照下列规定处以罚款；属于国家工作人员的，并依法给予处分；构成犯罪的，依法追究刑事责任：

（一）发生一般事故的，处上一年年收入30%的罚款；

（二）发生较大事故的，处上一年年收入40%的罚款；

（三）发生重大事故的，处上一年年收入60%的罚款；

（四）发生特别重大事故的，处上一年年收入80%的罚款。

第三十九条　有关地方人民政府、安全生产监督管理部门和负有安全生产监督管理职责的有关部门有下列行为之一的，对直接负责的主管人员和其他直接责任人员依法给予处分；构成犯罪的，依法追究刑事责任：

（一）不立即组织事故抢救的；

（二）迟报、漏报、谎报或者瞒报事故的；

（三）阻碍、干涉事故调查工作的；

（四）在事故调查中作伪证或者指使他人作伪证的。

第四十条　事故发生单位对事故发生负有责任的，由有关部门依法暂扣或者吊销其有关证照；对事故发生单位负有事故责任的有关人员，依法暂停或者撤销其与安全生产有关的执业资格、岗位证书；事故发生单位主要负责人受到刑事处罚或者撤职处分的，自刑罚执行完毕或者受处分之日起，5 年内不得担任任何生产经营单位的主要负责人。

为发生事故的单位提供虚假证明的中介机构，由有关部门依法暂扣或者吊销其有关证照及其相关人员的执业资格；构成犯罪的，依法追究刑事责任。

第四十一条　参与事故调查的人员在事故调查中有下列行为之一的，依法给予处分；构成犯罪的，依法追究刑事责任：

（一）对事故调查工作不负责任，致使事故调查工作有重大疏漏的；

（二）包庇、袒护负有事故责任的人员或者借机打击报复的。

第四十二条　违反本条例规定，有关地方人民政府或者有关部门故意拖延或者拒绝落实经批复的对事故责任人的处理意见的，由监察机关对有关责任人员依法给予处分。

第四十三条　本条例规定的罚款的行政处罚，由安全生产监督管理部门决定。

法律、行政法规对行政处罚的种类、幅度和决定机关另有规定的，依照其规定。

第六章 附 则

第四十四条 没有造成人员伤亡，但是社会影响恶劣的事故，国务院或者有关地方人民政府认为需要调查处理的，依照本条例的有关规定执行。

国家机关、事业单位、人民团体发生的事故的报告和调查处理，参照本条例的规定执行。

第四十五条 特别重大事故以下等级事故的报告和调查处理，有关法律、行政法规或者国务院另有规定的，依照其规定。

第四十六条 本条例自 2007 年 6 月 1 日起施行。国务院 1989 年 3 月 29 日公布的《特别重大事故调查程序暂行规定》和 1991 年 2 月 22 日公布的《企业职工伤亡事故报告和处理规定》同时废止。

危险化学品安全管理条例

（2002 年 1 月 26 日中华人民共和国国务院令第 344 号公布
2011 年 2 月 16 日国务院第 144 次常务会议修订通过）

第一章　总　　则

第一条　为了加强危险化学品的安全管理，预防和减少危险化学品事故，保障人民群众生命财产安全，保护环境，制定本条例。

第二条　危险化学品生产、储存、使用、经营和运输的安全管理，适用本条例。

废弃危险化学品的处置，依照有关环境保护的法律、行政法规和国家有关规定执行。

第三条　本条例所称危险化学品，是指具有毒害、腐蚀、爆炸、燃烧、助燃等性质，对人体、设施、环境具有危害的剧毒化学品和其他化学品。

危险化学品目录，由国务院安全生产监督管理部门会同国务院工业和信息化、公安、环境保护、卫生、质量监督检验检疫、交通运输、铁路、民用航空、农业主管部门，根据化学品危险特性的鉴别和分类标准确定、公布，并适时调整。

第四条　危险化学品安全管理，应当坚持安全第一、预防为主、综合治理的方针，强化和落实企业的主体责任。

生产、储存、使用、经营、运输危险化学品的单位（以下统称危险化学品单位）的主要负责人对本单位的危险化学品安全管理工作全面负责。

危险化学品单位应当具备法律、行政法规规定和国家标准、行业标准要求的安全条件，建立、健全安全管理规章制度和岗位安全责任制度，对从业人员进行安全教育、法制教育和岗位技术培训。从业人员应当接受教育和培训，考核合格后上岗作业；对有资格要求的岗位，应当配备依法取得相应资格的人员。

第五条　任何单位和个人不得生产、经营、使用国家禁止生产、经营、使用的危险化学品。

国家对危险化学品的使用有限制性规定的，任何单位和个人不得违反限制性规定使用危险化学品。

第六条　对危险化学品的生产、储存、使用、经营、运输实施安全监督管理的有关部门（以下统称负有危险化学品安全监督管理职责的部门），依照下列规定履行职责：

（一）安全生产监督管理部门负责危险化学品安全监督管理综合工作，组织确定、公布、调整危险化学品目录，对新建、改建、扩建生产、储存危险化学品（包括使用长输管道输送危险化学品，下同）的建设项目进行安全条件审查，核发危险化学品安全生产许可证、危险化学品安全使用许可证和危险化学品经营许可证，并负责危险化学品登记工作。

（二）公安机关负责危险化学品的公共安全管理，核发剧毒化学品购买许可证、剧毒化学品道路运输通行证，并负责危险化学品运输车辆的道路交通安全管理。

（三）质量监督检验检疫部门负责核发危险化学品及其包装物、容器（不包括储存危险化学品的固定式大型储罐，下同）生产企业的工业产品生产许可证，并依法对其产品质量实施监督，负责对进出口危险化学品及其包装实施检验。

（四）环境保护主管部门负责废弃危险化学品处置的监督管理，组织危险化学品的环境危害性鉴定和环境风险程度评估，确定实施重点环境管理的危险化学品，负责危险化学品环境管理登记和新化学物质环境管理登记；依照职责分工调查相关危险化学品环境污染事故和生态破坏事件，负责危险化学品事故现场的应急环境监测。

（五）交通运输主管部门负责危险化学品道路运输、水路运输的许可以及运输工具的安全管理，对危险化学品水路运输安全实施监督，负责危险化学品道路运输企业、水路运输企业驾驶人员、船员、装卸管理人员、押运人员、申报人员、集装箱装箱现场检查员的资格认定。铁路主管部门负责危险化学品铁路运输的安全管理，负责危险化学品铁路运输承运人、托运人的资质审批及其运输工具的安全管理。民用航空主管部门负责危险化学品航空运输以及航空运输企业及其运输工具的安全管理。

（六）卫生主管部门负责危险化学品毒性鉴定的管理，负责组织、协调危险化学品事故受伤人员的医疗卫生救援工作。

（七）工商行政管理部门依据有关部门的许可证件，核发危险化学品生产、储存、经营、运输企业营业执照，查处危险化学品经营企业违法采购危险化学品的行为。

（八）邮政管理部门负责依法查处寄递危险化学品的行为。

第七条　负有危险化学品安全监督管理职责的部门依法进行监督检查，可以采取下列措施：

（一）进入危险化学品作业场所实施现场检查，向有关单位和人员了解情况，查阅、复制有关文件、资料；

（二）发现危险化学品事故隐患，责令立即消除或者限期消除；

（三）对不符合法律、行政法规、规章规定或者国家标准、行业标准要求的设施、设备、装置、器材、运输工具，责令立即停止使用；

（四）经本部门主要负责人批准，查封违法生产、储存、使用、经营危险化学品的场所，扣押违法生产、储存、使用、经营、运输的危险化学品以及用于违法生产、使用、运输危险化学品的原材料、设备、运输工具；

（五）发现影响危险化学品安全的违法行为，当场予以纠正或者责令限期改正。

负有危险化学品安全监督管理职责的部门依法进行监督检查，监督检查人员不得少于2人，并应当出示执法证件；有关单位和个人对依法进行的监督检查应当予以配合，不得拒绝、阻碍。

第八条　县级以上人民政府应当建立危险化学品安全监督管理工作协调机制，支持、督促负有危险化学品安全监督管理职责的部门依法履行职责，协调、解决危险化学品安全监督管理工作中的重大问题。

负有危险化学品安全监督管理职责的部门应当相互配合、密切协作，依法加强对危险化学品的安全监督管理。

第九条　任何单位和个人对违反本条例规定的行为，有权向负有危险化学品安全监督管理职责的部门举报。负有危险化学品安全监督管理职责的部门接到举报，应当及时依法处理；对不属于本部门职责的，应当及时移送有关部门处理。

第十条　国家鼓励危险化学品生产企业和使用危险化学品从事生产的企业采用有利于提高安全保障水平的先进技术、工艺、设备以及自动控制系统，鼓励对危险化学品实行专门储存、统一配送、集中销售。

第二章　生产、储存安全

第十一条　国家对危险化学品的生产、储存实行统筹规划、合理布局。

国务院工业和信息化主管部门以及国务院其他有关部门依据各自职责，负责危险化学品生产、储存的行业规划和布局。

地方人民政府组织编制城乡规划，应当根据本地区的实际情况，按照确保安全的原则，规划适当区域专门用于危险化学品的生产、储存。

第十二条　新建、改建、扩建生产、储存危险化学品的建设项目（以下简称建设项目），应当由安全生产监督管理部门进行安全条件审查。

建设单位应当对建设项目进行安全条件论证，委托具备国家规定的资质条件的机构对建设项目进行安全评价，并将安全条件论证和安全评价的情况报告报建设项目所在地设区的市级以上人民政府安全生产监督管理部门；安全生产监督管理部门应当自收到报告之日起45日内作出审查决定，并书面通知建设单位。具体办法由国务院安全生产监督管理部门制定。

新建、改建、扩建储存、装卸危险化学品的港口建设项目，由港口行政管理部门按照国务院交通运输主管部门的规定进行安全条件审查。

第十三条　生产、储存危险化学品的单位，应当对其铺设的危险化学品管道设置明显标志，并对危险化学品管道定期检查、检测。

进行可能危及危险化学品管道安全的施工作业，施工单位应当在开工的7日前书面通知管道所属单位，并与管道所属单位共同制定应急预案，采取相应的安全防护措施。管道所属单位应当指派专门人员到现场进行管道安全保护指导。

第十四条　危险化学品生产企业进行生产前，应当依照《安全生产许可证条例》的规定，取得危险化学品安全生产许可证。

生产列入国家实行生产许可证制度的工业产品目录的危险化学品的企业，应当依照《中华人民共和国工业产品生产许可证管理条例》的规定，取得工业产品生产许可证。

负责颁发危险化学品安全生产许可证、工业产品生产许可证的部门，应当将其颁发许可证的情况及时向同级工业和信息化主管部门、环境保护主管部门和公安机关通报。

第十五条　危险化学品生产企业应当提供与其生产的危险化学品相符的化学品安全技术说明书，并在危险化学品包装（包括外包装件）上粘贴或者拴挂与包装内危险化学品相符的化学品安全标签。化学品安全技术说明书和化学品安全标签所载明的内容应当符合国家标准的要求。

危险化学品生产企业发现其生产的危险化学品有新的危险特性的，应当立即公告，并及时修订其化学品安全技术说明书和化学品安全标签。

第十六条　生产实施重点环境管理的危险化学品的企业，应当按照国务院环境保护主管部门的规定，将该危险化学品向环境中释放等相关信息向环境保护主管部门报告。环境保护主管部门可以根据情况采取相应的环境风险控制措施。

第十七条　危险化学品的包装应当符合法律、行政法规、规章的规定以及国家标准、行业标准的要求。

危险化学品包装物、容器的材质以及危险化学品包装的形式、规格、方法和单件质量（重量），应当与所包装的危险化学品的性质和用途相适应。

第十八条　生产列入国家实行生产许可证制度的工业产品目录的危险化学品包装物、容器的企业，应当依照《中华人民共和国工业产品生产许可证管理条例》的规定，取得工业产品生产许可证；其生产的危险化学品包装物、容器经国务院质量监督检验检疫部门认定的检验机构检验合格，方可出厂销售。

运输危险化学品的船舶及其配载的容器，应当按照国家船舶检验规范进行生产，并经海事管理机构认定的船舶检验机构检验合格，方可投入使用。

对重复使用的危险化学品包装物、容器，使用单位在重复使用前应当进行检查；发现存在安全隐患的，应当维修或者更换。使用单位应当对检查情况作出记录，记录的保存期限不得少于2年。

第十九条　危险化学品生产装置或者储存数量构成重大危险源的危险化学品储存设施（运输工具加油站、加气站除外），与下列场所、设施、区域的距离应当符合国家有关规定：

（一）居住区以及商业中心、公园等人员密集场所；

（二）学校、医院、影剧院、体育场（馆）等公共设施；

（三）饮用水源、水厂以及水源保护区；

（四）车站、码头（依法经许可从事危险化学品装卸作业的除外）、机场以及通信干线、通信枢纽、铁路线路、道路交通干线、水路交通干线、地铁风亭以及地铁站出入口；

（五）基本农田保护区、基本草原、畜禽遗传资源保护区、畜禽规模化养殖场（养殖小区）、渔业水域以及种子、种畜禽、水产苗种生产基地；

（六）河流、湖泊、风景名胜区、自然保护区；

（七）军事禁区、军事管理区；

（八）法律、行政法规规定的其他场所、设施、区域。

已建的危险化学品生产装置或者储存数量构成重大危险源的危险化学品储存设施不符合前款规定的，由所在地设区的市级人民政府安全生产监督管理部门会同有关部门监督其所属单位在规定期限内进行整改；需要转产、停产、搬迁、关闭的，由本级人民政府决定并组织实施。

储存数量构成重大危险源的危险化学品储存设施的选址，应当避开地震活动断层和容易发生洪灾、地质灾害的区域。

本条例所称重大危险源，是指生产、储存、使用或者搬运危险化学品，且危险化学品的数量等于或者超过临界量的单元（包括场所和设施）。

第二十条　生产、储存危险化学品的单位，应当根据其生产、储存的危险化学品的种类和危险特性，在作业场所设置相应的监测、监控、通风、防晒、调温、防火、灭火、防爆、泄压、防毒、中和、防潮、防雷、防静电、防腐、防泄漏以及防护围堤或者隔离操作等安全设施、设备，并按照国家标准、行业标准或者国家有关规定对安全设施、设备进行经常性维护、保养，保证安全设施、设备的正常使用。

生产、储存危险化学品的单位，应当在其作业场所和安全设施、设备上设置明显的安全警示标志。

第二十一条　生产、储存危险化学品的单位，应当在其作业场所设置通信、报警装置，并保证处于适用状态。

第二十二条　生产、储存危险化学品的企业，应当委托具备国家规定的资质条件的机构，对本企业的安全生产条件每3年进行一次安全评价，提出安全评价报告。安全评价报告的内容应当包括对安全生产条件存在的问题进行整改的方案。

生产、储存危险化学品的企业，应当将安全评价报告以及整改方案的落实情况报所在地县级人民政府安全生产监督管理部门备案。在港区内储存危险化学品的企业，应当将安全评价报告以及整改方案的落实情况报港口行政管理部门备案。

第二十三条　生产、储存剧毒化学品或者国务院公安部门规定的可用于制造爆炸物品的危险化学品（以下简称易制爆危险化学品）的单位，应当如实记录其生产、储存的剧毒化学品、易制爆危险化学品的数量、流向，并采取必要的安全防范措施，防止剧毒化学品、易制爆危险化学品丢失或者被盗；发现剧毒化学品、易制爆危险化学品丢失或者被盗的，应当立即向当地公安机关报告。

生产、储存剧毒化学品、易制爆危险化学品的单位，应当设置治安保卫机构，配备专职治安保卫人员。

第二十四条　危险化学品应当储存在专用仓库、专用场地或者专用储存室（以下统称专用仓库）内，并由专人负责管理；剧毒化学品以及储存数量构成重大危险源的其他危险化学品，应当在专用仓库内单独存放，并实行双人收发、双人保管制度。

危险化学品的储存方式、方法以及储存数量应当符合国家标准或者国家有关规定。

第二十五条　储存危险化学品的单位应当建立危险化学品出入库核查、登记制度。

对剧毒化学品以及储存数量构成重大危险源的其他危险化学品，储存单位应当将其储存数量、储存地点以及管理人员的情况，报所在地县级人民政府安全生产监督管理部门（在港区内储存的，报港口行政管理部门）和公安机关备案。

第二十六条　危险化学品专用仓库应当符合国家标准、行业标准的要求，并设置明显的标志。储存剧毒化学品、易制爆危险化学品的专用仓库，应当按照国家有关规定设置相应的技术防范设施。

储存危险化学品的单位应当对其危险化学品专用仓库的安全设施、设备定期进行检测、检验。

第二十七条　生产、储存危险化学品的单位转产、停产、停业或者解散的，应当采取有效措施，及时、妥善处置其危险化学品生产装置、储存设施以及库存的危险化学品，不得丢弃危险化学品；处置方案应当报所在地县级人民政府安全生产监督管理部门、工业和信息化主管部门、环境保护主管部门和公安机关备案。安全生产监督管理部门应当会同环境保护主管部门和公安机关对处置情况进行监督检查，发现未依照规定处置的，应当责令其立即处置。

第三章　使用安全

第二十八条　使用危险化学品的单位，其使用条件（包括工艺）应当符合法律、行政法规的规定和国家标准、行业标准的要求，并根据所使用的危险化学品的种类、危险特性以及使用量和使用方式，建立、健全使用危险化学品的安全管理规章制度和安全操作规程，保证危险化学品的安全使用。

第二十九条　使用危险化学品从事生产并且使用量达到规定数量的化工企业（属于危险化学品生产企业的除外，下同），应当依照本条例的规定取得危险化学品安全使用许可证。

前款规定的危险化学品使用量的数量标准，由国务院安全生产监督管理部门会同国务院公安部门、农业主管部门确定并公布。

第三十条　申请危险化学品安全使用许可证的化工企业，除应当符合本条例第二十八条的规定外，还应当具备下列条件：

（一）有与所使用的危险化学品相适应的专业技术人员；

（二）有安全管理机构和专职安全管理人员；

（三）有符合国家规定的危险化学品事故应急预案和必要的应急救援器材、设备；

（四）依法进行了安全评价。

第三十一条　申请危险化学品安全使用许可证的化工企业，应当向所在地设区的市级人民政府安全生产监督管理部门提出申请，并提交其符合本条例第三十条规定条件的证明材料。设区的市级人民政府安全生产监督管理部门应当依法进行审查，自收到证明材料之日起45日内作出批准或者不予批准的决定。予以批准的，颁发危险化学品安全使用许可证；不予批准的，书面通知申请人并说明理由。

安全生产监督管理部门应当将其颁发危险化学品安全使用许可证的情况及时向同级环境保护主管部门和公安机关通报。

第三十二条　本条例第十六条关于生产实施重点环境管理的危险化学品的企业的规定，适用于使用实施重点环境管理的危险化学品从事生产的企业；第二十条、第二十一条、第二十三条第一款、第二十七条关于生产、储存危险化学品的单位的规定，适用于使用危险化学品的单位；第二十二条关于生产、储存危险化学品的企业的规定，适用于使用危险化学品从事生产的企业。

第四章　经营安全

第三十三条　国家对危险化学品经营（包括仓储经营，下同）实行许可制度。未经许可，任何单位和个人不得经营危险化学品。

依法设立的危险化学品生产企业在其厂区范围内销售本企业生产的危险化学品，不需要取得危险化学品经营许可。

依照《中华人民共和国港口法》的规定取得港口经营许可证的港口经营人，在港区内从事危险化学品仓储经营，不需要取得危险化学品经营许可。

第三十四条　从事危险化学品经营的企业应当具备下列条件：

（一）有符合国家标准、行业标准的经营场所，储存危险化学品的，还应当有符合国家标准、行业标准的储存设施；

（二）从业人员经过专业技术培训并经考核合格；

（三）有健全的安全管理规章制度；

（四）有专职安全管理人员；

（五）有符合国家规定的危险化学品事故应急预案和必要的应急救援器材、设备；

（六）法律、法规规定的其他条件。

第三十五条　从事剧毒化学品、易制爆危险化学品经营的企业，应当向所在地设区的市级人民政府安全生产监督管理部门提出申请，从事其他危险化学品经营的企业，应当向所在地县级人民政府安全生产监督管理部门提出申请（有储存设施的，应当向所在地设区的市级人民政府安全生产监督管理部门提出申请）。申请人应当提交其符合本条例第三十四条规定条件的证明材料。设区的市级人民政府安全生产监督管理部门或者县级人民政府安全生产监督管理部门应当依法进行审查，并对申请人的经营场所、储存设施进行现场核查，自收到证明材料之日起30日内作出批准或者不予批准的决定。予以批准的，颁发危险化学品经营许可证；不予批准的，书面通知申请人并说明理由。

设区的市级人民政府安全生产监督管理部门和县级人民政府安全生产监督管理部门应当将其颁发危险化学品经营许可证的情况及时向同级环境保护主管部门和公安机关通报。

申请人持危险化学品经营许可证向工商行政管理部门办理登记手续后，方可从事危险化学品经营活动。法律、行政法规或者国务院规定经营危险化学品还需要经其他有关部门许可的，申请人向工商行政管理部门办理登记手续时还应当持相应的许可证件。

第三十六条　危险化学品经营企业储存危险化学品的，应当遵守本条例第二章关于储存危险化学品的规定。危险化学品商店内只能存放民用小包装的危险化学品。

第三十七条　危险化学品经营企业不得向未经许可从事危险化

学品生产、经营活动的企业采购危险化学品，不得经营没有化学品安全技术说明书或者化学品安全标签的危险化学品。

第三十八条　依法取得危险化学品安全生产许可证、危险化学品安全使用许可证、危险化学品经营许可证的企业，凭相应的许可证件购买剧毒化学品、易制爆危险化学品。民用爆炸物品生产企业凭民用爆炸物品生产许可证购买易制爆危险化学品。

前款规定以外的单位购买剧毒化学品的，应当向所在地县级人民政府公安机关申请取得剧毒化学品购买许可证；购买易制爆危险化学品的，应当持本单位出具的合法用途说明。

个人不得购买剧毒化学品（属于剧毒化学品的农药除外）和易制爆危险化学品。

第三十九条　申请取得剧毒化学品购买许可证，申请人应当向所在地县级人民政府公安机关提交下列材料：

（一）营业执照或者法人证书（登记证书）的复印件；

（二）拟购买的剧毒化学品品种、数量的说明；

（三）购买剧毒化学品用途的说明；

（四）经办人的身份证明。

县级人民政府公安机关应当自收到前款规定的材料之日起3日内，作出批准或者不予批准的决定。予以批准的，颁发剧毒化学品购买许可证；不予批准的，书面通知申请人并说明理由。

剧毒化学品购买许可证管理办法由国务院公安部门制定。

第四十条　危险化学品生产企业、经营企业销售剧毒化学品、易制爆危险化学品，应当查验本条例第三十八条第一款、第二款规定的相关许可证件或者证明文件，不得向不具有相关许可证件或者证明文件的单位销售剧毒化学品、易制爆危险化学品。对持剧毒化学品购买许可证购买剧毒化学品的，应当按照许可证载明的品种、数量销售。

禁止向个人销售剧毒化学品（属于剧毒化学品的农药除外）和易制爆危险化学品。

第四十一条　危险化学品生产企业、经营企业销售剧毒化学品、易制爆危险化学品，应当如实记录购买单位的名称、地址、经办人的姓名、身份证号码以及所购买的剧毒化学品、易制爆危险化学品的品种、数量、用途。销售记录以及经办人的身份证明复印件、相关许可证件复印件或者证明文件的保存期限不得少于1年。

剧毒化学品、易制爆危险化学品的销售企业、购买单位应当在销售、购买后5日内，将所销售、购买的剧毒化学品、易制爆危险化学品的品种、数量以及流向信息报所在地县级人民政府公安机关备案，并输入计算机系统。

第四十二条　使用剧毒化学品、易制爆危险化学品的单位不得出借、转让其购买的剧毒化学品、易制爆危险化学品；因转产、停产、搬迁、关闭等确需转让的，应当向具有本条例第三十八条第一款、第二款规定的相关许可证件或者证明文件的单位转让，并在转让后将有关情况及时向所在地县级人民政府公安机关报告。

第五章　运输安全

第四十三条　从事危险化学品道路运输、水路运输的，应当分别依照有关道路运输、水路运输的法律、行政法规的规定，取得危险货物道路运输许可、危险货物水路运输许可，并向工商行政管理部门办理登记手续。

危险化学品道路运输企业、水路运输企业应当配备专职安全管理人员。

第四十四条　危险化学品道路运输企业、水路运输企业的驾驶人员、船员、装卸管理人员、押运人员、申报人员、集装箱装箱现场检查员应当经交通运输主管部门考核合格，取得从业资格。具体办法由国务院交通运输主管部门制定。

危险化学品的装卸作业应当遵守安全作业标准、规程和制度，并在装卸管理人员的现场指挥或者监控下进行。水路运输危险化学品的集装箱装箱作业应当在集装箱装箱现场检查员的指挥或者监控下进行，并符合积载、隔离的规范和要求；装箱作业完毕后，集装箱装箱现场检查员应当签署装箱证明书。

第四十五条　运输危险化学品，应当根据危险化学品的危险特性采取相应的安全防护措施，并配备必要的防护用品和应急救援器材。

用于运输危险化学品的槽罐以及其他容器应当封口严密，能够防止危险化学品在运输过程中因温度、湿度或者压力的变化发生渗漏、洒漏；槽罐以及其他容器的溢流和泄压装置应当设置准确、起闭灵活。

运输危险化学品的驾驶人员、船员、装卸管理人员、押运人员、申报人员、集装箱装箱现场检查员，应当了解所运输的危险化学品的危险特性及其包装物、容器的使用要求和出现危险情况时的应急处置方法。

第四十六条　通过道路运输危险化学品的，托运人应当委托依法取得危险货物道路运输许可的企业承运。

第四十七条　通过道路运输危险化学品的，应当按照运输车辆的核定载质量装载危险化学品，不得超载。

危险化学品运输车辆应当符合国家标准要求的安全技术条件，并按照国家有关规定定期进行安全技术检验。

危险化学品运输车辆应当悬挂或者喷涂符合国家标准要求的警示标志。

第四十八条　通过道路运输危险化学品的，应当配备押运人员，并保证所运输的危险化学品处于押运人员的监控之下。

运输危险化学品途中因住宿或者发生影响正常运输的情况，需要较长时间停车的，驾驶人员、押运人员应当采取相应的安全防范措施；运输剧毒化学品或者易制爆危险化学品的，还应当向当地公安机关报告。

第四十九条　未经公安机关批准，运输危险化学品的车辆不得进入危险化学品运输车辆限制通行的区域。危险化学品运输车辆限制通行的区域由县级人民政府公安机关划定，并设置明显的标志。

第五十条　通过道路运输剧毒化学品的，托运人应当向运输始发地或者目的地县级人民政府公安机关申请剧毒化学品道路运输通行证。

申请剧毒化学品道路运输通行证，托运人应当向县级人民政府公安机关提交下列材料：

（一）拟运输的剧毒化学品品种、数量的说明；

（二）运输始发地、目的地、运输时间和运输路线的说明；

（三）承运人取得危险货物道路运输许可、运输车辆取得营运证以及驾驶人员、押运人员取得上岗资格的证明文件；

（四）本条例第三十八条第一款、第二款规定的购买剧毒化学品的相关许可证件，或者海关出具的进出口证明文件。

县级人民政府公安机关应当自收到前款规定的材料之日起 7 日内，作出批准或者不予批准的决定。予以批准的，颁发剧毒化学品道路运输通行证；不予批准的，书面通知申请人并说明理由。

剧毒化学品道路运输通行证管理办法由国务院公安部门制定。

第五十一条　剧毒化学品、易制爆危险化学品在道路运输途中丢失、被盗、被抢或者出现流散、泄漏等情况的，驾驶人员、押运人员应当立即采取相应的警示措施和安全措施，并向当地公安机关报告。公安机关接到报告后，应当根据实际情况立即向安全生产监督管理部门、环境保护主管部门、卫生主管部门通报。有关部门应当采取必要的应急处置措施。

第五十二条　通过水路运输危险化学品的，应当遵守法律、行政法规以及国务院交通运输主管部门关于危险货物水路运输安全的规定。

第五十三条　海事管理机构应当根据危险化学品的种类和危险特性，确定船舶运输危险化学品的相关安全运输条件。

拟交付船舶运输的化学品的相关安全运输条件不明确的，应当经国家海事管理机构认定的机构进行评估，明确相关安全运输条件并经海事管理机构确认后，方可交付船舶运输。

第五十四条　禁止通过内河封闭水域运输剧毒化学品以及国家规定禁止通过内河运输的其他危险化学品。

前款规定以外的内河水域，禁止运输国家规定禁止通过内河运输的剧毒化学品以及其他危险化学品。

禁止通过内河运输的剧毒化学品以及其他危险化学品的范围，由国务院交通运输主管部门会同国务院环境保护主管部门、工业和信息化主管部门、安全生产监督管理部门，根据危险化学品的危险特性、危险化学品对人体和水环境的危害程度以及消除危害后果的难易程度等因素规定并公布。

第五十五条　国务院交通运输主管部门应当根据危险化学品的危险特性，对通过内河运输本条例第五十四条规定以外的危险化学品（以下简称通过内河运输危险化学品）实行分类管理，对各类危险化学品的运输方式、包装规范和安全防护措施等分别作出规定并监督实施。

第五十六条　通过内河运输危险化学品，应当由依法取得危险货物水路运输许可的水路运输企业承运，其他单位和个人不得承运。托运人应当委托依法取得危险货物水路运输许可的水路运输企业承运，不得委托其他单位和个人承运。

第五十七条　通过内河运输危险化学品，应当使用依法取得危险货物适装证书的运输船舶。水路运输企业应当针对所运输的危险化学品的危险特性，制定运输船舶危险化学品事故应急救援预案，并为运输船舶配备充足、有效的应急救援器材和设备。

通过内河运输危险化学品的船舶，其所有人或者经营人应当取得船舶污染损害责任保险证书或者财务担保证明。船舶污染损害责任保险证书或者财务担保证明的副本应当随船携带。

第五十八条　通过内河运输危险化学品，危险化学品包装物的材质、形式、强度以及包装方法应当符合水路运输危险化学品包装规范的要求。国务院交通运输主管部门对单船运输的危险化学品数量有限制性规定的，承运人应当按照规定安排运输数量。

第五十九条　用于危险化学品运输作业的内河码头、泊位应当符合国家有关安全规范，与饮用水取水口保持国家规定的距离。有关管理单位应当制定码头、泊位危险化学品事故应急预案，并为码头、泊位配备充足、有效的应急救援器材和设备。

用于危险化学品运输作业的内河码头、泊位，经交通运输主管部门按照国家有关规定验收合格后方可投入使用。

第六十条　船舶载运危险化学品进出内河港口，应当将危险化学品的名称、危险特性、包装以及进出港时间等事项，事先报告海事管理机构。海事管理机构接到报告后，应当在国务院交通运输主管部门规定的时间内作出是否同意的决定，通知报告人，同时通报港口行政管理部门。定船舶、定航线、定货种的船舶可以定期报告。

在内河港口内进行危险化学品的装卸、过驳作业，应当将危险化学品的名称、危险特性、包装和作业的时间、地点等事项报告港口行政管理部门。港口行政管理部门接到报告后，应当在国务院交通运输主管部门规定的时间内作出是否同意的决定，通知报告人，同时通报海事管理机构。

载运危险化学品的船舶在内河航行，通过过船建筑物的，应当提前向交通运输主管部门申报，并接受交通运输主管部门的管理。

第六十一条　载运危险化学品的船舶在内河航行、装卸或者停泊，应当悬挂专用的警示标志，按照规定显示专用信号。

载运危险化学品的船舶在内河航行，按照国务院交通运输主管部门的规定需要引航的，应当申请引航。

第六十二条　载运危险化学品的船舶在内河航行，应当遵守法律、行政法规和国家其他有关饮用水水源保护的规定。内河航道发展规划应当与依法经批准的饮用水水源保护区划定方案相协调。

第六十三条　托运危险化学品的，托运人应当向承运人说明所托运的危险化学品的种类、数量、危险特性以及发生危险情况的应急处置措施，并按照国家有关规定对所托运的危险化学品妥善包装，在外包装上设置相应的标志。

运输危险化学品需要添加抑制剂或者稳定剂的，托运人应当添加，并将有关情况告知承运人。

第六十四条　托运人不得在托运的普通货物中夹带危险化学品，不得将危险化学品匿报或者谎报为普通货物托运。

任何单位和个人不得交寄危险化学品或者在邮件、快件内夹带危险化学品，不得将危险化学品匿报或者谎报为普通物品交寄。邮政企业、快递企业不得收寄危险化学品。

对涉嫌违反本条第一款、第二款规定的，交通运输主管部门、邮政管理部门可以依法开拆查验。

第六十五条　通过铁路、航空运输危险化学品的安全管理，依照有关铁路、航空运输的法律、行政法规、规章的规定执行。

第六章　危险化学品登记与事故应急救援

第六十六条　国家实行危险化学品登记制度，为危险化学品安全管理以及危险化学品事故预防和应急救援提供技术、信息支持。

第六十七条　危险化学品生产企业、进口企业，应当向国务院安全生产监督管理部门负责危险化学品登记的机构（以下简称危险化学品登记机构）办理危险化学品登记。

危险化学品登记包括下列内容：

（一）分类和标签信息；

（二）物理、化学性质；

（三）主要用途；

（四）危险特性；

（五）储存、使用、运输的安全要求；

（六）出现危险情况的应急处置措施。

对同一企业生产、进口的同一品种的危险化学品，不进行重复登记。危险化学品生产企业、进口企业发现其生产、进口的危险化学品有新的危险特性的，应当及时向危险化学品登记机构办理登记内容变更手续。

危险化学品登记的具体办法由国务院安全生产监督管理部门制定。

第六十八条　危险化学品登记机构应当定期向工业和信息化、环境保护、公安、卫生、交通运输、铁路、质量监督检验检疫等部门提供危险化学品登记的有关信息和资料。

第六十九条　县级以上地方人民政府安全生产监督管理部门应当会同工业和信息化、环境保护、公安、卫生、交通运输、铁路、质量监督检验检疫等部门，根据本地区实际情况，制定危险化学品事故应急预案，报本级人民政府批准。

第七十条　危险化学品单位应当制定本单位危险化学品事故应急预案，配备应急救援人员和必要的应急救援器材、设备，并定期组织应急救援演练。

危险化学品单位应当将其危险化学品事故应急预案报所在地设区的市级人民政府安全生产监督管理部门备案。

第七十一条　发生危险化学品事故，事故单位主要负责人应当立即按照本单位危险化学品应急预案组织救援，并向当地安全生产监督管理部门和环境保护、公安、卫生主管部门报告；道路运输、水路运输过程中发生危险化学品事故的，驾驶人员、船员或者押运人员还应当向事故发生地交通运输主管部门报告。

第七十二条　发生危险化学品事故，有关地方人民政府应当立即组织安全生产监督管理、环境保护、公安、卫生、交通运输等有关部门，按照本地区危险化学品事故应急预案组织实施救援，不得拖延、推诿。

有关地方人民政府及其有关部门应当按照下列规定，采取必要的应急处置措施，减少事故损失，防止事故蔓延、扩大：

（一）立即组织营救和救治受害人员，疏散、撤离或者采取其他措施保护危害区域内的其他人员；

（二）迅速控制危害源，测定危险化学品的性质、事故的危害区域及危害程度；

（三）针对事故对人体、动植物、土壤、水源、大气造成的现实危害和可能产生的危害，迅速采取封闭、隔离、洗消等措施；

（四）对危险化学品事故造成的环境污染和生态破坏状况进行监测、评估，并采取相应的环境污染治理和生态修复措施。

第七十三条　有关危险化学品单位应当为危险化学品事故应急救援提供技术指导和必要的协助。

第七十四条　危险化学品事故造成环境污染的，由设区的市级以上人民政府环境保护主管部门统一发布有关信息。

第七章　法律责任

第七十五条　生产、经营、使用国家禁止生产、经营、使用的危险化学品的，由安全生产监督管理部门责令停止生产、经营、使用活动，处20万元以上50万元以下的罚款，有违法所得的，没收违法所得；构成犯罪的，依法追究刑事责任。

有前款规定行为的，安全生产监督管理部门还应当责令其对所生产、经营、使用的危险化学品进行无害化处理。

违反国家关于危险化学品使用的限制性规定使用危险化学品的，依照本条第一款的规定处理。

第七十六条　未经安全条件审查，新建、改建、扩建生产、储存危险化学品的建设项目的，由安全生产监督管理部门责令停止建设，限期改正；逾期不改正的，处50万元以上100万元以下的罚款；构成犯罪的，依法追究刑事责任。

未经安全条件审查，新建、改建、扩建储存、装卸危险化学品的港口建设项目的，由港口行政管理部门依照前款规定予以处罚。

第七十七条　未依法取得危险化学品安全生产许可证从事危险化学品生产，或者未依法取得工业产品生产许可证从事危险化学品及其包装物、容器生产的，分别依照《安全生产许可证条例》、

《中华人民共和国工业产品生产许可证管理条例》的规定处罚。

违反本条例规定，化工企业未取得危险化学品安全使用许可证，使用危险化学品从事生产的，由安全生产监督管理部门责令限期改正，处10万元以上20万元以下的罚款；逾期不改正的，责令停产整顿。

违反本条例规定，未取得危险化学品经营许可证从事危险化学品经营的，由安全生产监督管理部门责令停止经营活动，没收违法经营的危险化学品以及违法所得，并处10万元以上20万元以下的罚款；构成犯罪的，依法追究刑事责任。

第七十八条　有下列情形之一的，由安全生产监督管理部门责令改正，可以处5万元以下的罚款；拒不改正的，处5万元以上10万元以下的罚款；情节严重的，责令停产停业整顿：

（一）生产、储存危险化学品的单位未对其铺设的危险化学品管道设置明显的标志，或者未对危险化学品管道定期检查、检测的；

（二）进行可能危及危险化学品管道安全的施工作业，施工单位未按照规定书面通知管道所属单位，或者未与管道所属单位共同制定应急预案、采取相应的安全防护措施，或者管道所属单位未指派专门人员到现场进行管道安全保护指导的；

（三）危险化学品生产企业未提供化学品安全技术说明书，或者未在包装（包括外包装件）上粘贴、拴挂化学品安全标签的；

（四）危险化学品生产企业提供的化学品安全技术说明书与其生产的危险化学品不相符，或者在包装（包括外包装件）粘贴、拴挂的化学品安全标签与包装内危险化学品不相符，或者化学品安全技术说明书、化学品安全标签所载明的内容不符合国家标准要求的；

（五）危险化学品生产企业发现其生产的危险化学品有新的危险特性不立即公告，或者不及时修订其化学品安全技术说明书和化学品安全标签的；

（六）危险化学品经营企业经营没有化学品安全技术说明书和化学品安全标签的危险化学品的；

（七）危险化学品包装物、容器的材质以及包装的形式、规格、方法和单件质量（重量）与所包装的危险化学品的性质和用途不相适应的；

（八）生产、储存危险化学品的单位未在作业场所和安全设施、设备上设置明显的安全警示标志，或者未在作业场所设置通信、报警装置的；

（九）危险化学品专用仓库未设专人负责管理，或者对储存的剧毒化学品以及储存数量构成重大危险源的其他危险化学品未实行双人收发、双人保管制度的；

（十）储存危险化学品的单位未建立危险化学品出入库核查、登记制度的；

（十一）危险化学品专用仓库未设置明显标志的；

（十二）危险化学品生产企业、进口企业不办理危险化学品登记，或者发现其生产、进口的危险化学品有新的危险特性不办理危险化学品登记内容变更手续的。

从事危险化学品仓储经营的港口经营人有前款规定情形的，由港口行政管理部门依照前款规定予以处罚。储存剧毒化学品、易制爆危险化学品的专用仓库未按照国家有关规定设置相应的技术防范设施的，由公安机关依照前款规定予以处罚。

生产、储存剧毒化学品、易制爆危险化学品的单位未设置治安保卫机构、配备专职治安保卫人员的，依照《企业事业单位内部治安保卫条例》的规定处罚。

第七十九条　危险化学品包装物、容器生产企业销售未经检验或者经检验不合格的危险化学品包装物、容器的，由质量监督检验检疫部门责令改正，处 10 万元以上 20 万元以下的罚款，有违法所得的，没收违法所得；拒不改正的，责令停产停业整顿；构成犯罪的，依法追究刑事责任。

将未经检验合格的运输危险化学品的船舶及其配载的容器投入使用的，由海事管理机构依照前款规定予以处罚。

第八十条　生产、储存、使用危险化学品的单位有下列情形之一的，由安全生产监督管理部门责令改正，处5万元以上10万元以下的罚款；拒不改正的，责令停产停业整顿直至由原发证机关吊销其相关许可证件，并由工商行政管理部门责令其办理经营范围变更登记或者吊销其营业执照；有关责任人员构成犯罪的，依法追究刑事责任：

（一）对重复使用的危险化学品包装物、容器，在重复使用前不进行检查的；

（二）未根据其生产、储存的危险化学品的种类和危险特性，在作业场所设置相关安全设施、设备，或者未按照国家标准、行业标准或者国家有关规定对安全设施、设备进行经常性维护、保养的；

（三）未依照本条例规定对其安全生产条件定期进行安全评价的；

（四）未将危险化学品储存在专用仓库内，或者未将剧毒化学品以及储存数量构成重大危险源的其他危险化学品在专用仓库内单独存放的；

（五）危险化学品的储存方式、方法或者储存数量不符合国家标准或者国家有关规定的；

（六）危险化学品专用仓库不符合国家标准、行业标准的要求的；

（七）未对危险化学品专用仓库的安全设施、设备定期进行检测、检验的。

从事危险化学品仓储经营的港口经营人有前款规定情形的，由港口行政管理部门依照前款规定予以处罚。

第八十一条　有下列情形之一的，由公安机关责令改正，可以处1万元以下的罚款；拒不改正的，处1万元以上5万元以下的罚款：

（一）生产、储存、使用剧毒化学品、易制爆危险化学品的单位不如实记录生产、储存、使用的剧毒化学品、易制爆危险化学品的数量、流向的；

（二）生产、储存、使用剧毒化学品、易制爆危险化学品的单位发现剧毒化学品、易制爆危险化学品丢失或者被盗，不立即向公安机关报告的；

（三）储存剧毒化学品的单位未将剧毒化学品的储存数量、储存地点以及管理人员的情况报所在地县级人民政府公安机关备案的；

（四）危险化学品生产企业、经营企业不如实记录剧毒化学品、易制爆危险化学品购买单位的名称、地址、经办人的姓名、身份证号码以及所购买的剧毒化学品、易制爆危险化学品的品种、数量、用途，或者保存销售记录和相关材料的时间少于1年的；

（五）剧毒化学品、易制爆危险化学品的销售企业、购买单位未在规定的时限内将所销售、购买的剧毒化学品、易制爆危险化学品的品种、数量以及流向信息报所在地县级人民政府公安机关备案的；

（六）使用剧毒化学品、易制爆危险化学品的单位依照本条例规定转让其购买的剧毒化学品、易制爆危险化学品，未将有关情况向所在地县级人民政府公安机关报告的。

生产、储存危险化学品的企业或者使用危险化学品从事生产的企业未按照本条例规定将安全评价报告以及整改方案的落实情况报安全生产监督管理部门或者港口行政管理部门备案，或者储存危险化学品的单位未将其剧毒化学品以及储存数量构成重大危险源的其他危险化学品的储存数量、储存地点以及管理人员的情况报安全生产监督管理部门或者港口行政管理部门备案的，分别由安全生产监督管理部门或者港口行政管理部门依照前款规定予以处罚。

生产实施重点环境管理的危险化学品的企业或者使用实施重点

环境管理的危险化学品从事生产的企业未按照规定将相关信息向环境保护主管部门报告的，由环境保护主管部门依照本条第一款的规定予以处罚。

第八十二条　生产、储存、使用危险化学品的单位转产、停产、停业或者解散，未采取有效措施及时、妥善处置其危险化学品生产装置、储存设施以及库存的危险化学品，或者丢弃危险化学品的，由安全生产监督管理部门责令改正，处5万元以上10万元以下的罚款；构成犯罪的，依法追究刑事责任。

生产、储存、使用危险化学品的单位转产、停产、停业或者解散，未依照本条例规定将其危险化学品生产装置、储存设施以及库存危险化学品的处置方案报有关部门备案的，分别由有关部门责令改正，可以处1万元以下的罚款；拒不改正的，处1万元以上5万元以下的罚款。

第八十三条　危险化学品经营企业向未经许可违法从事危险化学品生产、经营活动的企业采购危险化学品的，由工商行政管理部门责令改正，处10万元以上20万元以下的罚款；拒不改正的，责令停业整顿直至由原发证机关吊销其危险化学品经营许可证，并由工商行政管理部门责令其办理经营范围变更登记或者吊销其营业执照。

第八十四条　危险化学品生产企业、经营企业有下列情形之一的，由安全生产监督管理部门责令改正，没收违法所得，并处10万元以上20万元以下的罚款；拒不改正的，责令停产停业整顿直至吊销其危险化学品安全生产许可证、危险化学品经营许可证，并由工商行政管理部门责令其办理经营范围变更登记或者吊销其营业执照：

（一）向不具有本条例第三十八条第一款、第二款规定的相关许可证件或者证明文件的单位销售剧毒化学品、易制爆危险化学品的；

（二）不按照剧毒化学品购买许可证载明的品种、数量销售剧毒化学品的；

（三）向个人销售剧毒化学品（属于剧毒化学品的农药除外）、易制爆危险化学品的。

不具有本条例第三十八条第一款、第二款规定的相关许可证件或者证明文件的单位购买剧毒化学品、易制爆危险化学品，或者个人购买剧毒化学品（属于剧毒化学品的农药除外）、易制爆危险化学品的，由公安机关没收所购买的剧毒化学品、易制爆危险化学品，可以并处5000元以下的罚款。

使用剧毒化学品、易制爆危险化学品的单位出借或者向不具有本条例第三十八条第一款、第二款规定的相关许可证件的单位转让其购买的剧毒化学品、易制爆危险化学品，或者向个人转让其购买的剧毒化学品（属于剧毒化学品的农药除外）、易制爆危险化学品的，由公安机关责令改正，处10万元以上20万元以下的罚款；拒不改正的，责令停产停业整顿。

第八十五条　未依法取得危险货物道路运输许可、危险货物水路运输许可，从事危险化学品道路运输、水路运输的，分别依照有关道路运输、水路运输的法律、行政法规的规定处罚。

第八十六条　有下列情形之一的，由交通运输主管部门责令改正，处5万元以上10万元以下的罚款；拒不改正的，责令停产停业整顿；构成犯罪的，依法追究刑事责任：

（一）危险化学品道路运输企业、水路运输企业的驾驶人员、船员、装卸管理人员、押运人员、申报人员、集装箱装箱现场检查员未取得从业资格上岗作业的；

（二）运输危险化学品，未根据危险化学品的危险特性采取相应的安全防护措施，或者未配备必要的防护用品和应急救援器材的；

（三）使用未依法取得危险货物适装证书的船舶，通过内河运输危险化学品的；

（四）通过内河运输危险化学品的承运人违反国务院交通运输

主管部门对单船运输的危险化学品数量的限制性规定运输危险化学品的；

（五）用于危险化学品运输作业的内河码头、泊位不符合国家有关安全规范，或者未与饮用水取水口保持国家规定的安全距离，或者未经交通运输主管部门验收合格投入使用的；

（六）托运人不向承运人说明所托运的危险化学品的种类、数量、危险特性以及发生危险情况的应急处置措施，或者未按照国家有关规定对所托运的危险化学品妥善包装并在外包装上设置相应标志的；

（七）运输危险化学品需要添加抑制剂或者稳定剂，托运人未添加或者未将有关情况告知承运人的。

第八十七条　有下列情形之一的，由交通运输主管部门责令改正，处10万元以上20万元以下的罚款，有违法所得的，没收违法所得；拒不改正的，责令停产停业整顿；构成犯罪的，依法追究刑事责任：

（一）委托未依法取得危险货物道路运输许可、危险货物水路运输许可的企业承运危险化学品的；

（二）通过内河封闭水域运输剧毒化学品以及国家规定禁止通过内河运输的其他危险化学品的；

（三）通过内河运输国家规定禁止通过内河运输的剧毒化学品以及其他危险化学品的；

（四）在托运的普通货物中夹带危险化学品，或者将危险化学品谎报或者匿报为普通货物托运的。

在邮件、快件内夹带危险化学品，或者将危险化学品谎报为普通物品交寄的，依法给予治安管理处罚；构成犯罪的，依法追究刑事责任。

邮政企业、快递企业收寄危险化学品的，依照《中华人民共和国邮政法》的规定处罚。

第八十八条　有下列情形之一的，由公安机关责令改正，处5

万元以上10万元以下的罚款；构成违反治安管理行为的，依法给予治安管理处罚；构成犯罪的，依法追究刑事责任：

（一）超过运输车辆的核定载质量装载危险化学品的；

（二）使用安全技术条件不符合国家标准要求的车辆运输危险化学品的；

（三）运输危险化学品的车辆未经公安机关批准进入危险化学品运输车辆限制通行的区域的；

（四）未取得剧毒化学品道路运输通行证，通过道路运输剧毒化学品的。

第八十九条　有下列情形之一的，由公安机关责令改正，处1万元以上5万元以下的罚款；构成违反治安管理行为的，依法给予治安管理处罚：

（一）危险化学品运输车辆未悬挂或者喷涂警示标志，或者悬挂或者喷涂的警示标志不符合国家标准要求的；

（二）通过道路运输危险化学品，不配备押运人员的；

（三）运输剧毒化学品或者易制爆危险化学品途中需要较长时间停车，驾驶人员、押运人员不向当地公安机关报告的；

（四）剧毒化学品、易制爆危险化学品在道路运输途中丢失、被盗、被抢或者发生流散、泄露等情况，驾驶人员、押运人员不采取必要的警示措施和安全措施，或者不向当地公安机关报告的。

第九十条　对发生交通事故负有全部责任或者主要责任的危险化学品道路运输企业，由公安机关责令消除安全隐患，未消除安全隐患的危险化学品运输车辆，禁止上道路行驶。

第九十一条　有下列情形之一的，由交通运输主管部门责令改正，可以处1万元以下的罚款；拒不改正的，处1万元以上5万元以下的罚款：

（一）危险化学品道路运输企业、水路运输企业未配备专职安全管理人员的；

（二）用于危险化学品运输作业的内河码头、泊位的管理单位未制定码头、泊位危险化学品事故应急救援预案，或者未为码头、泊位配备充足、有效的应急救援器材和设备的。

第九十二条　有下列情形之一的，依照《中华人民共和国内河交通安全管理条例》的规定处罚：

（一）通过内河运输危险化学品的水路运输企业未制定运输船舶危险化学品事故应急救援预案，或者未为运输船舶配备充足、有效的应急救援器材和设备的；

（二）通过内河运输危险化学品的船舶的所有人或者经营人未取得船舶污染损害责任保险证书或者财务担保证明的；

（三）船舶载运危险化学品进出内河港口，未将有关事项事先报告海事管理机构并经其同意的；

（四）载运危险化学品的船舶在内河航行、装卸或者停泊，未悬挂专用的警示标志，或者未按照规定显示专用信号，或者未按照规定申请引航的。

未向港口行政管理部门报告并经其同意，在港口内进行危险化学品的装卸、过驳作业的，依照《中华人民共和国港口法》的规定处罚。

第九十三条　伪造、变造或者出租、出借、转让危险化学品安全生产许可证、工业产品生产许可证，或者使用伪造、变造的危险化学品安全生产许可证、工业产品生产许可证的，分别依照《安全生产许可证条例》、《中华人民共和国工业产品生产许可证管理条例》的规定处罚。

伪造、变造或者出租、出借、转让本条例规定的其他许可证，或者使用伪造、变造的本条例规定的其他许可证的，分别由相关许可证的颁发管理机关处10万元以上20万元以下的罚款，有违法所得的，没收违法所得；构成违反治安管理行为的，依法给予治安管理处罚；构成犯罪的，依法追究刑事责任。

第九十四条　危险化学品单位发生危险化学品事故，其主要负责人不立即组织救援或者不立即向有关部门报告的，依照《生产安全事故报告和调查处理条例》的规定处罚。

危险化学品单位发生危险化学品事故，造成他人人身伤害或者财产损失的，依法承担赔偿责任。

第九十五条　发生危险化学品事故，有关地方人民政府及其有关部门不立即组织实施救援，或者不采取必要的应急处置措施减少事故损失，防止事故蔓延、扩大的，对直接负责的主管人员和其他直接责任人员依法给予处分；构成犯罪的，依法追究刑事责任。

第九十六条　负有危险化学品安全监督管理职责的部门的工作人员，在危险化学品安全监督管理工作中滥用职权、玩忽职守、徇私舞弊，构成犯罪的，依法追究刑事责任；尚不构成犯罪的，依法给予处分。

第八章　附　　则

第九十七条　监控化学品、属于危险化学品的药品和农药的安全管理，依照本条例的规定执行；法律、行政法规另有规定的，依照其规定。

民用爆炸物品、烟花爆竹、放射性物品、核能物质以及用于国防科研生产的危险化学品的安全管理，不适用本条例。

法律、行政法规对燃气的安全管理另有规定的，依照其规定。

危险化学品容器属于特种设备的，其安全管理依照有关特种设备安全的法律、行政法规的规定执行。

第九十八条　危险化学品的进出口管理，依照有关对外贸易的法律、行政法规、规章的规定执行；进口的危险化学品的储存、使用、经营、运输的安全管理，依照本条例的规定执行。

危险化学品环境管理登记和新化学物质环境管理登记，依照有关环境保护的法律、行政法规、规章的规定执行。危险化学品环境管理登记，按照国家有关规定收取费用。

第九十九条　公众发现、捡拾的无主危险化学品，由公安机关接收。公安机关接收或者有关部门依法没收的危险化学品，需要进行无害化处理的，交由环境保护主管部门组织其认定的专业单位进行处理，或者交由有关危险化学品生产企业进行处理。处理所需费用由国家财政负担。

第一百条　化学品的危险特性尚未确定的，由国务院安全生产监督管理部门、国务院环境保护主管部门、国务院卫生主管部门分别负责组织对该化学品的物理危险性、环境危害性、毒理特性进行鉴定。根据鉴定结果，需要调整危险化学品目录的，依照本条例第三条第二款的规定办理。

第一百零一条　本条例施行前已经使用危险化学品从事生产的化工企业，依照本条例规定需要取得危险化学品安全使用许可证的，应当在国务院安全生产监督管理部门规定的期限内，申请取得危险化学品安全使用许可证。

第一百零二条　本条例自 2011 年 12 月 1 日起施行。

生产安全事故信息报告和处置办法

（国家安全生产监督管理总局令［第21号］）

第一章 总 则

第一条 为了规范生产安全事故信息的报告和处置工作，根据《安全生产法》、《生产安全事故报告和调查处理条例》等有关法律、行政法规，制定本办法。

第二条 生产经营单位报告生产安全事故信息和安全生产监督管理部门、煤矿安全监察机构对生产安全事故信息的报告和处置工作，适用本办法。

第三条 本办法规定的应当报告和处置的生产安全事故信息（以下简称事故信息），是指已经发生的生产安全事故和较大涉险事故的信息。

第四条 事故信息的报告应当及时、准确和完整，信息的处置应当遵循快速高效、协同配合、分级负责的原则。

安全生产监督管理部门负责各类生产经营单位的事故信息报告和处置工作。煤矿安全监察机构负责煤矿的事故信息报告和处置工作。

第五条 安全生产监督管理部门、煤矿安全监察机构应当建立事故信息报告和处置制度，设立事故信息调度机构，实行24小时不间断调度值班，并向社会公布值班电话，受理事故信息报告和举报。

第二章　事故信息的报告

第六条　生产经营单位发生生产安全事故或者较大涉险事故，其单位负责人接到事故信息报告后应当于1小时内报告事故发生地县级安全生产监督管理部门、煤矿安全监察分局。

发生较大以上生产安全事故的，事故发生单位在依照第一款规定报告的同时，应当在1小时内报告省级安全生产监督管理部门、省级煤矿安全监察机构。

发生重大、特别重大生产安全事故的，事故发生单位在依照本条第一款、第二款规定报告的同时，可以立即报告国家安全生产监督管理总局、国家煤矿安全监察局。

第七条　安全生产监督管理部门、煤矿安全监察机构接到事故发生单位的事故信息报告后，应当按照下列规定上报事故情况，同时书面通知同级公安机关、劳动保障部门、工会、人民检察院和有关部门：

（一）一般事故和较大涉险事故逐级上报至设区的市级安全生产监督管理部门、省级煤矿安全监察机构；

（二）较大事故逐级上报至省级安全生产监督管理部门、省级煤矿安全监察机构；

（三）重大事故、特别重大事故逐级上报至国家安全生产监督管理总局、国家煤矿安全监察局。

前款规定的逐级上报，每一级上报时间不得超过2小时。安全生产监督管理部门依照前款规定上报事故情况时，应当同时报告本级人民政府。

第八条　发生较大生产安全事故或者社会影响重大的事故的，县级、市级安全生产监督管理部门或者煤矿安全监察分局接到事故报告后，在依照本办法第七条规定逐级上报的同时，应当在1小时内先用电话快报省级安全生产监督管理部门、省级煤矿安全监察机构，随后补报文字报告；乡镇安监站（办）可以根据事故情况越级直接报告省级安全生产监督管理部门、省级煤矿安全监察机构。

第九条　发生重大、特别重大生产安全事故或者社会影响恶劣的事故的，县级、市级安全生产监督管理部门或者煤矿安全监察分局接到事故报告后，在依照本办法第七条规定逐级上报的同时，应当在1小时内先用电话快报省级安全生产监督管理部门、省级煤矿安全监察机构，随后补报文字报告；必要时，可以直接用电话报告国家安全生产监督管理总局、国家煤矿安全监察局。

省级安全生产监督管理部门、省级煤矿安全监察机构接到事故报告后，应当在1小时内先用电话快报国家安全生产监督管理总局、国家煤矿安全监察局，随后补报文字报告。

国家安全生产监督管理总局、国家煤矿安全监察局接到事故报告后，应当在1小时内先用电话快报国务院总值班室，随后补报文字报告。

第十条　报告事故信息，应当包括下列内容：

（一）事故发生单位的名称、地址、性质、产能等基本情况；

（二）事故发生的时间、地点以及事故现场情况；

（三）事故的简要经过（包括应急救援情况）；

（四）事故已经造成或者可能造成的伤亡人数（包括下落不明、涉险的人数）和初步估计的直接经济损失；

（五）已经采取的措施；

（六）其他应当报告的情况。

使用电话快报，应当包括下列内容：

（一）事故发生单位的名称、地址、性质；

（二）事故发生的时间、地点；

（三）事故已经造成或者可能造成的伤亡人数（包括下落不明、涉险的人数）。

第十一条　事故具体情况暂时不清楚的，负责事故报告的单位可以先报事故概况，随后补报事故全面情况。

事故信息报告后出现新情况的，负责事故报告的单位应当依照本办法第六条、第七条、第八条、第九条的规定及时续报。较大涉险事故、一般事故、较大事故每日至少续报1次；重大事故、特别重大事故每日至少续报2次。

自事故发生之日起30日内（道路交通、火灾事故自发生之日起7日内），事故造成的伤亡人数发生变化的，应于当日续报。

第十二条　安全生产监督管理部门、煤矿安全监察机构接到任何单位或者个人的事故信息举报后，应当立即与事故单位或者下一级安全生产监督管理部门、煤矿安全监察机构联系，并进行调查核实。

下一级安全生产监督管理部门、煤矿安全监察机构接到上级安全生产监督管理部门、煤矿安全监察机构的事故信息举报核查通知后，应当立即组织查证核实，并在2个月内向上一级安全生产监督管理部门、煤矿安全监察机构报告核实结果。

对发生较大涉险事故的，安全生产监督管理部门、煤矿安全监察机构依照本条第二款规定向上一级安全生产监督管理部门、煤矿安全监察机构报告核实结果；对发生生产安全事故的，安全生产监督管理部门、煤矿安全监察机构应当在5日内对事故情况进行初步查证，并将事故初步查证的简要情况报告上一级安全生产监督管理部门、煤矿安全监察机构，详细核实结果在2个月内报告。

第十三条　事故信息经初步查证后，负责查证的安全生产监督管理部门、煤矿安全监察机构应当立即报告本级人民政府和上一级安全生产监督管理部门、煤矿安全监察机构，并书面通知公安机关、劳动保障部门、工会、人民检察院和有关部门。

第十四条　安全生产监督管理部门与煤矿安全监察机构之间，安全生产监督管理部门、煤矿安全监察机构与其他负有安全生产监督管理职责的部门之间，应当建立有关事故信息的通报制度，及时沟通事故信息。

第十五条　对于事故信息的每周、每月、每年的统计报告，按照有关规定执行。

第三章　事故信息的处置

第十六条　安全生产监督管理部门、煤矿安全监察机构应当建立事故信息处置责任制，做好事故信息的核实、跟踪、分析、统计工作。

第十七条　发生生产安全事故或者较大涉险事故后，安全生产监督管理部门、煤矿安全监察机构应当立即研究、确定并组织实施相关处置措施。安全生产监督管理部门、煤矿安全监察机构负责人按照职责分工负责相关工作。

第十八条　安全生产监督管理部门、煤矿安全监察机构接到生产安全事故报告后，应当按照下列规定派员立即赶赴事故现场：

（一）发生一般事故的，县级安全生产监督管理部门、煤矿安全监察分局负责人立即赶赴事故现场；

（二）发生较大事故的，设区的市级安全生产监督管理部门、省级煤矿安全监察局负责人应当立即赶赴事故现场；

（三）发生重大事故的，省级安全监督管理部门、省级煤矿安全监察局负责人立即赶赴事故现场；

（四）发生特别重大事故的，国家安全生产监督管理总局、国家煤矿安全监察局负责人立即赶赴事故现场。

上级安全生产监督管理部门、煤矿安全监察机构认为必要的，可以派员赶赴事故现场。

第十九条　安全生产监督管理部门、煤矿安全监察机构负责人及其有关人员赶赴事故现场后，应当随时保持与本单位的联系。有关事故信息发生重大变化的，应当依照本办法有关规定及时向本单位或者上级安全生产监督管理部门、煤矿安全监察机构报告。

第二十条　安全生产监督管理部门、煤矿安全监察机构应当依照有关规定定期向社会公布事故信息。

任何单位和个人不得擅自发布事故信息。

第二十一条　安全生产监督管理部门、煤矿安全监察机构应当根据事故信息报告的情况，启动相应的应急救援预案，或者组织有关应急救援队伍协助地方人民政府开展应急救援工作。

第二十二条　安全生产监督管理部门、煤矿安全监察机构按照有关规定组织或者参加事故调查处理工作。

第四章　罚　　则

第二十三条　安全生产监督管理部门、煤矿安全监察机构及其工作人员未依法履行事故信息报告和处置职责的，依照有关规定予以处理。

第二十四条　生产经营单位及其有关人员对生产安全事故迟报、漏报、谎报或者瞒报的，依照有关规定予以处罚。

第二十五条　生产经营单位对较大涉险事故迟报、漏报、谎报或者瞒报的，给予警告，并处3万元以下的罚款。

第五章　附　　则

第二十六条　本办法所称的较大涉险事故是指：

（一）涉险10人以上的事故；

（二）造成3人以上被困或者下落不明的事故；

（三）紧急疏散人员500人以上的事故；

（四）因生产安全事故对环境造成严重污染（人员密集场所、生活水源、农田、河流、水库、湖泊等）的事故；

（五）危及重要场所和设施安全（电站、重要水利设施、危化品库、油气站和车站、码头、港口、机场及其他人员密集场所等）的事故；

（六）其他较大涉险事故。

第二十七条　省级安全生产监督管理部门、省级煤矿安全监察机构可以根据本办法的规定，制定具体的实施办法。

第二十八条　本办法自2009年7月1日起施行。

安全生产事故隐患排查治理暂行规定

（2007年12月22日通过　自2008年2月1日起施行）

第一章　总　　则

第一条　为了建立安全生产事故隐患排查治理长效机制，强化安全生产主体责任，加强事故隐患监督管理，防止和减少事故，保障人民群众生命财产安全，根据安全生产法等法律、行政法规，制定本规定。

第二条　生产经营单位安全生产事故隐患排查治理和安全生产监督管理部门、煤矿安全监察机构（以下统称安全监管监察部门）实施监管监察，适用本规定。

有关法律、行政法规对安全生产事故隐患排查治理另有规定的，依照其规定。

第三条　本规定所称安全生产事故隐患（以下简称事故隐患），是指生产经营单位违反安全生产法律、法规、规章、标准、规程和安全生产管理制度的规定，或者因其他因素在生产经营活动中存在可能导致事故发生的物的危险状态、人的不安全行为和管理上的缺陷。

事故隐患分为一般事故隐患和重大事故隐患。一般事故隐患，是指危害和整改难度较小，发现后能够立即整改排除的隐患。重大事故隐患，是指危害和整改难度较大，应当全部或者局部停产停业，并经过一定时间整改治理方能排除的隐患，或者因外部因素影响致使生产经营单位自身难以排除的隐患。

第四条　生产经营单位应当建立健全事故隐患排查治理制度。

生产经营单位主要负责人对本单位事故隐患排查治理工作全面负责。

第五条　各级安全监管监察部门按照职责对所辖区域内生产经营单位排查治理事故隐患工作依法实施综合监督管理；各级人民政府有关部门在各自职责范围内对生产经营单位排查治理事故隐患工作依法实施监督管理。

第六条　任何单位和个人发现事故隐患，均有权向安全监管监察部门和有关部门报告。

安全监管监察部门接到事故隐患报告后，应当按照职责分工立即组织核实并予以查处；发现所报告事故隐患应当由其他有关部门处理的，应当立即移送有关部门并记录备查。

第二章　生产经营单位的职责

第七条　生产经营单位应当依照法律、法规、规章、标准和规程的要求从事生产经营活动。严禁非法从事生产经营活动。

第八条　生产经营单位是事故隐患排查、治理和防控的责任主体。

生产经营单位应当建立健全事故隐患排查治理和建档监控等制度，逐级建立并落实从主要负责人到每个从业人员的隐患排查治理和监控责任制。

第九条　生产经营单位应当保证事故隐患排查治理所需的资金，建立资金使用专项制度。

第十条　生产经营单位应当定期组织安全生产管理人员、工程技术人员和其他相关人员排查本单位的事故隐患。对排查出的事故隐患，应当按照事故隐患的等级进行登记，建立事故隐患信息档案，并按照职责分工实施监控治理。

第十一条　生产经营单位应当建立事故隐患报告和举报奖励制度，鼓励、发动职工发现和排除事故隐患，鼓励社会公众举报。对发现、排除和举报事故隐患的有功人员，应当给予物质奖励和表彰。

第十二条　生产经营单位将生产经营项目、场所、设备发包、出租的，应当与承包、承租单位签订安全生产管理协议，并在协议中明确各方对事故隐患排查、治理和防控的管理职责。生产经营单位对承包、承租单位的事故隐患排查治理负有统一协调和监督管理的职责。

第十三条　安全监管监察部门和有关部门的监督检查人员依法履行事故隐患监督检查职责时，生产经营单位应当积极配合，不得拒绝和阻挠。

第十四条　生产经营单位应当每季、每年对本单位事故隐患排查治理情况进行统计分析，并分别于下一季度15日前和下一年1月31日前向安全监管监察部门和有关部门报送书面统计分析表。统计分析表应当由生产经营单位主要负责人签字。

对于重大事故隐患，生产经营单位除依照前款规定报送外，应当及时向安全监管监察部门和有关部门报告。重大事故隐患报告内容应当包括：

（一）隐患的现状及其产生原因；

（二）隐患的危害程度和整改难易程度分析；

（三）隐患的治理方案。

第十五条　对于一般事故隐患，由生产经营单位（车间、分厂、区队等）负责人或者有关人员立即组织整改。

对于重大事故隐患，由生产经营单位主要负责人组织制定并实施事故隐患治理方案。重大事故隐患治理方案应当包括以下内容：

（一）治理的目标和任务；

（二）采取的方法和措施；

（三）经费和物资的落实；

（四）负责治理的机构和人员；

（五）治理的时限和要求；

（六）安全措施和应急预案。

第十六条　生产经营单位在事故隐患治理过程中，应当采取相应的安全防范措施，防止事故发生。事故隐患排除前或者排除过程中无法保证安全的，应当从危险区域内撤出作业人员，并疏散可能危及的其他人员，设置警戒标志，暂时停产停业或者停止使用；对暂时难以停产或者停止使用的相关生产储存装置、设施、设备，应当加强维护和保养，防止事故发生。

第十七条　生产经营单位应当加强对自然灾害的预防。对于因自然灾害可能导致事故灾难的隐患，应当按照有关法律、法规、标准和本规定的要求排查治理，采取可靠的预防措施，制定应急预案。在接到有关自然灾害预报时，应当及时向下属单位发出预警通知；发生自然灾害可能危及生产经营单位和人员安全的情况时，应当采取撤离人员、停止作业、加强监测等安全措施，并及时向当地人民政府及其有关部门报告。

第十八条　地方人民政府或者安全监管监察部门及有关部门挂牌督办并责令全部或者局部停产停业治理的重大事故隐患，治理工作结束后，有条件的生产经营单位应当组织本单位的技术人员和专家对重大事故隐患的治理情况进行评估；其他生产经营单位应当委托具备相应资质的安全评价机构对重大事故隐患的治理情况进行评估。

经治理后符合安全生产条件的，生产经营单位应当向安全监管监察部门和有关部门提出恢复生产的书面申请，经安全监管监察部门和有关部门审查同意后，方可恢复生产经营。申请报告应当包括治理方案的内容、项目和安全评价机构出具的评价报告等。

第三章　监督管理

第十九条　安全监管监察部门应当指导、监督生产经营单位按照有关法律、法规、规章、标准和规程的要求，建立健全事故隐患排查治理等各项制度。

第二十条　安全监管监察部门应当建立事故隐患排查治理监督

检查制度，定期组织对生产经营单位事故隐患排查治理情况开展监督检查；应当加强对重点单位的事故隐患排查治理情况的监督检查。对检查过程中发现的重大事故隐患，应当下达整改指令书，并建立信息管理台账。必要时，报告同级人民政府并对重大事故隐患实行挂牌督办。

安全监管监察部门应当配合有关部门做好对生产经营单位事故隐患排查治理情况开展的监督检查，依法查处事故隐患排查治理的非法和违法行为及其责任者。

安全监管监察部门发现属于其他有关部门职责范围内的重大事故隐患的，应该及时将有关资料移送有管辖权的有关部门，并记录备查。

第二十一条　已经取得安全生产许可证的生产经营单位，在其被挂牌督办的重大事故隐患治理结束前，安全监管监察部门应当加强监督检查。必要时，可以提请原许可证颁发机关依法暂扣其安全生产许可证。

第二十二条　安全监管监察部门应当会同有关部门把重大事故隐患整改纳入重点行业领域的安全专项整治中加以治理，落实相应责任。

第二十三条　对挂牌督办并采取全部或者局部停产停业治理的重大事故隐患，安全监管监察部门收到生产经营单位恢复生产的申请报告后，应当在10日内进行现场审查。审查合格的，对事故隐患进行核销，同意恢复生产经营；审查不合格的，依法责令改正或者下达停产整改指令。对整改无望或者生产经营单位拒不执行整改指令的，依法实施行政处罚；不具备安全生产条件的，依法提请县级以上人民政府按照国务院规定的权限予以关闭。

第二十四条　安全监管监察部门应当每季将本行政区域重大事故隐患的排查治理情况和统计分析表逐级报至省级安全监管监察部门备案。

省级安全监管监察部门应当每半年将本行政区域重大事故隐患

的排查治理情况和统计分析表报国家安全生产监督管理总局备案。

第四章　罚　　则

第二十五条　生产经营单位及其主要负责人未履行事故隐患排查治理职责，导致发生生产安全事故的，依法给予行政处罚。

第二十六条　生产经营单位违反本规定，有下列行为之一的，由安全监管监察部门给予警告，并处三万元以下的罚款：

（一）未建立安全生产事故隐患排查治理等各项制度的；

（二）未按规定上报事故隐患排查治理统计分析表的；

（三）未制定事故隐患治理方案的；

（四）重大事故隐患不报或者未及时报告的；

（五）未对事故隐患进行排查治理擅自生产经营的；

（六）整改不合格或者未经安全监管监察部门审查同意擅自恢复生产经营的。

第二十七条　承担检测检验、安全评价的中介机构，出具虚假评价证明，尚不够刑事处罚的，没收违法所得，违法所得在五千元以上的，并处违法所得二倍以上五倍以下的罚款，没有违法所得或者违法所得不足五千元的，单处或者并处五千元以上二万元以下的罚款，同时可对其直接负责的主管人员和其他直接责任人员处五千元以上五万元以下的罚款；给他人造成损害的，与生产经营单位承担连带赔偿责任。

对有前款违法行为的机构，撤销其相应的资质。

第二十八条　生产经营单位事故隐患排查治理过程中违反有关安全生产法律、法规、规章、标准和规程规定的，依法给予行政处罚。

第二十九条　安全监管监察部门的工作人员未依法履行职责的，按照有关规定处理。

第五章　附　　则

第三十条　省级安全监管监察部门可以根据本规定，制定事故隐患排查治理和监督管理实施细则。

第三十一条　事业单位、人民团体以及其他经济组织的事故隐患排查治理，参照本规定执行。

第三十二条　本规定自2008年2月1日起施行。

危险化学品重大危险源辨识
（GB18218－2009）

（2009年3月31日发布　2009年12月1日实施）

1　范围

本标准规定了辨识危险化学品重大危险源的依据和方法。

本标准适用于危险化学品的生产、使用、储存和经营等各企业或组织。

本标准不适用于：

a）核设施和加工放射性物质的工厂，但这些设施和工厂中处理非放射性物质的部门除外；

b）军事设施；

c）采矿业，但涉及危险化学品的加工工艺及储存活动除外；

d）危险化学品的运输；

e）海上石油天然气开采活动。

2　规范性引用文件

下列文件中的条款通过本标准的引用而成为本标准的条款。凡是注日期的引用文件，其随后所有的修改单（不包括勘误的内容）或修订版均不适用于本标准，然而，鼓励根据本标准达成协议的各方研究是否可使用这些文件的最新版本。凡是不注日期的引用文件，其最新版本适用于本标准。

GB12268　危险货物品名表

GB20592　化学品分类、警示标签和警示性说明安全规范　急

性毒性

3 术语和定义

下列术语和定义适用于本标准。

3.1 危险化学品 dangerous chemicals

具有易燃、易爆、有毒、有害等特性，会对人员、设施、环境造成伤害或损害的化学品。

3.2 单元 unit

一个（套）生产装置、设施或场所，或同属一个生产经营单位的且边缘距离小于500m的几个（套）生产装置、设施或场所。

3.3 临界量 threshold quantity

对于某种或某类危险化学品规定的数量，若单元中的危险化学品数量等于或超过该数量，则该单元定为重大危险源。

3.4 危险化学品重大危险源 major hazard installations for dangerous chemicals

长期地或临时地生产、加工、使用或储存危险化学品，且危险化学品的数量等于或超过临界量的单元。

4 危险化学品重大危险源辨识

4.1 辨识依据

4.1.1 危险化学品重大危险源的辨识依据是危险化学品的危险特性及其数量，具体见表1和表2。

4.1.2 危险化学品临界量的确定方法如下：

a）在表1范围内的危险化学品，其临界量按表1确定；

b）未在表1范围内的危险化学品，依据其危险性，按表2确定临界量；若一种危险化学品具有多种危险性，按其中最低的临界量确定。

表 1　危险化学品名称及其临界量

序号	类别	危险化学品名称和说明	临界量（T）
1	爆炸品	叠氮化钡	0.5
2		叠氮化铅	0.5
3		雷酸汞	0.5
4		三硝基苯甲醚	5
5		三硝基甲苯	5
6		硝化甘油	1
7		硝化纤维素	10
8		硝酸铵（含可燃物 >0.2%）	5
9	易燃气体	丁二烯	5
10		二甲醚	50
11		甲烷，天然气	50
12		氯乙烯	50
13		氢	5
14		液化石油气（含丙烷、丁烷及其混合物）	50
15		一甲胺	5
16		乙炔	1
17		乙烯	50
18	毒性气体	氨	10
19		二氟化氧	1
20		二氧化氮	1
21		二氧化硫	20
22		氟	1
23		光气	0.3

续表

序号	类别	危险化学品名称和说明	临界量（T）
24		环氧乙烷	10
25		甲醛（含量>90%）	5
26		磷化氢	1
27		硫化氢	5
28		氯化氢	20
29		氯	5
30		煤气（CO，CO 和 H_2、CH_4 的混合物等）	20
31		砷化三氢（胂）	1
32		锑化氢	1
33		硒化氢	1
34		溴甲烷	10
35	易燃液体	苯	50
36		苯乙烯	500
37		丙酮	500
38		丙烯腈	50
39		二硫化碳	50
40		环己烷	500
41		环氧丙烷	10
42		甲苯	500
43		甲醇	500
44		汽油	200
45		乙醇	500
46		乙醚	10
47		乙酸乙酯	500
48		正己烷	500

续表

序号	类别	危险化学品名称和说明	临界量（T）
49	易于自燃的物质	黄磷	50
50		烷基铝	1
51		戊硼烷	1
52	遇水放出易燃气体的物质	电石	100
53		钾	1
54		钠	10
55	氧化性物质	发烟硫酸	100
56		过氧化钾	20
57		过氧化钠	20
58		氯酸钾	100
59		氯酸钠	100
60		硝酸（发红烟的）	20
61		硝酸（发红烟的除外，含硝酸>70%）	100
62		硝酸铵（含可燃物≤0. 2%）	300
63		硝酸铵基化肥	1000
64	有机过氧化物	过氧乙酸（含量≥60%）	10
65		过氧化甲乙酮（含量≥60%）	10
66	毒性物质	丙酮合氰化氢	20
67		丙烯醛	20
68		氟化氢	1
69		环氧氯丙烷（3-氯-1，2-环氧丙烷）	20
70		环氧溴丙烷（表溴醇）	20
71		甲苯二异氰酸酯	100

续表

序号	类别	危险化学品名称和说明	临界量（T）
72		氯化硫	1
73		氰化氢	1
74		三氧化硫	75
75		烯丙胺	20
76		溴	20
77		乙撑亚胺	20
78		异氰酸甲酯	0.75

表2　未在表1中列举的危险化学品类别及其临界量

类别	危险性分类及说明	临界量（T）
爆炸品	1.1A 项爆炸品	1
	除1.1A 项外的其他1.1 项爆炸品	10
	除1.1 项外的其他爆炸品	50
气体	易燃气体：危险性属于2.1 项的气体	10
	氧化性气体：危险性属于2.2 项非易燃无毒气体且次要危险性为5 类的气体	200
	剧毒气体：危险性属于2.3 项且急性毒性为类别1 的毒性气体	5
	有毒气体：危险性属于2.3 项的其他毒性气体	50
易燃液体	极易燃液体：沸点≤35℃且闪点<0℃的液体；或保存温度一直在其沸点以上的易燃液体	10
	高度易燃液体：闪点<23℃的液体（不包括极易燃液体）；液态退敏爆炸品	1000
	易燃液体：23℃≤闪点<61℃的液体	5000

续表

类别	危险性分类及说明	临界量（T）
易燃固体	危险性属于4.1项且包装为Ⅰ类的物质	200
易自燃物质	危险性属于4.2项且包装为Ⅰ或Ⅱ类的物质	200
遇水放出易燃气体的物质	危险性属于4.3项且包装为Ⅰ或Ⅱ的物质	200
氧化性物质	危险性属于5.1项且包装为Ⅰ类的物质	50
	危险性属于5.1项且包装为Ⅱ或Ⅲ类的物质	200
有机过氧化物	危险性属于5.2项的物质	50
毒性物质	危险性属于6.1项且急性毒性为类别1的物质	50
	危险性属于6.1项且急性毒性为类别2的物质	500
注：以上危险化学品危险性类别及包装类别依据GB12268确定，急性毒性类别依据GB20592确定。		

4.2　重大危险源的辨识指标

单元内存在危险化学品的数量等于或超过表1、表2规定的临界量，即被定为重大危险源。单元内存在的危险化学品的数量根据处理危险化学品种类的多少区分为以下两种情况：

4.2.1　单元内存在的危险化学品为单一品种，则该危险化学品的数量即为单元内危险化学品的总量，若等于或超过相应的临界量，则定为重大危险源。

4.2.2　单元内存在的危险化学品为多品种时，则按式（1）计算，若满足式（1），则定为重大危险源：

$$q_1/Q_1+q_2/Q_2+\cdots+q_n/Q_n\geq 1 \qquad (1)$$

式中：

q_1，q_2，…，q_n——每种危险化学品实际存在量，单位为吨（t）；

Q_1，Q_2，…，Q_n——与各危险化学品相对应的临界量，单位为吨（t）。

企业职工伤亡事故分类标准
(GB6441－86)

本标准是劳动安全管理的基础标准，适用于企业职工伤亡事故统计工作。

1　名词、术语

1.1　伤亡事故：指企业职工在生产劳动过程中，发生的人身伤害（以下简称伤害）、急性中毒（以下简称中毒）。

1.2　损失工作日：指被伤害者失能的工作时间。

1.3　暂时性失能伤害：指伤害及中毒者暂时不能从事原岗位工作的伤害。

1.4　永久性部分失能伤害：指伤害及中毒者肢体或某些器官部分功能不可逆的丧失的伤害。

1.5　永久性全失能伤害：指除死亡外，一次事故中，受伤者造成完全残废的伤害。

2　事故类别

序号	事故类别名称
01	物体打击
02	车辆伤害
03	机械伤害
04	起重伤害

续表

序号	事故类别名称
05	触电
06	淹溺
07	灼烫
08	火灾
09	高处坠落
010	坍塌
011	冒顶片帮
012	透水
013	放炮
014	火药爆炸
015	瓦斯爆炸
016	锅炉爆炸
017	容器爆炸
018	其他爆炸
019	中毒和窒息
020	其他伤害

3 伤害分析

3.1 受伤部位 指身体受伤的部位（细分类详见附录 A.1）。

3.2 受伤性质 指人体受伤的类型。确定原则：

a. 应以受伤当时的身体情况为主，结合愈后可能产生的后遗障碍全面分析确定；

b. 多处受伤，按最严重的伤害分类，当无法确定时，应鉴定为“多伤害”（细分类详见附录 A. 2）。

3. 3　起因物　导致事故发生的物体、物质，称为起因物（细分类详见附录 A. 3）。

3. 4　致害物　指直接引起伤害及中毒的物体或物质（细分类详见附录 A. 4）。

3. 5　伤害方式　指致害物与人体发生接触的方式（细分类详见附录 A. 5）。

3. 6　不安全状态　指能导致事故发生的物质条件（细分类详见附录 A. 6）。

3. 7　不安全行为　指能造成事故的人为错误（细分类详见附录 A. 7）。

4　伤害程度分类

4. 1　轻伤　指损失工作日低于 105 日的失能伤害。

4. 2　重伤　指相当于表定损失工作日等于和超过 105 日的失能伤害。

4. 3　死亡

5　事故严重程度分类

5. 1　轻伤事故，指只有轻伤的事故。

5. 2　重伤事故，指有重伤无死亡的事故。

5. 3　死亡事故

a. 重大伤亡事故，指一次事故死亡 1 ~ 2 人的事故。

b. 特大伤亡事故，指一次事故死亡 3 人以上的事故（含 3 人）。

6　伤亡事故的计算方法

适用于企业以及各省、市、县上报企业工伤事故时使用的计算方法有：

6. 1　千人死亡率：

表示某时期，平均每千名职工中，因伤亡事故造 成死亡的人数。计算公式：

千人死亡率 =（死亡人数/平均职工人数）$\times 10^3$ ………（1）

6.2　千人重伤率：

表示某时期内，平均每千名职工因工伤事故造成的重伤人数。计算公式：

千人重伤率 =（重伤人数/平均职工人数）$\times 10^3$ ………（2）

适用于行业、企业内部事故统计分析使用的计算方法有：

6.3　伤害频率：

表示某时期内，每百万工时的事故造成伤害的人数。伤害人数指轻伤、重伤、死亡人数之和。计算公式：

百万工时伤害率：A =（伤害人数/实际总工时）$\times 10^6$ …（3）

6.4　伤害严重率：

表示某时期内，每百万工时，事故造成的损失工作日数。计算公式：

伤害严重率：B =（总损失工作日/实际总工时）$\times 10^6$ …（4）

6.5　伤害平均严重率：

表示每人次受伤害的平均损失工作日。计算公式：

N = B/A = 总损失工作日/伤害人数 ………………………（5）

适用于以吨、立方米产量为计算单位的行业、企业使用的计算方法有：

6.6　按产品产量计算的死亡率：计算公式：

百万吨死亡率 =［死亡人数/实际产量（吨）］$\times 10^6$……（6）

万米木材死亡率 =［死亡人数/木材产量（立方米）］$\times 10^4$
………………………………………………………………（7）

附录A（补充件）

A.1　受伤部位

分类号	受伤部位名称
1.01	颅脑
1.01.1	脑
1.01.2	颅骨
1.01.3	头皮
1.02	面颌部
1.03	眼部
1.04	鼻
1.05	耳
1.06	口
1.07	颈部
1.08	胸部
1.09	腹部
1.10	腰部
1.11	脊柱
1.12	上肢
1.12.1	肩胛部
1.12.2	上臂
1.12.3	肘部
1.12.4	前臂
1.13	腕及手
1.13.1	腕
1.13.2	掌
1.13.3	指
1.14	下肢
1.14.1	髋部
1.14.2	股骨
1.14.3	膝部
1.14.4	小腿
1.15	踝及脚
1.15.1	踝部
1.15.2	跟部
1.15.3	部（距骨、舟骨、骨）
1.15.4	趾

A.2 受伤性质

分类号	受伤性质	分类号	受伤性质
2.01	电伤	2.10	切断伤
2.02	挫伤、轧伤、压伤	2.11	冻伤
2.03	倒塌压埋伤	2.12	烧伤
2.04	辐射损伤	2.13	烫伤
2.05	割伤、擦伤、刺伤	2.14	中暑
2.06	骨折	2.15	冲击
2.07	化学性灼伤	2.16	生物致伤
2.08	撕脱伤	2.17	多伤害
2.09	扭伤	2.18	中毒

A.3 起因物

分类号	起因物名称	分类号	起因物名称
3.01	锅炉	3.15	煤
3.02	压力容器	3.16	石油制品
3.03	电气设备	3.17	水
3.04	起重机械	3.18	可燃性气体
3.05	泵、发动机	3.19	金属矿物
3.06	企业车辆	3.20	非金属矿物
3.07	船舶	3.21	粉尘
3.08	动力传送机构	3.22	梯
3.09	放射性物质及设备	3.23	木材
3.10	非动力手工具	3.24	工作面（人站立面）
3.11	电动手工具	3.25	环境

续表

分类号	起因物名称	分类号	起因物名称
3.12	其他机械	3.26	动物
3.13	建筑物及构筑物	3.27	其他
3.14	化学品		

A.4　**致害物**

分类号	致害物名称	分类号	致害物名称
4.01	煤、石油产品	4.14.4	林业机械
4.01.1	煤	4.14.5	铁路工程机械
4.01.2	焦炭	4.14.6	铸造机械
4.01.3	沥青	4.14.7	锻造机械
4.01.4	其他	4.14.8	焊接机械
4.02	木材	4.14.9	粉碎机械
4.02.1	树	4.14.10	金属切削机床
4.02.2	原木	4.14.11	公路建筑机械
4.02.3	锯材	4.14.12	矿山机械
4.02.4	其他	4.14.13	冲压机
4.03	水	4.14.14	印刷机械
4.04	放射性物质	4.14.15	压辊机
4.05	电气设备	4.14.16	筛选、分离机
4.05.1	母线	4.14.17	纺织机械
4.05.2	配电箱	4.14.18	木工刨床
4.05.3	电气保护装置	4.14.19	木工锯机
4.05.4	电阻箱	4.14.20	其他木工机械

续表

分类号	起因物名称	分类号	起因物名称
4.05.5	蓄电池	4.14.21	皮带传送机
4.05.6	照明设备	4.14.22	其他
4.05.7	其他	4.15	金属件
4.06	梯	4.15.1	钢丝绳
4.07	空气	4.15.2	铸件
4.08	工作面（人站立面）	4.15.3	铁屑
4.09	矿石	4.15.4	齿轮
4.10	黏土、沙、石	4.15.5	飞轮
4.11	锅炉、压力容器	4.15.6	螺栓
4.11.1	锅炉	4.15.7	销
4.11.2	压力容器	4.15.8	丝杠、光杠
4.11.3	压力管道	4.15.9	绞轮
4.11.4	安全阀	4.15.10	轴
4.11.5	其他	4.15.11	其他
4.12	大气压力	4.16	起重机械
4.12.1	高压（指潜水作业）	4.16.1	塔式起重机
4.12.2	低压（指空气稀薄的高原地区）	4.16.2	龙门式起重机
4.13	化学品	4.16.3	梁式起重机
4.13.1	酸	4.16.4	门座式起重机
4.13.2	碱	4.16.5	浮游式起重机
4.13.3	氢	4.16.6	甲板式起重机
4.13.4	氨	4.16.7	桥式起重机

续表

分类号	起因物名称	分类号	起因物名称
4.13.5	液氧	4.16.8	缆索式起重机
4.13.6	氯气	4.16.9	履带式起重机
4.13.7	酒精	4.16.10	叉车
4.13.8	乙炔	4.16.11	电动葫芦
4.13.9	火药	4.16.12	绞车
4.13.10	炸药	4.16.13	卷扬机
4.13.11	芳香烃化合物	4.16.14	桅杆式起重机
4.13.12	砷化物	4.16.15	壁上起重机
4.13.13	硫化物	4.16.16	铁路起重机
4.13.14	二氧化碳	4.16.17	千斤顶
4.13.15	一氧化碳	4.16.18	其他
4.13.16	含氰物	4.17	噪声
4.13.17	卤化物	4.18	蒸气
4.13.18	金属化合物	4.19	手工具（非动力）
4.13.19	其他	4.20	电动手工具
4.14	机械	4.21	动物
4.14.1	搅拌机	4.22	企业车辆
4.14.2	送料装置	4.23	船舶
4.14.3	农业机械		

A.5 伤害方式

分类号	伤害方式	分类号	伤害方式
5.01	碰撞	5.08	火灾
5.01.1	人撞固定物体	5.09	辐射
5.01.2	运动物体撞人	5.10	爆炸
5.01.3	互撞	5.11	中毒
5.02	撞击	5.11.1	吸入有毒气体
5.02.1	落下物	5.11.2	皮肤吸收有毒物质
5.02.2	飞来物	5.11.3	经口
5.03	坠落	5.12	触电
5.03.1	由高处坠落平地	5.13	接触
5.03.2	由平地坠入井、坑洞	5.13.1	高低温环境
5.04	跌倒	5.13.2	高低温物体
5.05	坍塌	5.14	掩埋
5.06	淹溺	5.15	倾覆
5.07	灼烫		

A.6 不安全状态

分类号	不安全状态
6.01	防护、保险、信号等装置缺乏或有缺陷
6.01.1	无防护
6.01.1.1	无防护罩
6.01.1.2	无安全保险装置
6.01.1.3	无报警装置
6.01.1.4	无安全标志

续表

6.01.1.5	无护栏或护栏损坏
6.01.1.6	（电气）未接地
6.01.1.7	绝缘不良
6.01.1.8	风扇无消音系统、噪声大
6.01.1.9	危房内作业
6.01.1.10	未安装防止“跑车”的挡车器或挡车栏
6.01.1.11	其他
6.01.2	防护不当
6.01.2.1	防护罩未在适当位置
6.01.2.2	防护装置调整不当
6.01.2.3	坑道掘进、隧道开凿支撑不当
6.01.2.4	防爆装置不当
6.01.2.5	采伐、集材作业安全距离不够
6.01.2.6	放炮作业隐蔽所有缺陷
6.01.2.7	电气装置带电部分裸露
6.01.2.8	其他
6.02	设备、设施、工具、附件有缺陷
6.02.1	设计不当，结构不合安全要求
6.02.1.1	通道门遮挡视线
6.02.1.2	制动装置有缺欠
6.02.1.3	安全间距不够
6.02.1.4	拦车网有缺欠
6.02.1.5	工件有锋利毛刺、毛边
6.02.1.6	设施上有锋利倒梭

续表

6. 02. 1. 7	其他
6. 02. 2	强度不够
6. 02. 2. 1	机械强度不够
6. 02. 2. 2	绝缘强度不够
6. 02. 2. 3	起吊重物的绳索不合安全要求
6. 02. 2. 4	其他
6. 02. 3	设备在非正常状态下运行
6. 02. 3. 1	设备带“病”运转
6. 02. 3. 2	超负荷运转
6. 02. 3. 3	其他
6. 02. 4	维修、调整不良
6. 02. 4. 1	设备失修
6. 02. 4. 2	地面不平
6. 02. 4. 3	保养不当、设备失灵
6. 02. 4. 4	其他
6. 03	个人防护用品用具——防护服、手套、护目镜及面罩、呼吸器官护具、听力护具、安全带、安全帽、安全鞋等缺少或有缺陷
6. 03. 1	无个人防护用品、用具
6. 03. 2	所用的防护用品、用具不符合安全要求
6. 04	生产（施工）场地环境不良
6. 04. 1	照明光线不良
6. 04. 1. 1	照度不足
6. 04. 1. 2	作业场地烟、雾、尘弥漫视物不清

续表

6. 04. 1. 3	光线过强
6. 04. 2	通风不良
6. 04. 2. 1	无通风
6. 04. 2. 2	通风系统效率低
6. 04. 2. 3	风流短路
6. 04. 2. 4	停电停风时放炮作业
6. 04. 2. 5	瓦斯排放未达到安全浓度放炮作业
6. 04. 2. 6	瓦斯超限
6. 04. 2. 7	其他
6. 04. 3	作业场所狭窄
6. 04. 4	作业场地杂乱
6. 04. 4. 1	工具、制品、材料堆放不安全
6. 04. 4. 2	采伐时，未开“安全道”
6. 04. 4. 3	迎门树、坐殿树、搭挂树未作处理
6. 04. 4. 4	其他
6. 04. 5	交通线路的配置不安全
6. 04. 6	操作工序设计或配置不安全
6. 04. 7	地面滑
6. 04. 7. 1	地面有油或其他液体
6. 04. 7. 2	冰雪覆盖
6. 04. 7. 3	地面有其他易滑物
6. 04. 8	贮存方法不安全
6. 04. 9	环境温度、湿度不当

A.7　不安全行为

分类号	不安全行为
7.01	操作错误，忽视安全，忽视警告
7.01.1	未经许可开动、关停、移动机器
7.01.2	开动、关停机器时未给信号
7.01.3	开关未锁紧，造成意外转动、通电或泄漏等
7.01.4	忘记关闭设备
7.01.5	忽视警告标志、警告信号
7.01.6	操作错误（指按钮、阀门、扳手、把柄等的操作）
7.01.7	奔跑作业
7.01.8	供料或送料速度过快
7.01.9	机械超速运转
7.01.10	违章驾驶机动车
7.01.11	酒后作业
7.01.12	客货混载
7.01.13	冲压机作业时，手伸进冲压模
7.01.14	工件紧固不牢
7.01.15	用压缩空气吹铁屑
7.01.16	其他
7.02	造成安全装置失效
7.02.1	拆除了安全装置
7.02.2	安全装置堵塞，失掉了作用
7.02.3	调整的错误造成安全装置失效
7.02.4	其他
7.03	使用不安全设备

续表

分类号	不安全行为
7.03.1	临时使用不牢固的设施
7.03.2	使用无安全装置的设备
7.03.3	其他
7.04	手代替工具操作
7.04.1	用手代替手动工具
7.04.2	用手清除切屑
7.04.3	不用夹具固定、用手拿工件进行机加工
7.05	物体（成品、半成品、材料、工具、切屑和生产用品等）存放不当
7.06	冒险进入危险场所
7.06.1	冒险进入涵洞
7.06.2	接近漏料处（无安全设施）
7.06.3	采伐、集材、运材、装车时，未离危险区
7.06.4	未经安全监察人员允许进入油罐或井中
7.06.5	未“敲帮问顶”开始作业
7.06.6	冒进信号
7.06.7	调车场超速上下车
7.06.8	易燃易爆场合明火
7.06.9	私自搭乘矿车
7.06.10	在绞车道行走
7.06.11	未及时瞭望
7.07	攀、坐不安全位置（如平台护栏、汽车挡板、吊车吊钩）

续表

分类号	不安全行为
7.08	在起吊物下作业、停留
7.9	机器运转时加油、修理、检查、调整、焊接、清扫等工作
7.10	有分散注意力行为
7.11	在必须使用个人防护用品用具的作业或场合中，忽视其使用
7.11.1	未戴护目镜或面罩
7.11.2	未戴防护手套
7.11.3	未穿安全鞋
7.11.4	未戴安全帽
7.11.5	未佩戴呼吸护具
7.11.6	未佩戴安全带
7.11.7	未戴工作帽
7.11.8	其他
7.12	不安全装束
7.12.1	在有旋转零部件的设备旁作业穿过肥大服装
7.12.2	操纵带有旋转零部件的设备时戴手套
7.12.3	其他
7.13	对易燃、易爆等危险物品处理错误

附录 B
损失工作日计算表（补充件）

1. 死亡或永久性全失能伤害定 6000 日。

2. 永久性部分失能伤害按表 1、表 2、表 3 计算。

3. 表中未规定数值的暂时失能伤害按歇工天数计算。

4. 对于永久性失能伤害不管其歇工天数多少，损失工作日均按表定数值计算。

5. 各伤害部位累计数值超过 6000 日者，仍按 6000 日计算。

表 1 截肢或完全失去机能部位损失工作日换算表

手					
	拇指	食指	中指	无名指	小指
远端指骨	300	100	75	60	50
中间指骨	—	200	150	120	105
近端指骨	600	400	300	240	200
掌 骨	900	600	500	450	400
腕部截肢	1300				
脚					
	拇趾	二趾	中趾	无名趾	小趾
远端趾骨	150	35	35	35	35
中间趾骨	—	75	75	75	75
近端趾骨	300	150	150	150	150
骨（包括舟骨、距骨）	600	350	350	350	350
踝 部	2400				

续表

上 肢	
肘部以上任一部位（包括肩关节）	4500
腕以上任一部位，且在肘关节或低于肘关节	3600
下 肢	
膝关节以上任一部位（包括髋关节）	4500
踝部以上，且在膝关节或低于膝关节	3000

表2　骨折损失工作换算表

骨折部位	损失工作日
掌、指骨	60
桡骨下端	80
尺、桡骨干	90
肱骨髁上	60
肱骨干	80
肱骨外科颈	70
锁 骨	70
胸 骨	105
跖、趾	70
胫、腓	90
股骨干	105
股粗隆间	100
股骨颈	160

表 3　功能损伤损失工作日换算表

功能损害部位	损失工作日
1. 包被重要器官的单纯性骨损伤（头颅骨、胸骨、脊椎骨）	105
2. 包被重要器官的复杂性骨损伤，内部器官轻度受损，骨损伤治愈后，不遗功能障碍者	500
3. 包被重要器官的复杂性骨损伤，伴有内部器官损伤，骨损伤治愈后，遗有轻度功能障碍者	900
4. 接触有害气体或毒物，急性中毒症状消失后，不遗有临床症状及后遗症者	200
5. 重度失血，经抢救后，未遗有造血功能障碍者	200
6. 包被重要器官的复杂性骨折包被器官受损，骨损伤治愈后，伴有严重的功能障碍者	
a. 脑神经损伤导致癫痫者	3000
b. 脑神经损伤导致痴呆者	5000
c. 脑挫裂伤，颅内严重血肿，脑干损伤造成无法医治的低能	5000
d. 脑外伤致使运动系统严重障碍或失语，且不易恢复者	4000
e. 脊柱骨损伤，脊髓离断形成截瘫者	6000
f. 脊柱骨损伤，脊髓半离断，影响饮食起居者	6000
g. 脊柱骨损伤合并脊髓伤，有功能障碍不影响饮食起居者	4000
h. 单纯脊柱骨损伤，包括残留慢性腰背痛者	1000
i. 脊柱损伤，遗有脊髓压迫症双下肢功能障碍，二便失禁者	4000
j. 脊柱韧带损伤，局部血行障碍影响脊柱活动者	1500
k. 胸部骨损伤，伤及心脏，引起明显的节律不正者	4000
l. 胸部骨损伤，伤及心脏，遗有代谢功能失调者	4000
m. 胸部骨损伤，胸廓成形术后，明显影响一侧呼吸功能者	2000

续表

功能损害部位	损失工作日
n. 一侧肺功能丧失者	4000
o. 一侧肺并有另侧一个肺叶术后伤残者	5000
p. 骨盆骨损伤累及神经，导致下肢运动障碍者	4000
q. 骨盆不稳定骨折，并遗留有尿道狭窄和尿路感染	3000
7. 腰、背部软组织严重损伤；脊柱活动明显受限者	2000
8. 四肢软组织损伤治愈后，遗有周围神经损伤，感觉运动机能障碍，影响工作及生活者	1500
9. 四肢软组织损伤治愈后，遗有周围神经损伤，运动机能障碍，但生活能自理者	2000
10. 四肢软组织损伤，治愈后由于疤瘢弯缩，严重影响运动功能，但生活能自理者	2000
11. 手肌腱受损，伸屈功能严重影响障碍，影响工作、生活者	1400
12. 脚肌腱受损，引起机能障碍，不能自由行走者	1400
13. 眼睑断裂导致眼闭合不全	200
14. 眼睑损伤导致泪小管、泪腺损伤，导致溢泪，影响工作	200
15. 双目失明；	6000
16. 一目失明，但另一目视力正常	800
17. 两目视力均有障碍，不易恢复者	800
18. 一目的明，另一目视物不清，或双目视物不清者（仅能见眼前 2m 以内的物体，且短期内，不易恢复者）	3000
19. 两眼角膜受损，并有眼底出血或混浊，视力高度障碍者（仅能见 1m 内之物体）且根本不能恢复者	4000
20. 眼球凸出不能复位，引起视障碍者	700

续表

功能损害部位	损失工作日
21. 眼肌麻痹，造成斜视、复视者	600
22. 一耳丧失听力，另一耳听觉正常者	600
23. 听力有重大障碍者	300
24. 两耳听力丧失	3000
25. 鼻损伤，嗅觉功能严重丧失	1000
26. 鼻脱落者	1300
27. 口腔受损，致使牙齿脱落，不能安装假牙，致使咀嚼发生困难者	1800
28. 口腔严重受损，咀嚼机能全废	3000
29. 喉损伤，引起喉狭窄，影响发音及呼吸者	1000
30. 语言障碍，说话不清	300
31. 语言全废	3000
32. 伤及腹膜，并有单独性的腹腔出血及腹膜炎症者	1000
33. 由于损伤进行胃次全切除，或肠管切除三分之一以上者	3000
34. 由于损伤进行胃全切，或食道全切，腔肠代替食道，或肠管切除三分之一以上者	6000
35. 一叶肝脏切除者	3000
36. 一侧肾脏切除者	3000
37. 生殖器官损伤，失去生殖机能者	1800
38. 伤及神经、膀胱及直肠，遗有大便、小便失禁，漏尿、漏屎等	2000
39. 关节结构损伤，关节活动受限，影响运动功能者	1400
40. 伤筋伤骨，动作受限，其功能损伤严重于表 2 者	2000

续表

功能损害部位	损失工作日
41. 接触高浓度有害气体，急性中毒症状消失后，遗有脑实质病变临床症状者	4000
42. 各种急性中毒严重损伤呼吸道、食道黏膜，遗有功能障碍者	2000
43. 国家规定的工业毒物轻度中毒患者	150
44. 国家规定的工业毒物中度中毒患者	700
45. 国家规定的工业毒物重度中毒患者	2000

企业职工伤亡事故调查分析规则
(GB6442－86)

本标准是劳动安全管理的基础标准，是对企业职工在生产劳动过程中发生的伤亡事故（含急性中毒事故）进行调查分析的依据。调查分析的目的是：掌握事故情况，查明事故原因，分清事故责任，拟定改进措施，防止事故重复发生。

1. 名词、术语

伤亡事故是指企业职工在生产劳动过程中，发生的人身伤害、急性中毒。

2. 事故调查程序

死亡、重伤事故，应按如下要求进行调查。轻伤事故的调查，可参照执行。

2.1　现场处理

2.1.1　事故发生后，应救护受伤害者，采取措施制止事故蔓延扩大。

2.1.2　认真保护事故现场，凡与事故有关的物体、痕迹、状态，不得破坏。

2.1.3　为抢救受伤害者需要移动现场某些物体时，必须做好现场标志。

2.2　物证搜集

2.2.1　现场物证包括：破损部件、碎片、残留物、致害物的位置等。

2.2.2　在现场搜集到的所有物件均应贴上标签，注明地点、时间、管理者。

2.2.3　所有物件应保持原样，不准冲洗擦拭。

2.2.4　对健康有危害的物品，应采取不损坏原始证据的安全防护措施。

2.3　事故事实材料的搜集

2.3.1　与事故鉴别、记录有关的材料

a. 发生事故的单位、地点、时间；

b. 受害人和肇事者的姓名、性别、年龄、文化程度、职业、技术等级、工龄、本工种工龄、支付工资的形式；

c. 受害人和肇事者的技术状况、接受安全教育情况；

d. 出事当天，受害人和肇事者什么时间开始工作、工作内容、工作量、作业程序、操作时的动作（或位置）；

e. 受害人和肇事者过去的事故记录。

2.3.2　事故发生的有关事实

a. 事故发生前设备、设施等的性能和质量状况；

b. 使用的材料，必要时进行物理性能或化学性能实验与分析；

c. 有关设计和工艺方面的技术文件、工作指令和规章制度方面的资料及执行情况；

d. 关于工作环境方面的状况：包括照明、湿度、温度、通风、声响、色彩度、道路工作面状况以及工作环境中的有毒、有害物质取样分析记录；

e. 个人防护措施状况：应注意它的有效性、质量、使用范围；

f. 出事前受害人和肇事者的健康状况；

g. 其他可能与事故致因有关的细节或因素。

2.4　证人材料搜集

要尽快找被调查者搜集材料。对证人的口述材料，应认真考证其真实程度。

2.5 现场摄影

2.5.1 显示残骸和受害者原始存息地的所有照片。

2.5.2 可能被清除或被践踏的痕迹：如刹车痕迹、地面和建筑物的伤痕，火灾引起损害的照片、冒顶下落物的空间等。

2.5.3 事故现场全貌。

2.5.4 利用摄影或录像，以提供较完善的信息内容。

2.6 事故图

报告中的事故图，应包括了解事故情况所必需的信息。如：事故现场示意图、流程图、受害者位置图等。

3. 事故分析

3.1 事故分析步骤

3.1.1 整理和阅读调查材料。

3.1.2 按以下七项内容进行分析：见《企业职工伤亡事故分类标准》（GB6441－86）附录A。

a. 受伤部位；

b. 受伤性质；

c. 起因物；

d. 致害物；

e. 伤害方式；

f. 不安全状态；

g. 不安全行为。

3.1.3 确定事故的直接原因。

3.1.4 确定事故的间接原则。

3.1.5 确定事故的责任者。

3.2 事故原因分析

3.2.1 属于下列情况者为直接原因

3.2.1.1 机械、物质或环境的不安全状态：

见《企业职工伤亡事故分类标准》GB6441－86附录A－A.6

不安全状态。

3.2.1.2 人的不安全行为：

见《企业职工伤亡事故分类标准》GB6441－86 附录 A－A.7 不安全行为。

3.2.2 属下列情况者为间接原因。

3.2.2.1 技术和设计上有缺陷——工业构件、建筑物、机械设备、仪器仪表、工艺过程、操作方法、维修检验等的设计，施工和材料使用存在问题；

3.2.2.2 教育培训不够，未经培训，缺乏或不懂安全操作技术知识；

3.2.2.3 劳动组织不合理；

3.2.2.4 对现场工作缺乏检查或指导错误；

3.2.2.5 没有安全操作规程或不健全；

3.2.2.6 没有或不认真实施事故防范措施；对事故隐患整改不力；

3.2.2.7 其他。

3.2.3 在分析事故时，应从直接原因入手，逐步深入到间接原因，从而掌握事故的全部原因。再分清主次，进行责任分析。

3.3 事故责任分析

3.3.1 根据事故调查所确认的事实，通过对直接原因和间接原因的分析，确定事故中的直接责任者和领导责任者；

3.3.2 在直接责任和领导责任者中，根据其在事故发生过程中的作用，确定主要责任者；

3.3.3 根据事故后果和事故责任者应负的责任提出处理意见。

4. 事故结案归档材料

在事故处理结案后，应归档的事故资料如下：

4.1 职工伤亡事故登记表；

4.2 职工死亡、重伤事故调查报告书及批复；

4.3　现场调查记录、图纸、照片；

4.4　技术鉴定和试验报告；

4.5　物证、人证材料；

4.6　直接和间接经济损失材料；

4.7　事故责任者的自述材料；

4.8　医疗部门对伤亡人员的诊断书；

4.9　发生事故时的工艺条件、操作情况和设计资料；

4.10　处分决定和受处分人员的检查材料；

4.11　有关事故的通报、简报及文件；

4.12　注明参加调查组的人员姓名、职务、单位。

附录 A
事故分析的技术方法（补充件）

A.1　事故树分析法（Fault Tree Analysis 略语为 FTA）又称事故逻辑分析，对事故进行分析和预测的一种方法。

事故树分析法是对既定的生产系统或作业中可能出现的事故条件及可能导致的灾害后果，按工艺流程，先后次序和因果关系绘成的程序方框图，即表示导致事故的各种因素之间的逻辑关系。用以分析系统的安全问题或系统运行的功能问题，并为判明事故发生的可能性和必然性之间的关系，提供的一种表达形式。

A.2　事件树分析法（Event Tree Anstysis 略语为 ETA）。

事件树分析是一种归纳逻辑图。是决策树（Decision Tree）在安全分析中的应用。它从事件的起始状态出发，按一定的顺序，逐项分析系统构成要素的状态（成功或失败）。并将要素的状态与系统的状态联系起来，进行比较，以查明系统的最后输出状态，从而展示事故的原因和发生条件。

企业职工伤亡事故经济损失统计标准
(GB6721－86)

本标准规定了企业职工伤亡事故经济损失的统计范围、计算方法和评价指标。

1. 基本定义

1.1　伤亡事故经济损失

指企业职工在劳动生产过程中发生伤亡事故所引起的一切经济损失，包括直接经济损失和间接经济损失。

1.2　直接经济损失

指因事故造成人身伤亡及善后处理支出的费用和毁坏财产的价值。

1.3　间接经济损失

指因事故导致产值减少、资源破坏和受事故影响而造成其他损失的价值。

2. 直接经济损失的统计范围

2.1　人身伤亡后所支出的费用

2.1.1　医疗费用（含护理费用）

2.1.2　丧葬及抚恤费用

2.1.3　补助及救济费用

2.1.4　歇工工资

2.2　善后处理费用

2.2.1　处理事故的事务性费用

2.2.2　现场抢救费用

2.2.3　清理现场费用

2.2.4　事故罚款和赔偿费用

2.3　财产损失价值

2.3.1　固定资产损失价值

2.3.2　流动资产损失价值

3. 间接经济损失的统计范围

3.1　停产、减产损失价值

3.2　工作损失价值

3.3　资源损失价值

3.4　处理环境污染的费用

3.5　补充新职工的培训费用（见附录）

3.6　其他损失费用

4. 计算方法

4.1　经济损失计算公式 $E = Ed + Ei$ ……………………… (1)

式中：E——经济损失，万元；

Ed——直接经济损失，万元；

Ei——间接经济损失，万元。

4.2　工作损失价值计算公式 $Vw = Dl \times [M/(S \times D)]$ … (2)

式中：Vw——工作损失价值，万元；

Dl——一起事故的总损失工作日数，死亡一名职工按6000个工作日计算，受伤职工视伤害情况按GB6441－86《企业职工伤亡事故分类标准》的附表确定，日；

M——企业上年税利（税金加利润），万元；

S——企业上年平均职工人数；

D——企业上年法定工作日数，日。

4.3　固定资产损失价值按下列情况计算：

4.3.1　报废的固定资产，以固定资产净值减去残值计算；

4.3.2　损坏的固定资产，以修复费用计算。

4.4　流动资产损失价值按下列情况计算；

4.4.1　原材料、燃料、辅助材料等均按账面值减去残值计算；

4.4.2　成品、半成品、在制品等均以企业实际成本减去残值计算。

4.5　事故已处理结案而未能结算的医疗费、歇工工资等，采用测算方法计算（见附录）。

4.6　对分期支付的抚恤、补助等费用，按审定支出的费用，从开始支付日期累计到停发日期（见附录）。

4.7　停产、减产损失，按事故发生之日起到恢复正常生产水平时止，计算其损失的价值。

5. 经济损失的评价指标和程度分级

5.1　经济损失评价指标

5.1.1　千人经济损失率

计算公式：$Rs = (E/S) \times 1000‰$ ………………………… (3)

式中：Rs——千人经济损失率；

E——全年内经济损失，万元；

S——企业职工平均人数，人。

5.1.2　百万元产值经济损失率

计算公式：$Rv = (E/V) \times 100\%$ ………………………… (4)

式中：Rv——百万元产值经济损失率；

E——全年内经济损失，万元；

V——企业总产值，万元。

5.2　经济损失程度分级

5.2.1　一般损失事故

经济损失小于1万元的事故。

5.2.2　较大损失事故

经济损失大于1万元（含1万元）但小于10万元的事故。

5.2.3　重大损失事故

经济损失大于10万元（含10万元）但小于100万元的事故。

5.2.4　特大损失事故

经济损失大于100万元（含100万元）的事故。

附录A：

几种经济损失的测算法（补充件）

A.1　医疗费按下列公式测算：$M = Mb + (Mb/P) \times Dc$ ……………………………………………………（A1）

式中：M——被伤害职工的医疗费，万元；

Md——事故结案日前的医疗费，万元；

P——事故发后之日至结案之日的天数，日；

Dc——延续医疗天数，指事故结案后还须继续医治的时间，由企业劳资、安全、工会等按医生诊断意见确定，日。

A.2　歇工工资按下列公式测算：$L = Lq \times (Da + Dk)$ ……………………………………………………（A2）

式中：L——被伤害职工的歇工工资，元；

Lq——被伤害职工日工资，元；

Da——事故结案日前的歇工日，日；

Dk——延续歇工日，指事故结案后被伤害职工还须继续歇工的时间，由企业劳资、安全、工会等与有关单位酌情商定，日。

注：上述公式是测算一名被伤害职工的歇工工资，一次事故中多名被伤害职工的歇工工资累计计算。

A. 3　补充新职工的培训费用

A. 3. 1　技术工人的培训费用每人按 2000 元计算。

A. 3. 2　技术人员的培训费用每人按 1 万元计算。

A. 3. 3　补充其他人员的培训费用，视补充人员情况参照 3. 1、3. 2 酌定。

A. 4　补助费、抚恤费的停发日期

A. 4. 1　被伤害职工供养未成年直系亲属抚恤费累计统计到 16 周岁（普通中学生在校生累计到 18 周岁）。

A. 4. 2　被伤害职工及供养成年直系亲属补助费、抚恤费累计统计到我国人口的平均寿命 68 周岁。

生产经营单位安全生产事故应急预案编制导则（AQ/T 9002－2006）

1 范围

本标准规定了生产经营单位编制安全生产事故应急预案（以下简称应急预案）的程序，内容和要素等基本要求；本标准适用于中华人民共和国领域内从事生产经营活动的单位。

生产经营单位结合本单位的组织结构、管理模式、风险种类、生产规模等特点，可以对应急预案框架结构等要素进行调整。

2 术语和定义

下列术语和定义适用于本标准。

2.1 应急预案 emergency response plan

针对可能发生的事故，为迅速、有序地开展应急行动而预先制定的行动方案。

2.2 应急准备 emergency preparedness

针对可能发生的事故，为迅速、有序地开展应急行动而预先进行的组织准备和应急保障。

2.3 应急响应 emergency response

事故发生后，有关组织或人员采取的应急行动。

2.4 应急救援 emergency rescue

在应急响应过程中，为消除、减少事故危害，防止事故扩大或恶化，最大限度地降低事故造成的损失或危害而采取的救援措施或行动。

2.5 恢复 recovery

事故的影响得到初步控制后，为使生产、工作、生活和生态环境尽快恢复到正常状态而采取的措施或行动。

3 应急预案的编制

3.1 编制准备

编制应急预案应做好以下准备工作：

a）全面分析本单位危险因素、可能发生的事故类型及事故的危害程度；

b）排查事故隐患的种类、数量和分布情况，并在隐患治理的基础上，预测可能发生的事故类型及其危害程度；

c）确定事故危险源，进行风险评估；

d）针对事故危险源和存在的问题，确定相应的防范措施；

e）客观评价本单位应急能力；

f）充分借鉴国内外同行业事故教训及应急工作经验。

3.2 编制程序

3.2.1 应急预案编制工作组

结合本单位部门职能分工，成立以单位主要负责人为领导的应急预案编制工作组，明确编制任务、职责分工，制定工作计划。

3.2.2 资料收集

收集应急预案编制所需的各种资料（相关法律法规、应急预案、技术标准、国内外同行业事故案例分析、本单位技术资料等）。

3.2.3 危险源与风险分析

在危险因素分析及事故隐患排查、治理的基础上，确定本单位的危险源、可能发生事故的类型和后果，进行事故风险分析，并指出事故可能产生的次生、衍生事故，形成分析报告，分析结果作为应急预案的编制依据。

3.2.4　应急能力评估

对本单位应急装备、应急队伍等应急能力进行评估，并结合本单位实际，加强应急能力建设。

3.2.5　应急预案编制

针对可能发生的事故，按照有关规定和要求编制应急预案。应急预案编制过程中，应注重全体人员的参与和培训，使所有与事故有关人员均掌握危险源的危险性、应急处置方案和技能。应急预案应充分利用社会应急资源，与地方政府预案、上级主管单位以及相关部门的预案相衔接。

3.2.6　应急预案评审与发布

应急预案编制完成后，应进行评审。评审由本单位主要负责人组织有关部门和人员进行。外部评审由上级主管部门或地方政府负责安全管理的部门组织审查。评审后，按规定报有关部门备案，并经生产经营单位主要负责人签署发布。

4　应急预案体系的构成

应急预案应形成体系，针对各级各类可能发生的事故和所有危险源制订专项应急预案和现场应急处置方案，并明确事前、事发、事中、事后的各个过程中相关部门和有关人员的职责。生产规模小、危险因素少的生产经营单位，综合应急预案和专项应急预案可以合并编写。

4.1　综合应急预案

综合应急预案是从总体上阐述处理事故的应急方针、政策，应急组织结构及相关应急职责，应急行动、措施和保障等基本要求和程序，是应对各类事故的综合性文件。

4.2　专项应急预案

专项应急预案是针对具体的事故类别（如煤矿瓦斯爆炸、危险化学品泄漏等事故）、危险源和应急保障而制定的计划或方案，是综合应急预案的组成部分，应按照综合应急预案的程序和要求组

织制定，并作为综合应急预案的附件。专项应急预案应制定明确的救援程序和具体的应急救援措施。

4.3　现场处置方案

现场处置方案是针对具体的装置、场所或设施、岗位所制定的应急处置措施。现场处置方案应具体、简单、针对性强。现场处置方案应根据风险评估及危险性控制措施逐一编制，做到事故相关人员应知应会，熟练掌握，并通过应急演练，做到迅速反应、正确处置。

5　综合应急预案的主要内容

5.1　总则

5.1.1　编制目的

简述应急预案编制的目的、作用等。

5.1.2　编制依据

简述应急预案编制所依据的法律法规、规章，以及有关行业管理规定、技术规范和标准等。

5.1.3　适用范围

说明应急预案适用的区域范围，以及事故的类型、级别。

5.1.4　应急预案体系

说明本单位应急预案体系的构成情况。

5.1.5　应急工作原则

说明本单位应急工作的原则，内容应简明扼要、明确具体。

5.2　生产经营单位的危险性分析

5.2.1　生产经营单位概况

主要包括单位地址、从业人数、隶属关系、主要原材料、主要产品、产量等内容，以及周边重大危险源、重要设施、目标、场所和周边布局情况。必要时，可附平面图进行说明。

5.2.2　危险源与风险分析

主要阐述本单位存在的危险源及风险分析结果。

5.3 组织机构及职责

5.3.1 应急组织体系

明确应急组织形式，构成单位或人员，并尽可能以结构图的形式表示出来。

5.3.2 指挥机构及职责

明确应急救援指挥机构总指挥、副总指挥、各成员单位及其相应职责。应急救援指挥机构根据事故类型和应急工作需要，可以设置相应的应急救援工作小组，并明确各小组的工作任务及职责。

5.4 预防与预警

5.4.1 危险源监控

明确本单位对危险源监测监控的方式、方法，以及采取的预防措施。

5.4.2 预警行动

明确事故预警的条件、方式、方法和信息的发布程序。

5.4.3 信息报告与处置

按照有关规定，明确事故及未遂伤亡事故信息报告与处置办法。

a）信息报告与通知

明确24小时应急值守电话、事故信息接收和通报程序。

b）信息上报

明确事故发生后向上级主管部门和地方人民政府报告事故信息的流程、内容和时限。

c）信息传递

明确事故发生后向有关部门或单位通报事故信息的方法和程序。

5.5 应急响应

5.5.1 响应分级

针对事故危害程度、影响范围和单位控制事态的能力，将事故分为不同的等级。按照分级负责的原则，明确应急响应级别。

5.5.2 响应程序

根据事故的大小和发展态势，明确应急指挥、应急行动、资源调配、应急避险、扩大应急等响应程序。

5.5.3 应急结束

明确应急终止的条件。事故现场得以控制，环境符合有关标准，导致次生、衍生事故隐患消除后，经事故现场应急指挥机构批准后，现场应急结束。应急结束后，应明确：

a）事故情况上报事项；

b）需向事故调查处理小组移交的相关事项；

c）事故应急救援工作总结报告。

5.6 信息发布

明确事故信息发布的部门，发布原则。事故信息应由事故现场指挥部及时准确向新闻媒体通报事故信息。

5.7 后期处置

主要包括污染物处理、事故后果影响消除、生产秩序恢复、善后赔偿、抢险过程和应急救援能力评估及应急预案的修订等内容。

5.8 保障措施

5.8.1 通信与信息保障

明确与应急工作相关联的单位或人员通信联系方式和方法，并提供备用方案。建立信息通信系统及维护方案，确保应急期间信息通畅。

5.8.2 应急队伍保障

明确各类应急响应的人力资源，包括专业应急队伍、兼职应急队伍的组织与保障方案。

5.8.3 应急物资装备保障

明确应急救援需要使用的应急物资和装备的类型、数量、性能、存放位置、管理责任人及其联系方式等内容。

5.8.4 经费保障

明确应急专项经费来源、使用范围、数量和监督管理措施，保障应急状态时生产经营单位应急经费的及时到位。

5.8.5 其他保障

根据本单位应急工作需求而确定的其他相关保障措施（如：交通运输保障、治安保障、技术保障、医疗保障、后勤保障等）。

5.9 培训与演练

5.9.1 培训

明确对本单位人员开展的应急培训计划、方式和要求。如果预案涉及社区和居民，要做好宣传教育和告知等工作。

5.9.2 演练

明确应急演练的规模、方式、频次、范围、内容、组织、评估、总结等内容。

5.10 奖惩

明确事故应急救援工作中奖励和处罚的条件和内容。

5.11 附则

5.11.1 术语和定义

对应急预案涉及的一些术语进行定义。

5.11.2 应急预案备案

明确本应急预案的报备部门。

5.11.3 维护和更新

明确应急预案维护和更新的基本要求，定期进行评审，实现可持续改进。

5.11.4 制定与解释

明确应急预案负责制定与解释的部门。

5.11.5 应急预案实施

明确应急预案实施的具体时间。

6 专项应急预案的主要内容

6.1 事故类型和危害程度分析

在危险源评估的基础上，对其可能发生的事故类型和可能发生的季节及其严重程度进行确定。

6.2 应急处置基本原则

明确处置安全生产事故应当遵循的基本原则。

6.3 组织机构及职责

6.3.1 应急组织体系

明确应急组织形式，构成单位或人员，并尽可能以结构图的形式表示出来。

6.3.2 指挥机构及职责

根据事故类型，明确应急救援指挥机构总指挥、副总指挥以及各成员单位或人员的具体职责。应急救援指挥机构可以设置相应的应急救援工作小组，明确各小组的工作任务及主要负责人职责。

6.4 预防与预警

6.4.1 危险源监控

明确本单位对危险源监测监控的方式、方法，以及采取的预防措施。

6.4.2 预警行动

明确具体事故预警的条件、方式、方法和信息的发布程序。

6.5 信息报告程序

主要包括：

a）确定报警系统及程序；

b）确定现场报警方式，如电话、警报器等；

c）确定24小时与相关部门的通信、联络方式；

d）明确相互认可的通告、报警形式和内容；

e）明确应急反应人员向外求援的方式。

6.6 应急处置

6.6.1 响应分级

针对事故危害程度、影响范围和单位控制事态的能力，将事故分为不同的等级。按照分级负责的原则，明确应急响应级别。

6.6.2　响应程序

根据事故的大小和发展态势，明确应急指挥、应急行动、资源调配、应急避险、扩大应急等响应程序。

6.6.3　处置措施

针对本单位事故类别和可能发生的事故特点、危险性，制定的应急处置措施（如：煤矿瓦斯爆炸、冒顶片帮、火灾、透水等事故应急处置措施，危险化学品火灾、爆炸、中毒等事故应急处置措施）。

6.7　应急物资与装备保障

明确应急处置所需的物质与装备数量、管理和维护、正确使用等。

7　现场处置方案的主要内容

7.1　事故特征

主要包括：

a）危险性分析，可能发生的事故类型；

b）事故发生的区域、地点或装置的名称；

c）事故可能发生的季节和造成的危害程度；

d）事故前可能出现的征兆。

7.2　应急组织与职责

主要包括：

a）基层单位应急自救组织形式及人员构成情况；

b）应急自救组织机构、人员的具体职责，应同单位或车间、班组人员工作职责紧密结合，明确相关岗位和人员的应急工作职责。

7.3　应急处置

主要包括以下内容：

a）事故应急处置程序。根据可能发生的事故类别及现场情况，明确事故报警、各项应急措施启动、应急救护人员的引导、事故扩大及同企业应急预案的衔接的程序。

b）现场应急处置措施。针对可能发生的火灾、爆炸、危险化学品泄漏、坍塌、水患、机动车辆伤害等，从操作措施、工艺流程、现场处置、事故控制，人员救护、消防、现场恢复等方面制定明确的应急处置措施。

c）报警电话及上级管理部门、相关应急救援单位联络方式和联系人员，事故报告的基本要求和内容。

7.4 注意事项

主要包括：

a）佩戴个人防护器具方面的注意事项；

b）使用抢险救援器材方面的注意事项；

c）采取救援对策或措施方面的注意事项；

d）现场自救和互救注意事项；

e）现场应急处置能力确认和人员安全防护等事项；

f）应急救援结束后的注意事项；

g）其他需要特别警示的事项。

8 附件

8.1 有关应急部门、机构或人员的联系方式

列出应急工作中需要联系的部门、机构或人员的多种联系方式，并不断进行更新。

8.2 重要物资装备的名录或清单

列出应急预案涉及的重要物资和装备名称、型号、存放地点和联系电话等。

8.3 规范化格式文本

信息接收、处理、上报等规范化格式文本。

8.4 关键的路线、标识和图纸

主要包括：

a）警报系统分布及覆盖范围；

b）重要防护目标一览表、分布图；

c）应急救援指挥位置及救援队伍行动路线；

d）疏散路线、重要地点等标识；

e）相关平面布置图纸、救援力量的分布图纸等。

8.5　相关应急预案名录

列出直接与本应急预案相关的或相衔接的应急预案名称。

8.6　有关协议或备忘录

与相关应急救援部门签订的应急支援协议或备忘录。

后　记

在本书即将出版之际，特向以下各位长期指导、关心我成长的导师致以诚挚的谢意：上海交通大学安泰经济与管理学院博士生导师朱道立教授；浙江大学非传统安全与和平发展研究中心主任、博士生导师余潇枫教授；同济大学经济与管理学院副院长、博士生导师韩传峰教授；上海大学管理学院副院长、博士生导师赵来军教授；中国矿业大学（北京）管理学院原院长、博士生导师王立杰教授，副院长、博士生导师刘海滨教授；西安科技大学原校长、博士生导师常心坦教授，发展规划处副处长、博士生导师田水承教授，管理学院副院长、博士生导师李红霞教授，西安科技大学党委副书记张立杰教授；浙江工业大学教育科学与技术学院曹志锡教授、李振明副教授；中国计量学院质量与安全工程学院袁昌明教授；浙江警官职业学院党委书记周祖勇研究员，院长黄兴瑞教授，副院长金川教授，政治部主任周国新副教授，学术委员会主任郭明教授，科研处处长严浩仁教授，副处长邵晓顺教授，刑事司法系主任周雨臣教授、马立骥教授，应用法律系赵保胜教授，公共基础部主任祝成生教授，副主任高寒教授、宁全新教授，信息管理系李龙景教授、马强教授，安全防范系党总支书记丁建林、主任林秀杰副教授、徐天合教授、高福友教授，培训部副主任赵英副教授，后勤处孙波副主任医师。

向长期指导、关心我成长的行业专家浙江省安全生产监督管理局副局长董国庆，副巡视员王益民，监察专员潘永乾，人事处副处长杨建年、副处长叶勤兴，科技处处长张伟，危化处处长李公杭，法规处副处长刘力宏，浙江省监狱管理局劳动改造与安全生产监管处处长赵夫生，浙江省劳动教养管理局副局长何军佳，致以诚挚的谢意！

本书得到浙江警官职业学院学术专著出版项目资助，并得到浙江警官职业学院科研处袁霞老师的大力支持，在此深表感谢。同时，我还要对在本书的写作过程中，关心、帮助过我的各位专家、朋友及我的家人宋琼、孙奥璎致谢，因为我深知，如果没有他们的支持和帮助，我无法完成本书！

孙　斌

2013 年 1 月 30 日